Programming in Haskell
2nd edition

プログラミング Haskell 第2版

Graham Hutton 著
山本和彦 訳

Programming in Haskell, 2nd edition

by
Graham Hutton

ⓒGraham Hutton 2016

This translation of "Programming in Haskell, 2nd edition" is published
by arrangement with Cambridge University Press.

本書は「著作権法」によって権利が保護されている著作物です。
本書中の会社名や製品名は該当する各社の商標または登録商標です。

Annette、Callum、そして、Tomへ

訳者前書き

本書の原書初版に出会う前、私はすでにプログラミングについて深い見識があると自負していました。しかし、ある目的のために用意した変数を別の目的のために再利用することが悪いとは思っていませんでしたし、プログラミングには規律が大切だと主張しながらも、議論していたのはどこで中括弧を開くかといったコーディングスタイルであったり、いまでは失敗作だと思う for 文の書き方でした。ソフトウェアの開発プロセスで一番コストがかかるのは保守であるにもかかわらず、その工程のコストを下げる手段は持ち合わせていませんでした。

11 年前に原書初版で本物の規律を学び、景色が変わりました。純粋な関数プログラミングでは、変数には再代入できません。したがって、for 文も存在しません。プログラムは式で構成されるので、あらゆる部分式に型が付きます。コンパイラーは、ある式が「どう組み立てられたか」と「どう使われているか」の双方向の検査を用いて型の不整合を発見します。そのため、型を適切に設計していれば、変更を加える際に修正すべき部分のほとんどが自動的に示されます。私にとってプログラミングの規律とは、よい制約を持つ文法の下で型を上手に用いることに変化しました。

このように、プログラミング Haskell は、私のプログラミング人生を変えた本です。この 10 年間は、もっぱら Haskell でコードを書いています。

本書の日本語初版は、ありがたいことに好評でした。しかし、出版から 10 年の月日が流れ、Haskell を取り巻く状況は大きく変化しました。以前は、Haskell のコンパイラーやインタープリターが複数存在していましたが、現在では GHC（グラスゴー Haskell コンパイラー）の一択となりました。

アプリカティブスタイルが普及しました。これに伴い、理解が困難であると言われていたモナドも、関手、アプリカティブ、そしてモナドと、順を追って説明されることが多くなり、理解が容易になりました。しかも、多大な努力が払われ、この理論的な体系と実際の型クラスの親子関係が一致するよう修正されました。また、Foldable や Traversable への理解が進み、特にモジュールを読み込まなくても利用できるようになりました。

端的に言えば、これらを扱っていない初版は時代遅れになっていたのです。この第 2 版では、Hugs に代えて GHC を用います。モナドは段階を経て説明されており、また Foldable や Traversable を扱う章も追加されています。このように最新の状況に対応することで、本書は復活しました。もし本書が読者が見ている景色を変えることがあるなら、訳者としてこれに勝る喜びはありません。

第2版の翻訳にあたり、原著者のHuttonさんには、たくさんの質問に丁寧に答えていただきました。ここにお礼を申し上げます。また、レビューしてくださったのは、木下郁章さん、鶴谷俊之さん、豊福親信さん、四谷兼三さん、そして、和田英一さんです。もし、第2版が読みやすく正確であると感じられるなら、それはこの5名の方のおかげです。ここに名前を記して、深謝します。

梅雨明けを告げるセミの声が待たれる東京にて

山本和彦

2019年7月

本書に寄せて

Alonzo Churchがラムダ計算を考案してから一世紀近く経ち、またJohn McCarthyが世界で二番めに古いプログラミング言語でありラムダ計算に基づいた最初の関数型言語であるLispを開発してから半世紀以上が経過した。これまでに、JavaScript、C++、Swift、Python、PHP、Visual Basic、Javaといった主要なプログラミング言語で、ラムダ式や無名高階関数が提供されている。

どのようなアイディアも、普及するにつれてその基礎や原則に対する意識は弱まるか、忘れ去られるのが常だ。Lispは再代入を許したにもかかわらず、今日でも関数が第一級であることと変数が不変であることを混同している人も多い。その一方、例外、リフレクション、外界との通信、そして並行性などの他の作用は普及している。純粋な組み合わせ回路にフィードバック・ループという形で再帰を加えることで、フリップ・フロップを用いた可変状態を実現できる。同様に、並行性や入出力のような作用を一種類使えば、可変性といった他の作用をシミュレートできる。John Hughesが、古典的な論文「なぜ関数プログラミングは重要か」において、機能を削ぎ落とすことでは言語をより強力にはできないと述べたことはよく知られている。ここに、機能を排除しても言語は弱くならないことも多いと付け加えたい。関数プログラミングの真の価値は、合成可能で等式推論可能な第一級関数の活用にあると、本書でGrahamは説き明かしてくれる。彼自身の言葉を借りれば、「関数プログラミングとは、『計算とは関数を引数に適用すること』だとするプログラミング手法だとみなせる」。関数型の手法から得られる簡潔、優雅、そして明瞭な表現を実感するには、必ずしも純粋で静的な型が付いていなくてもよい。

どのような言語を使っても関数ハッカーのようにコードを書くことは可能だ。しかし、それでもなお、原理主義者のように考える方法を学ぶには、意味的に純粋で遅延であり、構文的に無駄なく簡潔であるHaskellのような言語が最適である。Grahamは、数十年の教育経験に基づき、そして一連の素晴らしい論文に裏付けられて、高階関数、再帰、リスト内包表記、代数データ型、パターンマッチといった関数プログラミングの鍵となる概念を本書で丁寧に説明してくれる。またこの本は、より高度な概念を避けることもない。もし、読者がモナドを説明しようと試みるn番煎じのブログ記事に困惑したままなら、最適な本を手にしていることになる。Grahamは、IOモナドからやさしく始めて、たくさんの具体的な例を使いながら関手をアプリカティブに進化させる。モナドに到達する頃には、すべての読者がモナドとは作用を伴う関数合成の一般的な様式だと思い至るだろう。モナドパーサーの章では、簡単な計算器を実装し、数式をパースする例題を通じて、すべての概念が総動員される。

新版では、旧版にも登場した概念に対し具体的な例を多数追加しただけでなく、Foldable と Traversable という Haskell の新しい概念も紹介している。オブジェクト指向言語になじみの深い読者なら、コンテナ内のすべての値を列挙したり、複雑なデータ構造を走査するためにイテレーターやビジターを使うことだろう。Haskell の高階型クラスは Foldable と Traversable という型クラスを通じて、この種の概念を簡潔で抽象的に扱うことを可能にする。さらに、本書の終盤ではプログラムを証明したり導出したりするために、遅延評価と等式推論が詳細に説明される。私は特にコンパイラーを算出する最終章に感銘を受けた。なぜなら私は博士論文で同じテーマを扱って以来、数十年の間この課題に夢中であったからだ。

ほかにもたくさん Haskell や関数プログラミング一般について書かれた本はあるが、Graham の本はそれらに比べて独特である。Haskell や関数プログラミングを問題を解く銀の弾丸として売り込むのではなく、単に考えるための道具として用いているからである。意図を優雅で明瞭に表現することに注力しているため、純粋で遅延な関数プログラミングが高い抽象度の下にアルゴリズムをいかに効率良く論証できるかの実践となっている。本書を通じてこの技術を獲得できれば、どのような言語を使うのであれ、より優れたプログラマーになれるだろう。過去10年、私は本書の初版を用いて数万人の学生にコードの巧みな扱い方を教えてきた。この新版があれば、少なくとも今後10年は安泰であると期待している。

Erik Meijer

著者前書き

狙い

　Haskellは純粋関数型のプログラミング言語です。Haskellを使うことで、明瞭簡潔にして正確なソフトウェアを素早く開発できます。本書の対象読者は、そのHaskellを学ぼうとする現役のプログラマー、大学生、高校生などの幅広い方々です。プログラミングの経験がなくてもかまいません。読者が何も知らないことを前提に、あらゆる概念についてゼロから説明していきます。そのために例題と練習問題も慎重に選びました。題材のほとんどは、科学的な考え方になじみがあれば、16才くらいでも十分に理解できるでしょう。

構成

　本書は二部構成です。第I部では、Haskellでの純粋プログラミングに関する基礎概念を紹介します。型、関数、リスト内包表記、再帰関数、そして高階関数といった、言語の主要な機能を説明します。第II部では、純粋でないプログラミングと高度な話題を取り扱います。たとえば、モナド、構文解析、Foldable、遅延評価やプログラムの論証などです。本書には、さまざまなプログラミングの例題が出てきます。それぞれの章には、参考文献と練習問題も用意しました。付録には、解答の一部と、標準でよく使われる関数の定義を掲載しています。

説明方法

　本書は、Haskellの鍵となる概念を明快かつ簡潔に説明することを目指しています。リファレンスマニュアルではないので、言語のすべての特徴やすべてのモジュールを網羅しようとはしていません。標準で提供される関数を使わずに、根本的な原理から関数を定義することもあります。章が進むにつれ、徐々に内容の汎用性が増していきます。たとえば、利用する関数のほとんどは、最初のうちは単純な型に特化しています。その後で、必要なHaskellの機能を説明してから、多くの関数を一般化して複数の型を取り扱えるようにします。

読み進め方

　第I部の題材は、特にプログラミングの経験があれば、ある程度は素早く読み進められるでしょう。しかし、第II部の題材を自分のものにするには時間がかかるかもしれません。第I部はすべて読み、第II部は興味に応じて題材を選択して読むことを推奨します。読み進める際には、実際にHaskellのコードを書いてみることが必要不可欠です。プログラミングは読むだけでは学べません。各章の例題を動かしてみて、練習問題も答えを見ずに解いてみましょう。

この版で改訂した点

　新版は旧版を大幅に改定し、拡張しました。Haskell の高度な機能を説明する章をいくつか新設し、新しい例題や練習問題を補強しています。元からある章は、言語の変化や読者の意見に従って大幅に書き換えました。新版ではグラスゴー Haskell コンパイラー（GHC）を用います。また、アプリカティブ、モナド、Foldable、Traversable といった最新の言語仕様に準拠しています。

講義での利用方法

　初級コースでは、第 I 部のすべてと、第 II 部の一部を扱うとよいでしょう。筆者が担当する初学年のコースでは、第 1 章から第 9 章、第 10 章、および、第 15 章を説明しています。上級コースでは、第 I 部の復習から始めて、第 II 部の高度な話題のいくつかを扱うとよいでしょう。筆者が担当する第二学年のコースでは、第 12 章と第 16 章に焦点を当て、黒板を使って対話的に教えています。本書の Web サイトでは、PowerPoint のスライドや例題の Haskell コードなどの教材を提供しています。教員の方には、solutions@cambridge.org にメールをいただければ試験問題や解答を提供できます。

謝辞

　この新版を作るために長期休暇を与えていただいたノッティンガム大学、有意義な議論を交わしていただいた関数プログラミング研究室の Thorsten Altenkirch、Venanzio Capretta、Henrik Nilsson をはじめとするメンバー、たくさんの章に有益な助言をいただいた Iván Pérez Domínguez、筆者の Haskell の授業で意見を出してくれた学生や学生指導員、編集を担当したケンブリッジ大学出版の Clare Dennison、David Tranah、Abigail Walkington、偉大なコンパイラーを作成した GHC の開発チーム、過ぎ去りし日々に筆者をコンピューターへと導いてくれた Catherine Hutton と Ian Hutton に感謝します。

　Ki Yung Ahn、Bob Davison、Philip Hölzenspies、Neil Mitchell からは、初版に対してたくさんのコメントをいただきました。また、以下の方々からは、間違いや誤植の指摘をいただきました。Paul Brown、Sergio Queiroz de Medeiros、David Duke、Robert Fabian、Ben Fleis、Robert Furber、Andrew Kish、Tomoyas Kobayashi、Florian Larysch、Carlos Oroz、Douglas Philips、Bruce Turner、Gregor Ulm、Marco Valtorta、そして山本和彦。ここに名前を記して深謝します。なお、これらの指摘はすべて新版に反映しています。

Graham Hutton

目次

訳者前書き   v

本書に寄せて   vii

著者前書き   ix

第I部　基礎概念   1

第1章　導入   3

1.1 関数 3

1.2 関数プログラミング 4

1.3 Haskell の特徴 6

1.4 歴史的背景 8

1.5 Haskell の妙味 9

1.6 参考文献 13

1.7 練習問題 13

第2章　はじめの一歩   15

2.1 GHC 15

2.2 インストールして利用開始 15

2.3 プレリュード 16

2.4 関数適用 18

2.5 Haskell プログラム 18

2.6 参考文献 22

2.7 練習問題 22

第3章　型と型クラス   23

3.1 基礎概念 23

3.2 基本型 25

3.3 リスト型 26

3.4 タプル型 27

xii　目次

3.5	関数型	27
3.6	カリー化された関数	28
3.7	多相型	30
3.8	多重定義型	31
3.9	基本クラス	31
3.10	参考文献	36
3.11	練習問題	36

第4章　関数定義　39

4.1	古きから新しきへ	39
4.2	条件式	39
4.3	ガード付きの等式	40
4.4	パターンマッチ	41
4.5	ラムダ式	43
4.6	セクション	45
4.7	参考文献	46
4.8	練習問題	46

第5章　リスト内包表記　49

5.1	基礎概念	49
5.2	ガード	50
5.3	関数zip	52
5.4	文字列の内包表記	53
5.5	シーザー暗号	54
5.6	参考文献	58
5.7	練習問題	58

第6章　再帰関数　61

6.1	基礎概念	61
6.2	リストに対する再帰	63
6.3	複数の引数	65
6.4	多重再帰	66
6.5	相互再帰	66
6.6	再帰の秘訣	68

6.7	参考文献	73
6.8	練習問題	73

第7章　高階関数　　　　　　　　　　　　　　　　　　　　75

7.1	基礎概念	75
7.2	リスト処理	76
7.3	畳込関数 foldr	78
7.4	畳込関数 foldl	81
7.5	関数合成演算子	83
7.6	文字列の二進数変換器	84
7.7	投票アルゴリズム	87
7.8	参考文献	90
7.9	練習問題	91

第8章　型と型クラスの定義　　　　　　　　　　　　　　　93

8.1	type による型宣言	93
8.2	data による型宣言	94
8.3	newtype による型宣言	96
8.4	再帰型	97
8.5	型クラスとインスタンスの宣言	100
8.6	恒真式検査器	102
8.7	抽象機械	106
8.8	参考文献	108
8.9	練習問題	109

第9章　カウントダウン問題　　　　　　　　　　　　　　　111

9.1	導入	111
9.2	算術演算子	112
9.3	数式	113
9.4	組み合わせ関数	114
9.5	問題の形式化	114
9.6	総当たり法	115
9.7	性能テスト	116
9.8	生成と評価の方法を変える	117

xiv　目次

9.9　代数的な性質をいかす 118

9.10　参考文献 119

9.11　練習問題 119

第II部　高度な話題　121

第10章　対話プログラム　123

10.1　課題 123

10.2　解決策 124

10.3　基本アクション 125

10.4　順序付け 126

10.5　アクションの部品 127

10.6　ハングマン 128

10.7　ニム 129

10.8　ライフ 132

10.9　参考文献 136

10.10　練習問題 137

第11章　負けない三目並べ　139

11.1　導入 139

11.2　基本的な宣言 140

11.3　格子に関する便利な関数 141

11.4　格子を表示する 142

11.5　手を決める 143

11.6　番号を読み込む 144

11.7　人間 vs 人間 144

11.8　ゲームの木 145

11.9　枝を刈る 147

11.10　ミニマックス法 148

11.11　人間 vs コンピューター 149

11.12　参考文献 151

11.13　練習問題 151

第12章　モナドなど　　153

12.1	関手	153
12.2	アプリカティブ	157
12.3	モナド	164
12.4	参考文献	175
12.5	練習問題	175

第13章　モナドパーサー　　177

13.1	パーサーとは何か？	177
13.2	関数としてのパーサー	178
13.3	基礎的な定義	179
13.4	パーサーの連接	179
13.5	選択	181
13.6	派生関数	183
13.7	空白の扱い	186
13.8	数式	187
13.9	計算器	191
13.10	参考文献	193
13.11	練習問題	194

第14章　Foldable と Traversable　　197

14.1	モノイド	197
14.2	Foldable	201
14.3	Traversable	207
14.4	参考文献	210
14.5	練習問題	211

第15章　遅延評価　　213

15.1	導入	213
15.2	評価戦略	214
15.3	停止性	217
15.4	簡約の回数	218
15.5	無限のデータ構造	220
15.6	部品プログラミング	221

xvi 目次

15.7	正格適用	224
15.8	参考文献	226
15.9	練習問題	226

第16章 プログラムの論証 229

16.1	等式変形	229
16.2	Haskell の等式推論	230
16.3	簡単な例題	231
16.4	自然数に対する数学的帰納法	232
16.5	リストに対する構造的帰納法	236
16.6	連結を除去する	239
16.7	コンパイラーの正しさ	242
16.8	参考文献	246
16.9	練習問題	247

第17章 コンパイラーの算出 249

17.1	導入	249
17.2	文法と意味	250
17.3	スタックの追加	250
17.4	継続の追加	252
17.5	脱高階関数	254
17.6	算出の短縮	257
17.7	参考文献	261
17.8	練習問題	261

付録A 解答の一部 263

A.1	導入	263
A.2	はじめの一歩	264
A.3	型と型クラス	265
A.4	関数定義	265
A.5	リスト内包表記	266
A.6	再帰関数	267
A.7	高階関数	268
A.8	型と型クラスの定義	268

目次　*xvii*

A.9　カウントダウン問題 269

A.10　対話プログラム 270

A.11　負けない三目並べ 270

A.12　モナドなど 271

A.13　モナドパーサー 272

A.14　Foldable と Traversable 273

A.15　遅延評価 274

A.16　プログラムの論証 275

A.17　コンパイラーの算出 277

付録B　標準的なモジュール　279

B.1　基本的な型クラス 279

B.2　真理値 280

B.3　文字 280

B.4　文字列 282

B.5　数値 282

B.6　タプル 283

B.7　Maybe 283

B.8　リスト 283

B.9　関数 285

B.10　入出力 286

B.11　関手 287

B.12　アプリカティブ 287

B.13　モナド 288

B.14　Alternative 288

B.15　MonadPlus 289

B.16　モノイド 290

B.17　Foldable 291

B.18　Traversable 294

参考文献　295

索引　299

第I部

基礎概念

第**1**章

導入

　この章は，本書を読むための準備体操です。関数の概念を学ぶことから始め，関数プログラミングの概念を紹介し，Haskell の特徴と歴史的背景を要約します。最後に本章の締めくくりとして，三つの短い例題を通じて Haskell を味わいましょう。

1.1　関数

　Haskell における**関数**は，一つ以上の引数を取って一つの結果を返す，変換器です。関数名と引数名を，引数から結果を計算する方法を指定した本体に結びつける等式によって，関数を定義できます。

　たとえば，数値 x を引数に取り，x + x を結果として返す関数 double は，以下のように定義できます。

```
double x = x + x
```

　関数が実際の引数に適用されると，関数の本体中にある引数の名前が実際の引数に置き換えられ，結果が得られます。この工程により，数値のような，これ以上簡約[†1]できない結果がすぐに生成されるかもしれません。しかし一般的には，他の関数適用を含む式が結果となります。最終的な結果を生成するには，それらの関数適用が同様に処理されなければなりません。

　たとえば，関数 double を数値 3 に適用する double 3 の結果は，以下のように計算できます。波括弧の中に書いてあるのは，それぞれの過程に対する説明です。

```
      double 3
  =       { double を適用 }
      3 + 3
  =       { + を適用 }
      6
```

[†1]　［訳注］簡約とは，定義や法則を使って，式をより簡単な形へ変換することです。

同様に、関数doubleを二回、入れ子で適用する double (double 2)は、以下のように計算できます。

```
      double (double 2)
  =       { 内側の double を適用 }
      double (2 + 2)
  =       { +を適用 }
      double 4
  =       { double を適用 }
      4 + 4
  =       { +を適用 }
      8
```

内側の関数doubleからでなく、外側の関数doubleから適用することでも、同じ結果が得られます。

```
      double (double 2)
  =       { 外側の double を適用 }
      double 2 + double 2
  =       { 最初の double を適用 }
      (2 + 2) + double 2
  =       { 最初の + を適用 }
      4 + double 2
  =       { double を適用 }
      4 + (2 + 2)
  =       { 二番めの + を適用 }
      4 + 4
  =       { +を適用 }
      8
```

ただ、外側の関数doubleから適用する方法では、内側から適用するよりも二回工程が増えています。これは、式double 2 が最初の工程で複製され、二回簡約されるからです。関数適用の順番は、一般的には結果に影響を与えません。しかし、必要な工程数と、計算が完了するかどうかに影響を及ぼします。この話題は、式の評価方法を取り上げる第15章で詳しく探求します。

1.2 関数プログラミング

関数プログラミングとは何でしょうか? さまざまな意見があり、正確な定義は困難です。しかし一般的に言えば、関数プログラミングとは、「計算の基本は関数を引数に適用すること」というプログラミング**手法**であるとみなせます。そして、その関数型の手法を**提供**し**奨励**しているプログラミング言語が関数型言語です。

この考え方を説明するために、1からnまでの整数を足し合わせる計算を取り上げます。他の多くの言語では、その計算のために整数の変数を二つ用意します。そして、これらの変数を、繰り返しのたびに代入演算子＝によって書き換えます。二つの変数のうち一方は合計を蓄えるために利用し、他方は1からnまで数え上げるのに使

い. たとえば Java では、和を計算するプログラムをこの方法を使って以下のように書けます。

```
int total = 0;
for (int count = 1; count <= n; count++)
    total = total + count;
```

このプログラムでは、最初に整数変数 total を 0 に初期化し、1 から n まで整数変数 count が変化するループに入り、毎回の繰り返しで現在の値を合計に足し合わせています。

上記のプログラムでは、プログラムを実行すると代入操作の繰り返しになるという意味で、「計算の基本は蓄えられている値を変えること」だといえます。たとえば、n = 5 であれば、次のような一連の操作で最後に変数 total に代入された値が求めるべき合計です。

```
total = 0;
count = 1;
total = 1;
count = 2;
total = 3;
count = 3;
total = 6;
count = 4;
total = 10;
count = 5;
total = 15;
```

一般的に、「計算の基本は蓄えられている値を変えること」だとする Java のようなプログラミング言語は、**命令型**言語と呼ばれています。なぜなら、その種の言語では、計算がどのように処理されるかを記述した命令からプログラムが作られるからです。

次に、Haskell で 1 から n までの数を足し合わせる計算を考えてみましょう。通常、これには標準的な関数を二つ使います。一つは 1 から n までの数値のリストを生成する [..] という関数、もう一つはリストの要素の和を計算する sum という関数です。

```
sum [1..n]
```

プログラムを実行すると関数適用の繰り返しになるという意味で、このプログラムでは「計算の基本は関数を引数に適用すること」です。たとえば、n = 5 であれば次の一連の操作の最後の値が求めるべき合計となります。

```
    sum [1..5]
=     { [..] を適用 }
    sum [1,2,3,4,5]
=     { sum を適用 }
    1 + 2 + 3 + 4 + 5
=     { + を適用 }
    15
```

6   第1章 導入

多くの命令型言語には、Haskellのプログラム sum [1 .. n] と同等なプログラム
を自然な形で記述できる文法が用意されています。しかし、そのような命令型言語の
多くでは、関数型の手法を用いることが**奨励**されてはいません。多くの言語では、関
数の利用に制約があります。たとえば、関数をリストなどのデータ構造の要素とする
こと、上記の例に出てきた「数値のリスト」のような中間のデータ構造を関数が作る
こと、関数が引数として関数を取ったり返り値として関数を返したりすること、関数
が自分自身を用いて定義されることを、奨励していないか、もしくは禁止していま
す。対照的に、Haskellでは関数の利用に関してそうした制約はなく、関数を用いた
プログラミングを簡潔かつ強力にするための機能がたくさん提供されています。

1.3 Haskellの特徴

Haskellの主な特徴を列挙します。それぞれ本書で詳しく内容を説明する章も示し
ます。

- **簡潔なプログラム**（第2章と第4章）

  前節で見たように、Haskellで書かれたプログラムは、高度な関数型の手法のお
  かげで他の言語で書かれたプログラムより**簡潔**になることがよくあります。それ
  に加えて、Haskellの文法の設計では、簡潔に書けるようにすることが意識され
  てきました。キーワードが少なく抑えられていることや、行頭揃えによりプログ
  ラムの構造を決定できることは、その最たるものです。客観的な比較は難しいで
  すが、Haskellのプログラムは他の言語のものより2倍から10倍短くなることが
  多々あります。

- **強力な型システム**（第3章と第8章）

  数値と文字を足すといった不適切なエラーを検出するために、多くのモダンな言
  語では**型システム**を提供しています。Haskellには、洗練された型推論の機能が
  あります。これにより、プログラマーが型をほとんど明記しなくても、プログラ
  ムを実行する前にさまざまな型エラーが自動的に検出されます[†2]。また、関数に
  汎用的な形で**多相性**と**多重定義**を許しており、型に関する特殊用途の機能をたく
  さん提供していることから、Haskellの型システムは他の言語よりもはるかに強
  力です。

- **リスト内包表記**（第5章）

  データを構造化し操作する一般的な方法として、リストがあります。Haskellで

[†2] ［訳注］実際のプログラミングではトップレベルの関数には型を明記し、局所関数の型は省略して
型推論に頼るのが一般的です。

もリストは言語の中心に据えられており、簡素で強力な**リスト内包表記**もあります。Haskellのリスト内包表記では、一つ以上のリストから要素を選択し加工することで、新しいリストを作り出します。リスト内包表記を利用することで、リストを処理する多くの一般的な関数を、明示的な再帰を用いることなく明瞭かつ簡潔に定義できます。

- 再帰関数（第6章）

  ほとんどのプログラムには繰り返しが出てきます。Haskellでは、自分を使って自分を定義する**再帰関数**を用いて繰り返しを実現します。他のスタイルでプログラミングをしてきた人は、再帰に慣れるまで時間がかかるかもしれません。しかし、後で学ぶように、多くの計算には再帰関数を用いて単純かつ自然な定義を与えられます。特に、場合分けを複数の等式として列挙するために**パターンマッチ**と**ガード**を使った場合は、それが際立ちます。

- 高階関数（第7章）

  Haskellには、引数に関数を取ったり、返り値として関数を返したりする、**高階関数**があります。高階関数を使うことで、二つの関数を合成するといったプログラミングにおける共通の様式を、関数として定義できます。より一般的には、Haskellでは**ドメイン特化言語**を定義するのに高階関数を利用できます。たとえば、リスト処理や対話プログラム、構文解析などに対するドメイン特化言語を高階関数を利用して定義できます。

- 作用を持つ関数（第10章と第12章）

  Haskellの関数は、出力の値が入力の値によってのみ決まるという点で、純粋です。しかし、多くのプログラムには、実行時にキーボードから入力を取ったりディスプレイに出力を表示したりといった、純粋さに相反する**副作用**が必要です。Haskellでは、**作用**を持つプログラミングのために、関数の純粋性を犠牲にしない、**モナドやアプリカティブ**に基づいた統一的な機構を提供しています。

- 汎用的な関数（第12章と第14章）

  異なる形式の数値のような、単純ないくつかの型にわたる汎用的な関数は、多くの言語でも実現できます。これに対し、Haskellの型システムでは、もっと複雑な構造の型に対する汎用的な関数も提供できます。たとえば、**関手**、**アプリカティブ**、**モナド**、**Foldable**、**Traversable**などの複雑な型に対して利用できるモジュール関数が用意されています。しかも、新しい構造を定義し、それに対して汎用的な関数を自分で作ることもできます。

8　第1章　導入

- 遅延評価（第15章）

  Haskellのプログラムは、**遅延評価**で実行されます。遅延評価とは、計算を必要になるまで先延ばしにする技術です。不必要な計算を避けられるというだけでなく、遅延評価ではプログラムが可能な限り正常終了します。また、中間データ構造を使うことで、独立した部品によりプログラムを組み立てやすくなります。遅延評価により無限のデータ構造を扱うことも可能です。

- 等式推論（第16章と第17章）

  Haskellのプログラムは純粋な関数でできているので、単純な**等式推論**を利用してプログラムを実行したり、変換したり、性質を証明したり、さらには仕様から直接プログラムを導出したりできます。再帰を使って定義されている関数の論証には、**数学的帰納法**と組み合わせた等式推論が特に強力です。

1.4　歴史的背景

Haskellの特徴の多くは、最初は他の言語で導入されたものであり、新規性はありません。Haskellを取り巻く状況を理解するために、Haskellに関連した主なできごとを以下にまとめます。

- 1930年代、Alonzo Churchにより、単純だが強力な関数の理論であるラムダ計算が考案された

- 1950年代、John McCarthyにより、最初の関数型言語とされているLisp（LISt Processor）が開発された。Lispにはラムダ計算に影響を受けている面もあるが、依然として言語の中心機能となっていたのは変数への代入だった

- 1960年代、Peter Landinにより、ISWIM（If you See What I Mean）が開発された。ISWIMはラムダ計算に基づいた最初の純粋関数型言語であり、変数への代入はない

- 1970年代、John Backusにより、FP（Functional Programming）が開発された。FPには、高階関数とプログラミングの論証という際立った特徴がある

- 同じく1970年代、Robin Milnerらにより、ML（Meta-Language）が開発された。MLは最初のモダンな関数型言語であり、多相型と型推論が導入された

- 1970年代と1980年代、David Turnerによっていくつかの遅延関数型言語が開発された。その頂点は商用のMiranda（ラテン語で「見事な」を意味する）である

- 1987年、プログラミング言語の研究者で構成された国際委員会が、遅延関数型言語の標準とすべく、（論理学者のHaskell Curryの名にちなんだ）Haskellの開

発を始動した

- 1990年代、Philip Wadler らにより、Haskell の革新的な機能のうちの二つ、多重定義を実現する型クラスの概念と、モナドを利用した作用の扱いが開発された
- 2003年、Haskell委員会により、長年待たれていた言語の安定仕様を定義したHaskell Report が公開された
- 2010年、更新修正された Haskell Report が公開された。以降、新たな研究成果と実践からの要望に応える形でHaskell は進化を続けている

特筆すべきこととして、上記に登場した人々のうちMcCarthy、Backus、そして、Milner の三氏は、計算機科学のノーベル賞と称される ACM チューリング賞を授与されています。

1.5 Haskellの妙味

この章の締めくくりとして、短い三つの例題でHaskellプログラミングを味わってみましょう。三つの例題は、それぞれ異なる型のリストを処理し、それぞれ異なる言語の特徴を示します。

1.5.1 数値を足し合わせる

本章で前に登場した関数sumを思い出してください。Haskell では、以下に示すように、二つの等式を使ってsumを定義できます。

```
sum []     = 0
sum (n:ns) = n + sum ns
```

一つめの等式は、空リストの合計は0であることを表します。一方、二つめの等式は、空でないリストに対して最初の要素をn、残りのリストをnsと表すとき、nsの合計にnを加えたものが結果であることを表します。たとえば、sum [1,2,3]の結果は以下のように導き出せます。

```
    sum [1,2,3]
=      { sum を適用 }
    1 + sum [2,3]
=      { sum を適用 }
    1 + (2 + sum [3])
=      { sum を適用 }
    1 + (2 + (3 + sum []))
=      { sum を適用 }
    1 + (2 + (3 + 0))
=      { + を適用 }
    6
```

関数sumは自分自身を使って定義されているので**再帰的**ですが、繰り返しが無限に

10 第1章 導入

続くことはありません。関数 sum を適用していくと、引数のリストの長さは一つずつ
短くなっていき、リストが空になった時点で再帰は止まって足し算が実行されます。
空リストの合計としては 0 を返すのが適切です。なぜなら、0 は加算における**単位元**
だからです。すなわち、すべての数値 x に対して、0 + x = x と x + 0 = x が成り立
ちます。

　Haskell では、すべての関数が、引数と返り値の性質を定める**型**を持ちます。関数
の型は、明記しなければ自動的に推論されます。以下に上記の関数 sum の例を示し
ます。

```
sum :: Num a => [a] -> a
```

　この例が表しているのは、「関数 sum は任意の数値（Num）型 a に対し、型 a のリス
トを型 a の数値（Num）に変換する関数である」ということです。Haskell は、123 の
ような整数、3.14159 のような浮動小数点数など、さまざまな数値型を提供していま
す。したがって sum は、先の例のような整数のリストや、浮動小数点数のリストに適
用できるということです。

　型は、関数の性質について有益な情報を与えてくれます。しかし、もっと大事なの
は、型を使うことでプログラムを実行する前に自動的にたくさんのエラーを発見でき
ることです。具体的に言えば、プログラム中の関数適用ごとに、関数自身の型と実際
の引数の型が適合しているかが検査されます。たとえば、文字のリストに sum を適用
しようとすると、文字は数値型ではないのでエラーが報告されます。

1.5.2　数値を整列する

　次に、リストに関係するさらに洗練された関数を取り上げましょう。Haskell の他
の特徴もよくわかる例です。以下のように、等式を二つ使って関数 qsort を定義した
とします。

```
qsort []     = []
qsort (x:xs) = qsort smaller ++ [x] ++ qsort larger
               where
                   smaller = [a | a <- xs, a <= x]
                   larger  = [b | b <- xs, b > x]
```

　例題中の ++ は、二つのリストを連結する二項演算子です（以降では、二項演算子を
単に演算子と略記します）。たとえば、[1,2,3] ++ [4,5] = [1,2,3,4,5] です。
また、where は局所定義のためのキーワードです。この例題では、xs から x 以下で
あるすべての要素 a を取り出して作ったリスト smaller と、xs から x より大きいす
べての要素 b を取り出して作ったリスト larger が局所的に定義されています。たと
えば、x = 3 で、かつ xs = [5,1,4,2] であれば、smaller = [1,2]、larger =
[5,4] です。

qsort は、実際には何をするのでしょう？ まず、要素が一つのリストに対しては何もしないことがわかります。すなわち、x が何であれ、qsort [x] = [x] です。この性質は、以下のように簡単に確かめられます。

```
      qsort [x]
  =     { qsort を適用 }
      qsort [] ++ [x] ++ qsort []
  =     { qsort を適用 }
      [] ++ [x] ++ []
  =     { ++ を適用 }
      [x]
```

次に、具体的なリストに qsort を適用してみます。計算を簡単にするために、上記で確かめた性質を用います。

```
      qsort [3,5,1,4,2]
  =     { qsort を適用 }
      qsort [1,2] ++ [3] ++ qsort [5,4]
  =     { qsort を適用 }
      (qsort [] ++ [1] ++ qsort [2]) ++ [3]
        ++ (qsort [4] ++ [5] ++ qsort [])
  =     { 上記の性質、qsort を適用 }
      ([] ++ [1] ++ [2]) ++ [3] ++ ([4] ++ [5] ++ [])
  =     { ++ を適用 }
      [1,2] ++ [3] ++ [4,5]
  =     { ++ を適用 }
      [1,2,3,4,5]
```

qsort により、例として与えられたリストが昇順に並べ替えられました。より一般的には、この関数は、任意の数値型のリストに対して要素を昇順に並べ替えたリストを生成します。qsort の定義の一つめの等式は、空リストはすでに並べ替えが完了していることを表します。一方、二つめの等式は、空でないリストが次のようにして並べ替えられることを表します。すなわち、先頭の要素に対し、残りの要素をその数値以下の smaller とその数値より大きい larger に分けて、両者を並べ替えたリストの間に先頭の要素を挿入します。この並べ替えの手法は**クイックソート**と呼ばれ、この種の並べ替えの中では最高の手法の一つです。

　上記のクイックソートの実装は、明瞭で簡潔であるという Haskell の力を示す素晴らしい例です。しかも関数 qsort は、実はとても汎用的です。つまり、数値に適用できるだけでなく、順序を持つ型であれば何であれ適用可能なのです。正確に言うと、qsort の型は次のようになります。

```
  qsort :: Ord a => [a] -> [a]
```

　これは、「任意の順序（Ord）型 a に対し、qsort はその型のリストを同種のリストに変換する」という意味です。Haskell には、数値、'a' のような文字、"abcde" のような文字列など、たくさんの順序型があります。したがって、関数 qsort は、たと

12 第1章 導入

えば文字のリストや文字列のリストにも適用できます。

1.5.3 アクションを逐次に実行する

　最後の例題は、Haskellで達成できる正確性と汎用性をまざまざと見せてくれます。
seqnという関数を考えましょう。この関数は、一文字読み込む、あるいは書き出す
といった入出力に関するアクション[†3]のリストを取り、それぞれのアクションを順に
実行して、それぞれの結果をリストとして返します。Haskellでは、この関数を以下
のように定義できます。

```
seqn []         = return []
seqn (act:acts) = do x <- act
                     xs <- seqn acts
                     return (x:xs)
```

　この二つの等式の意味は、次のとおりです。すなわち、もしアクションのリス
トが空リストであれば、空リストが返ります。そうでなければ、先頭のアクショ
ンを実行し、残りのアクションのリストを実行して、結果をリストとして返しま
す。たとえば、「一文字読み込め」というアクションgetCharに対して、seqn
[getChar,getChar,getChar]はキーボードから三文字を読み取り、その三文字か
らなるリストを返します。

　seqnの興味深い点は、その型です。上記の定義から、推論可能な型の一つは以下
のようになります。

```
seqn :: [IO a] -> IO [a]
```

　seqnの型は、「それぞれがaという型の結果を返すIOというアクションのリスト」
を、「結果のリストを生成する、IOというアクション一つ」に変換することを示唆し
ています。この型は、高いレベルから見たときのseqnの振る舞いを、正確かつ見事
に言い表しています。しかしもっと重要なのは、この型により、関数seqnが入出力
の実行という**副作用**を引き起こすことが明示される点です。型によってこのように純
粋な関数と副作用を引き起こす関数を明確に区別することは、Haskellの中心となる
機能です。この機能は、プログラミングと論証の両面で恩恵をもたらします。

　関数seqnの型は、実際にはもっと汎用的です。この関数は、入出力といったアク
ションに特化しているわけではなく、もっと広い作用を扱えます。たとえば、変数の
値を変えること、計算が失敗すること、ログファイルを書き出すことなどに利用でき
ます。この柔軟さを、Haskellでは以下のような汎用的な型によって表現します。

```
seqn :: Monad m => [m a] -> m [a]
```

　つまりseqnは、「任意のモナド型mに対するm a型のアクションのリストを取り、

---

†3　[訳注]アクションとは命令書だと理解するとよいでしょう。詳しくは第10章を参照してください。

a 型のリストを返す一つのアクションに変換する」ということです。IO は、モナド型の一つにすぎません。異なる種類の作用に対して利用可能であるような、seqn のように汎用的な関数を定義できることは、Haskell の主要な特徴の一つです。

1.6　参考文献

Haskell Report は、Haskell の総合情報サイト https://www.haskell.org から無償で入手できます。関数型言語と Haskell の開発に関する詳細な歴史は、それぞれ [1] と [2] を参照してください。

1.7　練習問題

1. `double (double 2)` の結果を算出する別の計算方法を考えましょう。
2. x の値によらず `sum [x] = x` であることを示してください。
3. 数値のリストに対し積を計算する関数 `product` を定義し、`product [2,3,4] = 24` となることを示してください。
4. リストを降順に整列するように関数 `qsort` の定義を変えるにはどうすればよいでしょうか？
5. `qsort` の定義で、`<=` を `<` に置き換えるとどのような影響があるでしょうか？ヒント：例として `[2,2,3,1,1]` を考えてみましょう。

練習問題 1 から 3 の解答は付録 A にあります。

第2章

はじめの一歩

この章では、Haskellへの第一歩を踏み出します。まず、GHCとプレリュード（あらかじめ読み込まれている複数のモジュール）を紹介し、関数適用の表記を説明した後、Haskellで最初のプログラムを開発します。最後に本章の締めくくりとして、プログラムに関する文法上の取り決めをいくつか説明します。

2.1 GHC

短いHaskellプログラムは前章のように手作業で実行できます。しかし、実用上はプログラムを自動的に実行するシステムが必要です。本書では、最新鋭のオープンソースHaskell実装である**グラスゴーHaskellコンパイラー**（Glasgow Haskell Compiler）を使います。

グラスゴーHaskellコンパイラーには、コンパイラーであるGHCと、対話インタープリターであるGHCiが含まれています。以降では、主に対話インタープリターを使います。本書における説明やプログラムの試作といった目的にはGHCiの対話的な性質が適しているからです。ほとんどの場合は性能も十分です。ただし、高い性能が必要であったり、単体で実行可能なプログラムが必要な場合には、コンパイラーであるGHCを使うこともあります。たとえば、第9章と第11章では、長い例題を扱う際にコンパイラーを利用します。

2.2 インストールして利用開始

GHCは、Haskellの総合情報サイトである https://www.haskell.org から無料で入手できます。初心者であれば、**Haskell Platform**を利用するとよいでしょう。インストールが簡単で、よく使われるモジュールが格納されています。初心者でない人は、システムとモジュールを自分でインストールするほうがいいかもしれません。

16 第2章 はじめの一歩

インストールできたら、コマンドプロンプト（以降の例では $ で表します）に続けて ghci と入力することで、対話的インタープリターである GHCi を起動できます。

```
$ ghci
```

うまくインストールできていれば以下のようなメッセージが表示されます。

```
GHCi, version A.B.C: http://www.haskell.org/ghc/   :? for help
Prelude>
```

GHCi のプロンプトである「>」が表示されたら、ユーザーによる入力を待っている状態です。ユーザーが式を入力すれば、それが評価されます。たとえば、簡単な数式を評価させることで、GHCi を計算器として使えます。

```
> 2+3*4
14

> (2+3)*4
20

> sqrt (3^2 + 4^2)
5.0
```

通常の数学における慣習に従い、Haskell の冪乗演算子は、乗算演算子と除算演算子よりも結合順位が高いとみなされます。また、乗算演算子と除算演算子は、加算演算子と減算演算子よりも結合順位が高いとみなされます。たとえば、「2*3^4」は「2*(3^4)」であり、「2+3*4」は「2+(3*4)」を意味します。さらに、冪乗演算子は右結合ですが、他の四つの演算子は左結合です。たとえば、「2^3^4」は「2^(3^4)」であり、「2-3+4」は「(2-3)+4」です。ただし実際のプログラムでは、このような規則に頼るよりも、数式の中で括弧を明記したほうが意味が明瞭になることが多いでしょう。

2.3 プレリュード

Haskell では多くの組み込み関数が提供されており、それらは**プレリュード**（あらかじめ読み込まれるモジュール）の中で定義されています。+ や * といったおなじみの数値関数に加えて、プレリュードではリストを操作する関数が数多く提供されています。Haskell では、[1,2,3,4,5] のように要素をカンマで区切り、角括弧で囲むことでリストを表します。リスト操作によく使われるプレリュード関数を以下に示します。

- 空でないリストの先頭の要素を取り出す：

```
> head [1,2,3,4,5]
1
```

- 空でないリストから先頭の要素を取り除いたリストを返す：

```
> tail [1,2,3,4,5]
[2,3,4,5]
```

- 空でないリストの（0番めから数えて）n番めの要素を取り出す：

```
> [1,2,3,4,5] !! 2
3
```

- リストの先頭からn個の要素を取り出す：

```
> take 3 [1,2,3,4,5]
[1,2,3]
```

- リストから先頭のn個の要素を取り除いたリストを返す：

```
> drop 3 [1,2,3,4,5]
[4,5]
```

- リストの長さを計算する：

```
> length [1,2,3,4,5]
5
```

- 数値のリストに対し要素の和を計算する：

```
> sum [1,2,3,4,5]
15
```

- 数値のリストに対し要素の積を計算する：

```
> product [1,2,3,4,5]
120
```

- 二つのリストを連結する：

```
> [1,2,3] ++ [4,5]
[1,2,3,4,5]
```

- リストを逆順にする：

```
> reverse [1,2,3,4,5]
[5,4,3,2,1]
```

参照するときに便利なように、特に使用頻度の高い定義を付録Bに収録してあります。

2.4 関数適用

数学では、関数を引数に適用する場合、引数を括弧で囲みます。一方、二つの値を掛けるときは、単に一方を他方に続けて書きます。たとえば、関数 f を二つの値 a と b に適用し、c と d の積と足し合わせるとき、数学では次のような式を書きます。

$$f(a,b) + c\,d$$

Haskell では、言語において最も中心的な役割を担う関数適用に対して空白文字を使い、乗算に対しては乗算演算子 * を明記します。たとえば、上記の式は Haskell では以下のように書きます。

```
f a b + c*d
```

さらに、関数適用は他のすべての演算子よりも高い結合順位を持ちます。たとえば、f a + b は (f a) + b です。以下の表に、数学と Haskell とで関数適用の表記がどのように違うかを例示します。

数学	Haskell
$f(x)$	f x
$f(x, y)$	f x y
$f(g(x))$	f (g x)
$f(x, g(y))$	f x (g y)
$f(x)\,g(y)$	f x * g y

上記の表にある Haskell の式のうち、f (g x) には括弧が必要です。なぜなら、関数 f を一つの引数、すなわち「関数 g を引数 x に適用した結果」に適用することが本来の意図であるのに、f g x では「関数 f を二つの引数 g と x に適用する」と解釈されるからです。式 f x (g y) にも同様の注意が必要です。

2.5 Haskell プログラム

プレリュードで提供される関数だけでなく、新しい関数をプログラマーが定義することも可能です。新しい関数は、一連の定義をファイルに書き込むことで定義します。Haskell のプログラムを書いたファイルは、他の種類のファイルと区別するために、拡張子を .hs とする慣習があります。必須ではありませんが、区別のためには有用です。

2.5.1 最初のプログラム

Haskell プログラムを開発するときは、ウィンドウを二つ開いておくと便利です。一方のウィンドウではプログラムを編集するエディターを、他方のウィンドウでは GHCi を走らせます。テキストエディターを起動し、例として以下の二つの定義を入力してみましょう。プログラムはファイル**test.hs**に保存してください。

```
double x = x + x

quadruple x = double (double x)
```

次に、エディターはそのままにしておき、別のウィンドウで GHCi を起動して、以下のように新しいプログラムを読み込ませます。

```
$ ghci test.hs
```

この時点でプレリュードと**test.hs**の両方が読み込まれているので、両者で定義されている関数が自由に利用できます。以下に例を示します。

```
> quadruple 10
40

> take (double 2) [1,2,3,4,5]
[1,2,3,4]
```

次に、GHCi を起動したまま、以下の二つの関数をエディターで追記して同じファイルに保存してください。

```
factorial n = product [1..n]

average ns = sum ns `div` length ns
```

関数 average は、average ns = div (sum ns) (length ns) のようにも定義できますが、上記の例のように div を二つの引数の中間に置くほうが自然です。引数を二つ取る関数は、関数名をバッククォートで囲む（` `）ことで、引数の間に書けるようになります。

GHCi は、ファイルが変更されても自動的には再読み込みしてくれません。そこで、追加した定義を使う前に、:reload コマンドを実行する必要があります。

```
> :reload

> factorial 10
3628800

> average [1,2,3,4,5]
3
```

参考までに、GHCi でよく利用されるコマンドを表 2.1 にまとめます。どのコマンドも、先頭の一文字に短縮できます。たとえば、:load は :l と短縮できます。:set editorは、利用するエディターを設定する際に使います。たとえば、vimを使いたいなら:set editor vimと入力します。:typeコマンドに関しては次の章で詳しく述べます。

▶ 表2.1　GHCiの便利なコマンド

コマンド	動作
:load name	プログラムnameを読み込む
:reload	現在のプログラムを読み込む
:set editor name	エディターをnameに設定する
:edit name	プログラムnameを編集する
:edit	現在のプログラムを編集する
:type expr	exprの型を表示する
:?	すべてのコマンドを表示する
:quit	GHCiを終了する

2.5.2　命名規則

新しく関数を定義する場合、関数と引数の名前は先頭を小文字にしなければなりません。先頭以外では大文字、小文字、数字、アンダースコア、そしてシングルクォートを使えます。たとえば、以下の名前はすべて適切です。

myFun   fun1   arg_2   x'

以下の**キーワード**は特別な意味を持つので、関数名や引数名には使えません。

case class data default deriving
do else foreign if import in
infix infixl infixr instance let
module newtype of then type where

Haskellでは、慣習として、引数がリストである場合には名前の末尾にsを付けて複数の値を含んでいる可能性を示します。たとえば、数値のリストはns、任意の値のリストはxs、そして文字のリストのリストはcssのように名付けられるでしょう。

2.5.3　レイアウト規則

レベルが同じ定義は、プログラム中で先頭を完全に同じ列に揃えなければなりません。この**レイアウト規則**により、定義を行頭揃えによってグループ化できます。たとえば以下のプログラムでは、bとcがaの本体で使われる局所定義であることが行頭

揃えから明らかです。

```
a = b + c
    where
        b = 1
        c = 2
d = a * 2
```

グループを明記する必要があれば、波括弧の中に定義をセミコロンで区切って書いてもかまいません。たとえば、上記の例は以下のようにも記述できます。

```
a = b + c
    where
        {b = 1;
         c = 2};
d = a * 2
```

あるいは、一行にまとめることもできます。

```
a = b + c where {b = 1; c = 2}; d = a * 2
```

けれども、通常は、波括弧を使った文法よりもレイアウト規則を活用するほうがよいでしょう。

2.5.4 タブ文字

プログラム中のタブ文字は、エディターによって扱いが異なることから、レイアウト上の問題を引き起こすことがあります。このため、タブ文字を使って行頭を揃えるのは避けるべきです。GHC はタブ文字を発見すると警告を出します。もしプログラムでタブを使いたいのであれば、タブ文字を空白文字に自動変換するように設定するとよいでしょう。Haskell はタブ文字を幅 8 文字ぶんとして解釈します。

2.5.5 コメント

プログラムには、定義などに加えて、コンパイラーに無視されるコメントも入れられます。Haskell のコメントには、一行のコメントと囲みコメントの二つがあります。以下の例に示すように、記号「--」から行末までが一行のコメントです[†1]。

```
-- Factorial of a positive integer:
factorial n = product [1..n]

-- Average of a list of integers:
average ns = sum ns `div` length ns
```

「{-」で始まり「-}」で終わる部分は囲みコメントです。囲みコメントは、複数行にわたっても他のコメントを含んで入れ子になってもかまいません。以下の例に示すよ

[†1] ［訳注］Haskell のプログラムに日本語を混ぜる場合は、ファイルの文字コードを UTF-8 にしてください。

22　第2章　はじめの一歩

うに、一時的に複数行の定義を無効にするときは囲みコメントが特に便利です。

```
{-
double x = x + x

quadruple x = double (double x)
-}
```

2.6　参考文献

GHC の情報に加えて、コミュニティー活動、言語仕様、ニュースなど、幅広い情報が https://www.haskell.org で提供されています。

2.7　練習問題

1. この章の例題を GHCi を用いて実行してください。
2. 次の式に結合順位を示す括弧を付けてください。

   ```
   2^3*4

   2*3+4*5

   2+3*4^5
   ```

3. 以下のプログラムにはエラーが三つあります。エラーを修正して GHCi で正しく動くか確かめてください。

   ```
   N =  a 'div' length xs
        where
             a = 10
             xs = [1,2,3,4,5]
   ```

4. プレリュード関数 last は、空でないリストの最後の要素を取り出します。たとえば、last [1,2,3,4,5] = 5 です。この章で紹介したプレリュード関数を使って、関数 last を定義してください。さらに別の定義も考えてみてください。

5. プレリュード関数 init は、空でないリストから最後の要素を取り除きます。たとえば、init [1,2,3,4,5] = [1,2,3,4] です。関数 init の定義を二通り示してください。

練習問題2から4の解答は付録Aにあります。

第3章

型と型クラス

この章では、Haskell の基礎となる概念の中でも特に重要な、型と型クラスについて説明します。まず、型とは何か、型をどう使うのかを説明します。次に、基本的な型をいくつか紹介し、それらを組み合わせた型を作る方法を示します。その後、関数型について詳しく見ていきます。最後に、多相型、多重定義型、型クラスの概念を紹介します。

3.1 基礎概念

型は、互いに関連する値の集合です。たとえば、Bool 型には False と True という二つの真理値が含まれます。また、「Bool -> Bool」という型には、Bool 型を Bool 型へ変換する否定演算子 not のような関数がすべて含まれます。v が型 T の値であるという意味で、「v :: T」という表記を使います[†1]。「v :: T」は、「v の型は T である」と読みます。以下に例を示します。

```
False :: Bool
True :: Bool
not :: Bool -> Bool
```

記号「::」は、評価されていない式にも利用できます。その場合には、「式 e を評価すると型 T の値を生成する」という意味で、「e :: T」と表記します。以下に例を示します。

```
not False :: Bool
not True :: Bool
not (not False) :: Bool
```

---

†1 ［訳注］この形式を型注釈と呼びます。

24 第3章 型と型クラス

Haskellではすべての式に必ず型が付きます。式の型は、**型推論**という機能によって、式を評価する前に決定されます。型推論で鍵となるのは、「fが型Aを型Bへ変換する関数であり、eが型Aの式であれば、関数適用 f eの型はBである」という、関数適用に対する単純な型付け規則です。

$$\frac{f :: A \to B \quad e :: A}{f\ e :: B}$$

たとえば、「not False :: Bool」という型は、この規則を用いて「not :: Bool -> Bool」および「False :: Bool」という型から導き出せます。一方、「not 3」という式は、上記の規則では型が付きません。なぜなら、規則によると「3 :: Bool」であることが要請されますが、3は真理値ではないからです。「not 3」のように型を持たない式は**型エラー**があるとされ、間違った式とみなされます。

Haskellでは、式を評価する前に型が検査されるので、評価の際には型エラーが起きません。この意味で、Haskellプログラムは**型安全**です。実際、**型検査**はさまざまなエラーを発見してくれます。これはHaskellの最も有益な機能の一つです。しかし型検査は、評価の際に他のエラーが起こらないと保証しているわけではないことに注意してください。たとえば、式「1 `div` 0」は正しい型を持ちますが、0での除算は定義されていないので、評価の際にエラーとなります。

型安全の面倒な点は、評価が成功する式でも、型検査で拒絶される場合があることです。たとえば、条件式「if True then 1 else False」は評価すると数値1になりますが、型エラーがあるので間違いだとみなされます。Haskellの条件式ではthenとelseの結果が同じ型でなければいけません。この例では、thenの結果は1で数値、elseの結果はFalseで真理値であり、型が異なります。しかし実際には、プログラマーは型システムの制約の下でこのような問題を避ける術をすぐに身につけるので、これは現実的な問題というわけではありません。

GHCiでは、:typeコマンドを式の前に付けると式の型が表示されます。以下に例を示します。

```
> :type not
not :: Bool -> Bool

> :type False
False :: Bool

> :type not False
not False :: Bool
```

3.2 基本型

Haskell には標準でたくさんの基本型が用意されています。以下で説明するのは、その中でも特に使用頻度が高い型です。

- **Bool —— 真理値**
  False および True という二つの真理値が含まれる型です。

- **Char —— 文字**
  Unicode のすべての単一文字が値として含まれる型です。'a'、'A'、'3'、'_' といった通常の英語キーボードにあるすべての図形文字だけでなく、'\n'（改行文字）や '\t'（タブ文字）といった制御文字も含まれます。他の一般的なプログラミング言語と同様に、単一文字はシングルクォート（' '）で囲みます。

- **String —— 文字列**
  "abc"、"1+2=3"、空文字列 "" のような文字の並びが値として含まれる型です。他の一般的なプログラミング言語と同様に、文字列はダブルクォート（" "）で囲みます。

- **Int —— 固定長整数**
  -100、0、999 といった、格納に固定長のメモリーを使う整数の値を表現する型です。GHC における Int 型の範囲は、-2^{63} から $2^{63} - 1$ です。この範囲を超えると予期せぬ結果が生じます。たとえば、「2 ^ 63 :: Int」を評価すると負の数となり、意図に反した結果となります（この例で「:: Int」としているのは、結果を任意の数値型ではなく Int に制約するためです）。

- **Integer —— 多倍長整数**
  すべての整数が値として含まれる型です。格納に必要なだけのメモリーが用いられるので上限や下限を気にする必要がありません。たとえば、「2 ^ 63 :: Integer」を評価すると、どんな Haskell の実装も正しい答えを返します。
  Int と Integer の違いとしては、必要なメモリー量と精度のほかに効率も挙げられます。具体的には、ほとんどのコンピューターには固定長整数用のハードウェアが組み込まれている一方で、多倍長整数はより遅いソフトウェアにより数値の並びとして処理されます。

- **Float —— 単精度浮動小数点数**
  -12.34、1.0、3.1415927 といった、格納に固定長のメモリーを使う小数の値を表現する型です。**浮動小数点**という用語は、小数点以降の数字の個数が、表現する数値の大きさに依存して決まることからきています。たとえば、GHCi で「sqrt 2 :: Float」を評価すると 1.4142135 となり、小数点以降の数は七つです。一方、

26　第3章　型と型クラス

「sqrt 99999 :: Float」は316.2262となり、小数点以降の数は四つです。なお、sqrtはプレリュード関数で、平方根を計算します。

● Double —— 倍精度浮動小数点数

Floatと似た型ですが、精度を増すために格納するメモリーが二倍の大きさとなっています。たとえば、「sqrt 2 :: Double」を評価すると1.4142135623730951が得られます。浮動小数点数を使ったプログラミングには、丸め誤差を注意深く取り扱うといった専門的な知識が必要です。入門書である本書ではこの型の数値には深入りしません。

この節の締めくくりとして、数値は複数の型を持ちうることを指摘しておきます。たとえば、3はInt、Integer、Float、Doubleの型を持ち得ます。では、このような数値に対し、型推論ではどのような型が割り当てられるのでしょうか？ その答えは、3.8節で型クラスについて学ぶときにわかります。

3.3 リスト型

リストとは、同じ型の**要素**の並びであり、それらの要素を角括弧で囲みカンマで区切ったものです。T型の要素を持つリストの型を [T] と書きます。以下に例を示します。

```
[False,True,False] :: [Bool]
['a','b','c','d'] :: [Char]
["One","Two","Three"] :: [String]
```

リストの要素の個数を、そのリストの**長さ**と呼びます。リスト [] は、長さが0であり、**空リスト**と呼ばれます。[False]、['a']、[[]] は、要素が一つのリストです。[[]] と [] は異なるリスト型の値であることに注意してください。前者は空リストのみを含む長さ1のリストであり、後者は要素を持たない単なる空リストです。

リスト型には留意点が三つあります。第一に、リストの型には長さの情報は含まれていません。たとえば、リスト [False, True] と [False, True, False] とは長さが異なりますが、型はともに [Bool] です。第二に、リストの要素の型には制約がありません。いまのところ基本的でない型として知っているのはリストだけなので、いろいろな例を挙げられないのですが、たとえば次のようなリストのリストがあります。

```
[['a','b'],['c','d','e']] :: [[Char]]
```

第三に、リストの長さには制限がありません。第15章で説明するように、Haskellは遅延評価を使っているので、無限リストは自然で実用的です。

3.4 タプル型

タプルとは、有限個の要素の組です。各要素の型が異なってもかまいません。要素は括弧で囲み、カンマで区切ります。タプルの型は、i番めの要素が型Tiを持つとき、(T1,T2,...,Tn)と表記します（iは1からnまでの値を取り、nは2以上です）。

```
(False,True) :: (Bool,Bool)

(False,'a',True) :: (Bool,Char,Bool)

("Yes",True,'a') :: (String,Bool,Char)
```

タプルの要素の個数を**要素数**と呼びます。要素数2のタプルは組、要素数3のタプルは三つ組と呼ばれます（以降も同様）。上記の式では表現できませんが、要素数0のタプルは、**ユニット**[†2]と呼ばれます。(False)のような、要素数が1のタプルは許されていません。なぜなら、(1 + 2) * 3のような、評価の順序を明示的に指定する括弧と区別がつかないからです。

タプル型にもリストと同じように留意点が三つあります。第一に、タプルの型は要素数の情報を含んでいます。たとえば、型(Bool, Char)は、最初の要素の型がBoolで二番めの要素の型がCharである組を値として持ちます。第二に、タプルの要素の型には制限がありません。たとえば、タプルのタプル、リストのタプルなどを構築できます。

```
('a',(False,'b')) :: (Char,(Bool,Char))

(['a','b'],[False,True]) :: ([Char],[Bool])
```

また、リストの要素の型にも制限がないので、たとえばタプルのリストなどを構築できます。

```
[('a',False),('b',True)] :: [(Char,Bool)]
```

第三に、タプルの要素数は有限でなければなりません。これは、タプルの型は評価の前に必ず決定できないといけないからです。

3.5 関数型

関数は、ある型の引数を他の型の結果に変換します。型T1の引数を型T2の返り値に変換する関数の型を「T1 -> T2」と書きます。以下に例を示します（evenは、整数が偶数かを判定するプレリュード関数です）。

```
not :: Bool -> Bool

even :: Int -> Bool
```

[†2] ［訳注］ユニットは、意味のない値を表します。

28　第3章　型と型クラス

　関数には、引数の型と結果の型に制限がありません。そこで、複数の値をリストか
タプルで表現すれば、一つの引数を取り一つの結果を返す関数で、複数の引数を取っ
たり、複数の結果を返したりできます。たとえば、整数の組を取り足し合わせた値を
返す関数 add と、0 から与えられた上限までの整数のリストを返す関数 zeroto は、
以下のように定義できます。

```
add :: (Int,Int) -> Int
add (x,y) = x+y

zeroto :: Int -> [Int]
zeroto n = [0..n]
```

　この例では、Haskell の慣習に従って、関数定義の前で関数の型を（型注釈を使っ
て）宣言しています。関数の型は、関数についての有益な説明になっています。この
ような、プログラマーにより指定された型の情報は、型推論を使って自動的に決定さ
れた型と照合されます。

　関数は、**全域関数**[†3]である必要がないことに注意してください。つまり、引数とし
て与えられる値によっては、結果が定義されていなくてもかまいません。たとえば、
リストの先頭の要素を取り出すプレリュード関数 head は、空リストに対しては定義
されていません。

```
> head []
*** Exception: Prelude.head: empty list
```

3.6　カリー化された関数

　関数で複数の引数を処理する方法はタプル以外にもあります。それは、少し理解し
にくいかもしれませんが、関数が返り値として関数を返せるという性質を活用する方
法です。たとえば、以下の定義を考えてみましょう。

```
add' :: Int -> (Int -> Int)
add' x y = x+y
```

　この型宣言は、add' が Int 型を取り、型 Int -> Int の関数を返す関数であるこ
とを表します。定義自体は、add' は整数 x と y を取り、結果として x + y を返すこ
とを表します。正確に言えば、add' は整数 x を取り、関数を返します。その関数は、
整数 y を取り、結果として x + y を返します。

　関数 add' は、前節の関数 add と同じ結果を返すことに注意してください。ただし、
add は二つの引数を表現する組を取りますが、add' は二つの引数を一度に一つずつ

　[†3]　［訳注］すべての入力に対して出力の値が定義されているのが全域関数、入力によっては出力の値
　　　　が未定義となる関数が部分関数です。

取ります。このため、二つの関数の型は異なります。

```
add :: (Int,Int) -> Int

add' :: Int -> (Int -> Int)
```

三つ以上の引数を取る関数も、「関数を返す関数」を返すという同様の技法で扱えます。たとえば、三つの整数 x、y、z を一度に一つずつ取り、それらの積を返す関数 mult は、以下のように定義できます。

```
mult :: Int -> (Int -> (Int -> Int))
mult x y z = x*y*z
```

この定義は、関数 mult は整数 x を取って関数を返し、その関数は整数 y を取って別の関数を返し、さらにその別の関数は整数 z を取って、結果として x * y * z を返すことを表します。

add' や mult のように、一度に一つの引数を取る関数を、**カリー化**されていると表現します。カリー化された関数は、興味深いだけでなく、タプルを取る関数よりも柔軟です。なぜなら、カリー化された関数を全部の引数ではなく、少ない引数に**部分適用**して、便利な関数を作成できることがあるからです。たとえば、引数を二つ取る関数 add' を一つの引数 1 に部分適用して、関数 add' 1 と書けます。これは「引数を一つ取って 1 を加えた値を返す関数」で、型は「Int -> Int」です。

カリー化された関数を扱うときに括弧が過剰になるのを避けるため、二つの規則が採用されています。一つは、型の中の -> は右結合であるという規則です。たとえば、以下の型を考えましょう。

```
Int -> Int -> Int -> Int
```

これは、以下を意味します。

```
Int -> (Int -> (Int -> Int))
```

もう一つは、空白文字を用いて表す関数適用は、必然的に左結合であるという規則です。たとえば、以下の関数適用を考えます。

```
mult x y z
```

これは、以下を意味します。

```
((mult x) y) z
```

Haskell では、明示的に括弧付けをしなくても、複数の引数を取る関数はカリー化された関数として定義されます。また、二つの規則のおかげで、必要な括弧の個数を少なくできます。第 4 章では、ラムダ式の表記を使ってカリー化された関数定義を端的に形式化できることを学びます。

30　第3章　型と型クラス

3.7　多相型

　プレリュード関数 `length` は、リストが含む要素の型によらず、任意のリストに対して長さを算出します。たとえば、整数のリスト、文字列のリスト、さらには関数のリストの長さを計算するのに利用可能です。

```
> length [1,3,5,7]
4

> length ["Yes","No"]
2

> length [sin,cos,tan]
3
```

どんな要素のリストにも `length` が適用可能という事実は、型に**型変数**を含めることで正確に表現できます。型変数の先頭は小文字でなければなりません。通常は、単にa、b、cという名前を使います。たとえば、`length` の型は次のようになります。

> `length :: [a] -> Int`

　すなわち、任意の型aに対して、関数 `length` は型「`[a] -> Int`」を持ちます。一つ以上の型変数を含む型や、そのような型を持つ式は、**多相的**と呼ばれます。したがって、型「`[a] -> Int`」は多相型で、`length` は多相関数です。一般的に、プレリュードで提供される関数の多くは多相的です。以下に例を示します。

> `fst :: (a,b) -> a`
>
> `head :: [a] -> a`
>
> `take :: Int -> [a] -> [a]`
>
> `zip :: [a] -> [b] -> [(a,b)]`
>
> `id :: a -> a`

　多相関数の型には、その関数の振る舞いがはっきりと示唆されることがよくあります。たとえば、`zip` の「`[a] -> [b] -> [(a,b)]`」という型からは、どのような実装になるか具体的なことはうかがいしれませんが、`zip` が二つのリストのそれぞれの要素から組を作ることはわかります。

3.8 多重定義型

加算演算子+は、同じ数値型の二つの値を足し合わせます。たとえば、二つの整数の合計や二つの浮動小数点数の合計を計算するのに使えます。

```
> 1 + 2
3

> 1.0 + 2.0
3.0
```

+が数値型の値に適用可能という事実は、型に**型クラス制約**を含めることで正確に表現できます。型クラス制約はC aという形式で書きます。ここで、Cは型クラス名、aは型変数です。たとえば、+の型は次のようになります。

    (+) :: Num a => a -> a -> a

Numクラスの**インスタンス**である任意の型aに対し、関数(+)の型はa -> a -> aです(演算子を括弧で囲むとカリー化された関数となります。これについては第4章で述べます)。

一つ以上の型クラス制約を持つ型は、**多重定義型**と呼ばれます。そのような型を持つ関数は、多重定義されていると言われます。つまり、Num a => a -> a -> aは多重定義型であり、(+)は多重定義された関数です。プレリュードで提供される数値関連の関数の多くは多重定義されています。以下に例を示します。

    (*) :: Num a => a -> a -> a

    negate :: Num a => a -> a

    abs :: Num a => a -> a

数値自体も多重定義されています。たとえば、「3 :: Num a => a」は、「任意の数値型aに対して数値3は型aを持つ」という意味です。数値3は、このように、利用される文脈によって整数、浮動小数点数、あるいはその他の数値型の値となり得ます。

3.9 基本クラス

型は、互いに関連する値の集合であったことを思い出してください。この考え方に従えば、**型クラス**(または単に**クラス**)とは、共通のメソッドを提供する型の集合です。ここで、**メソッド**とは、多重定義された操作のことを指します。Haskellではたくさんの基本クラスが標準で提供されています。以下では、使用頻度の高い型クラスについて説明します(標準で提供されているより高度な型クラスについては第II部で紹介します)。

32　第3章　型と型クラス

- **Eq** ── 同等クラス

以下の二つのメソッドを使って同等と不等を比較できる値を持つ型の集合です。

```
(==) :: a -> a -> Bool

(/=) :: a -> a -> Bool
```

Bool、Char、String、Int、Integer、Float、Doubleといった基本型は、すべてEqクラスのインスタンスです。要素がこの型クラスのインスタンスであるリストやタプルも、同様にEqクラスのインスタンスです。以下に例を示します。

```
> False == False
True

> 'a' == 'b'
False

> "abc" == "abc"
True

> [1,2] == [1,2,3]
False

> ('a',False) == ('a',False)
True
```

二つの関数が等しいかどうかを比較するのは、一般的に実現不可能なので、関数型はEqクラスのインスタンスではないことに注意してください。

- **Ord** ── 順序クラス

Eqクラスのインスタンスであることに加えて、値が（線形的に）順序付けられる型の集合です。この型クラスに属する型の値は、以下の六つのメソッドを用いて比較や処理ができます。

```
(<) :: a -> a -> Bool

(<=) :: a -> a -> Bool

(>) :: a -> a -> Bool

(>=) :: a -> a -> Bool

min :: a -> a -> a

max :: a -> a -> a
```

Bool、Char、String、Int、Integer、Float、Doubleといった基本型は、すべてOrdクラスのインスタンスです。要素がこのクラスのインスタンスであるリスト

やタプルも、同様に Ord クラスのインスタンスです。以下に例を示します。

```
> False < True
True

> min 'a' 'b'
'a'

> "elegant" < "elephant"
True

> [1,2,3] < [1,2]
False

> ('a',2) < ('b',1)
True

> ('a',2) < ('a',1)
False
```

文字列、リスト、タプルは、**辞書式**、つまり辞書の中で単語が順序付けられるのと同じ要領で順序付けられることに注意してください。たとえば、同じ型の二つの組は一つめの要素が順序付けられれば順序が決まり、二つめの要素は考慮されません。一つめの要素が等しければ、二つめの要素で順序付けられます。

- Show ── 表示可能クラス

  以下のメソッドを用いて値を文字列に変換できる型の集合です。

  ```
  show :: a -> String
  ```

  Bool、Char、String、Int、Integer、Float、Double といった基本型は、すべて Show クラスのインスタンスです。要素がこの型クラスのインスタンスであるリストやタプルも、同様に Show クラスのインスタンスです。以下に例を示します。

  ```
  > show False
  "False"

  > show 'a'
  "'a'"
  > show 123
  "123"

  > show [1,2,3]
  "[1,2,3]"

  > show ('a',False)
  "('a',False)"
  ```

- Read ── 読込可能クラス

  Show と対をなすクラスで、以下のメソッドを用いて文字列を値へ変換できる型の集合です。

  ```
  read :: String -> a
  ```

Bool、Char、String、Int、Integer、Float、Double といった基本型は、すべて Read クラスのインスタンスです。要素がこの型クラスのインスタンスであるリストやタプルも、同様に Read クラスのインスタンスです。以下に例を示します。

```
> read "False" :: Bool
False

> read "'a'" :: Char
'a'

> read "123" :: Int
123

> read "[1,2,3]" :: [Int]
[1,2,3]

> read "('a',False)" :: (Char,Bool)
('a',False)
```

これらの例では、「::」を使って結果の型を指定しています。文脈が曖昧なので、GHCi が型を決定できないからです。しかし、たいていの場合には文脈から自動的に型を推論可能です。たとえば、式「not (read "False")」には明示的な型の情報は必要ありません。否定演算子 not が適用されているので、「read "False"」は Bool 型であるとわかるからです。

引数が文法上間違っていると read の結果は未定義となることに注意してください。たとえば、式「not (read "abc")」は "abc" を真理値として読み込めないので、評価されるとエラーになります。

```
> not (read "abc")
*** Exception: Prelude.read: no parse
```

• Num —— 数値クラス

以下の六つのメソッドを用いて処理可能な数値を値として持つ型の集合です。

```
(+) :: a -> a -> a

(-) :: a -> a -> a

(*) :: a -> a -> a

negate :: a -> a

abs :: a -> a

signum :: a -> a
```

（メソッド negate は数値の符号を反転し、abs は絶対値を返し、signum は正、0、負に応じて 1、0、−1 を返します。）

Int、Integer、Float、Double といった基本型は、Num クラスのインスタンスで

す。以下に例を示します。

```
> 1 + 2
3

> 1.0 + 2.0
3.0

> negate 3.0
-3.0

> abs (-3)
3
> signum (-3)
-1
```

この例のように、関数に引数として負の数値を渡すときは、負号が正しく解釈されるように括弧で囲む必要があります。括弧なしで、たとえば abs -3 と書くと、abs - 3 と解釈されて意味も型も間違った式となります。

Num クラスは除算のメソッドを提供していないことに注意してください。これから説明するように、除算は整数用と分数用の二つの特別な型クラスによって処理されます。

• Integral ── 整数クラス

Num クラスのインスタンスの型であり、値が整数で、以下に示す整数の商と余りを計算するメソッドを提供する型の集合です。

```
div :: a -> a -> a

mod :: a -> a -> a
```

これらの二つのメソッドは、バッククォートで囲んで二つの引数の間に書くことがよくあります。基本型 Int と Integer は、Integral クラスのインスタンスです。以下に例を示します。

```
> 7 `div` 2
3

> 7 `mod` 2
1
```

リストと整数の両方を扱う take や drop といったプレリュード関数は、効率上の理由から引数や結果の値が固定長整数の Int 型に制限されており、Integral クラスの任意のインスタンスには適用できません。必要であれば、Data.List モジュールを読み込むことで汎用的な関数が利用できるようになります。

• Fractional ──分数クラス

Num クラスのインスタンスの型であり、値が整数でなく、以下に示す除算のメソッ

ドと逆数を計算するメソッドを提供する型の集合です。

```
(/) :: a -> a -> a
recip :: a -> a
```

基本型 Float や Double は、Fractional クラスのインスタンスです[†4]。以下に例を示します。

```
> 7.0 / 2.0
3.5

> recip 2.0
0.5
```

3.10 参考文献

真理値を表す Bool という用語は、記号論理学の先駆的研究に従事した George Boole にちなんでいます。また、関数の引数を一つにする**カリー化**という用語は、Haskell Curry の関数に対する研究に敬意を表して付けられました。関数型言語 Haskell も彼の名にちなんでいます。多相関数とその振る舞いの関係性は、文献 [3] で形式化されています。型システムの詳細については Haskell Report [4]、型システムの形式的な開発については文献 [5] を参照してください。

3.11 練習問題

1. 以下の値の型は何でしょう？

   ```
   ['a','b','c']
   ('a','b','c')
   [(False,'0'),(True,'1')]
   ([False,True],['0','1'])
   [tail, init, reverse]
   ```

[†4] ［訳注］Float や Double 型が分数クラスのインスタンスであるのは、少し奇妙に思えるかもしれません。Float や Double 型は、Floating クラス、すなわち浮動小数点数クラスのインスタンスでもあります。

2. 以下の型を持つ定義を書き下してください。型が正しい限り、どのように実装してもかまいません。

```
bools :: [Bool]

nums :: [[Int]]

add :: Int -> Int -> Int -> Int

copy :: a -> (a,a)

apply :: (a -> b) -> a -> b
```

3. 以下の関数の型は何でしょう？

```
second xs = head (tail xs)

swap (x,y) = (y,x)

pair x y = (x,y)

double x = x*2

palindrome xs = reverse xs == xs

twice f x = f (f x)
```

ヒント：関数定義に多重定義された演算子が使われている場合、型クラス制約を記述すべきことに注意してください。

4. 上記三つの問題の答えをGHCiを使って確かめてください。

5. 一般的に、関数の型をEqクラスのインスタンスにするのが実現不可能な理由は何でしょうか？ 実現可能なのはどういった場合でしょうか？

ヒント：同じ型の二つの関数が同等であるのは、同等な引数に対して同等な結果を返すときです。

練習問題1および2の解答は付録Aにあります。

第4章

関数定義

この章では、Haskell で関数を定義する方法を説明します。条件式とガードから始め、単純でありながら強力なパターンマッチの考え方を紹介し、最後にラムダ式とセクションについて説明します。

4.1 古きから新しきへ

関数を定義するいちばん簡単な方法は、既存の関数を組み合わせることでしょう。例として、この方法で定義できるプレリュード関数を三つ示します。

- 整数が偶数か判定する関数

```
even :: Integral a => a -> Bool
even n = n `mod` 2 == 0
```

- リストを n 番めの要素のところで分割する関数

```
splitAt :: Int -> [a] -> ([a],[a])
splitAt n xs = (take n xs, drop n xs)
```

- 逆数を計算する関数

```
recip :: Fractional a => a -> a
recip n = 1/n
```

上記の even と recip の型には型クラス制約があることに注意してください。これにより、even は任意の整数型の数に、recip は任意の分数型の数に、それぞれ適用できることが明確になっています。

4.2 条件式

Haskell では、候補の中から結果を一つ選択する方法がたくさん用意されています。いちばん単純なのは**条件式**です。条件式では、**条件**と呼ばれる論理的な式を使い、同

じ型の二つの候補の中から一方を選び出します。もし条件がTrueなら、一つめの結果が選ばれます。もしFalseなら、二つめの結果が選択されます。たとえば、整数の絶対値を返すプレリュード関数のabsは、以下のように定義できます。

```
abs :: Int -> Int
abs n = if n >= 0 then n else -n
```

条件式には、他の条件式を入れ子にできます。たとえば、整数に対する符号関数signumは以下のように定義できます。

```
signum :: Int -> Int
signum n = if n < 0 then -1 else
               if n == 0 then 0 else 1
```

多くのプログラミング言語とは違って、Haskellの条件式には常にelse部が必要です。これにより、いわゆる「ぶらさがりelse問題」が回避できます。もしelse部が省略可能な文であるなら、文「if True then if False then 1 else 2」が2を返すかエラーとなるかは、else部が内側と外側のどちらの条件に対応すると解釈するかに依存してしまうでしょう。

4.3　ガード付きの等式

条件式の代わりに**ガード付きの等式**を使って関数を定義することもできます。ガード付きの等式による関数定義では、**ガード**と呼ばれる一連の論理式に基づいて、列挙された同じ型の候補の中から結果が選ばれます。もし最初のガードがTrueなら最初の候補、そうではなく二つめのガードがTrueなら二つめの候補、という具合に候補が選ばれます。たとえば、プレリュード関数absは、ガード付き等式を使って以下のようにも定義できます。

```
abs n | n >= 0     = n
      | otherwise = -n
```

記号 | は、「n >= 0の場合の abs nは…」のように読むとよいでしょう。ガードotherwiseは、プレリュードでは単にotherwise = Trueと定義されています。最後のガードとしてotherwiseが必須なわけではありませんが、「他のすべての場合」を処理する便利な方法です。どのガードもTrueにならない場合にはエラーが発生しますが、このエラーはotherwiseによって回避できます。

ガード付きの等式は、条件式と比べて、条件が多くなったときに読みやすい点が優れています。たとえば、プレリュード関数signumは以下のように定義すると理解しやすくなります。

```
signum n | n < 0     = -1
         | n == 0    = 0
         | otherwise = 1
```

4.4 パターンマッチ

多くの関数は、**パターンマッチ**を使うことで簡潔かつ直観的に定義できます。パターンマッチによる関数定義では、**パターン**と呼ばれる式に基づいて、列挙された同じ型の候補の中から結果が選ばれます。もし最初のパターンに合致したら最初の結果、そうではなく二つめのパターンに合致したら二つめの結果、という具合に結果が選ばれます。たとえば、真理値の否定を返す否定演算子 **not** は、パターンマッチを使って以下のように定義できます。

```
not :: Bool -> Bool
not False = True
not True  = False
```

二つ以上の引数を取る関数もパターンマッチを使って定義できます。この場合、それぞれの式では、左から順に引数のパターンが合致するか確かめられます。たとえば、論理積を計算するプレリュード演算子 **&&** は以下のように定義できます。

```
(&&) :: Bool -> Bool -> Bool
True && True   = True
True && False  = False
False && True  = False
False && False = False
```

実は、すべての値に合致する**ワイルドカード**「_」を使って、二つの引数の値が何であれ False を返す式を作れば、最後の三つの等式を一つの等式へと簡略化できます。

```
True && True = True
_    && _    = False
```

この定義には利点もあります。第15章で説明するように、遅延評価の下では、一つめの引数が False であれば二つめの引数を評価することなしに結果として False を返せるからです。実際、プレリュードでは、この性質を持つ等式を用いて **&&** を以下のように定義しています。どちらの等式が適用されるかは、最初の引数の値のみで決まります。

```
True  && b = b
False && _ = False
```

すなわち、一つめの引数が True であれば結果は二つめの引数の値、一つめの引数が False であれば結果は False です[†1]。

一つの等式で二つ以上の引数が同じ名前を持つことは許されません。たとえば、「二つの引数が同じであれば結果はその値、そうでなければ結果は False」という解釈に従って論理積演算子 **&&** を以下のように定義できそうですが、この定義はこの制

---

†1 ［訳注］変数のパターンは、必ず合致します。この点はワイルドカードと同じですが、等式の右辺で参照できる点が異なります。

約により誤りです。

```
b && b = b
_ && _ = False
```

この方針で正しい定義にするためには、ガードを使って二つの引数が同等かを確か
めればよいでしょう。

```
b && c | b == c    = b
       | otherwise = False
```

ここまでに見てきたのは、値、変数、ワイルドカードという基本的なパターンだけ
でした。以降では、小さなパターンを組み合わせて大きなパターンを作る便利な方法
を二つ紹介します。

4.4.1　タプル・パターン

パターンを要素として持つタプルは、やはりパターンです。タプル・パターンは、
「要素数が同じで、それぞれの要素が対応するパターンにすべて合致するタプル」に
合致します。たとえば、組の一つめの要素と二つめの要素を取り出すプレリュード関
数の fst と snd は、それぞれ以下のように定義できます。

```
fst :: (a,b) -> a
fst (x,_) = x

snd :: (a,b) -> b
snd (_,y) = y
```

4.4.2　リスト・パターン

同様に、パターンを要素として持つリストは、やはりパターンです。リスト・パ
ターンは、「長さが同じで、それぞれの要素が対応するパターンにすべて合致するリ
スト」に合致します。たとえば、リストの長さが3で、かつ先頭の要素が文字 'a' で
あるかを検査する関数 test は、以下のように定義できます。

```
test :: [Char] -> Bool
test ['a',_,_] = True
test _         = False
```

これまでは Haskell のリストを分解不可能なデータとみなしてきました。実際に
は、リストは合成されたデータであり、空リスト [] に対して演算子 : を使って要素を
一つずつ増やしていくことで生成されます。「:」は既存のリストの先頭に新しい要素
を追加して新しいリストを生成する演算子で、「作成する」（*construct*）という意味で
cons 演算子と呼ばれます。たとえば、リスト [1,2,3] は以下のように分解できます。

```
        [1,2,3]
    =       { リスト表記 }
        1 : [2,3]
    =       { リスト表記 }
        1 : (2 : [3])
    =       { リスト表記 }
        1 : (2 : (3 : []))
```

すなわち、[1,2,3]は1 : (2 : (3 : []))の略記法にすぎません。リストを扱うときに括弧が増えないよう、cons演算子は右結合になっています。たとえば、1 : 2 : 3 : []は1 : (2 : (3 : []))という意味です。

cons演算子はリストの作成だけでなくパターンの作成にも利用できます。cons演算子によるパターンは、先頭の要素と残りのリストがそれぞれ対応するパターンに合致するような、空でないリストに合致します。たとえば、以下のようにして、先ほどの関数testを、先頭が文字'a'で始まる任意の長さのリストを調べる関数へと一般化できます。

```
test :: [Char] -> Bool
test ('a':_) = True
test _       = False
```

同様に、プレリュード関数headとtailは以下のように定義できます。それぞれ、「空でないリストの先頭の要素を取り出す」、「空でないリストから先頭の要素を取り除く」ように動作します。

```
head :: [a] -> a
head (x:_) = x

tail :: [a] -> [a]
tail (_:xs) = xs
```

関数適用は演算子よりも結合順位が高いので、cons演算子を使ったパターンは括弧で囲まなければなりません。たとえば、括弧を省いてtail _: xs = xsのようにすると、(tail _): xs = xsを意味します。これでは意味も違いますし定義としても誤りです。

4.5 ラムダ式

等式を使って関数を定義する代わりに、**ラムダ式**を使って関数を作成することもできます。ラムダ式は、引数のパターンと、引数から結果を計算する方法を示した本体とからなります。しかし、関数名は持ちません。別の言い方をすると、ラムダ式は**無名関数**です。

たとえば、数値の引数xを取り、x + xを計算して返す無名関数は、以下のように

44 第4章 関数定義

作成できます。

```
\x -> x + x
```

記号「\」はギリシア文字のλ（ラムダ）を表します。ラムダ式には名前がありませんが、他の関数と同じように利用できます。以下に例を示します。

```
> (\x -> x + x) 2
4
```

ラムダ式は、単に興味深いだけでなく、実用的な側面もあります。何より、カリー化された関数の形式的な意味付けに利用できます。たとえば以下の例で考えてみましょう。

```
add :: Int -> Int -> Int
add x y = x + y
```

この関数は以下のような意味を持ちます。

```
add :: Int -> (Int -> Int)
add = \x -> (\y -> x + y)
```

すなわち、**add**は引数として整数xを取り、関数を返します。返される関数は、引数として整数yを取り、x + yを返します。さらに、元の引数付きの定義をラムダ式に書き換えることで、関数の型注釈と関数の定義がいずれも同じ形「? -> (? -> ?)」になるという利点もあります。

ラムダ式が便利な場面の二つめは、「関数を返す関数」を定義するときに、カリー化された結果ではなく本来の関数が結果として返されることです。たとえば、プレリュード関数constは関数を返し、その関数は引数が何であれ、あらかじめ定められた値を返します。関数constは以下のように定義できます。

```
const :: a -> b -> a
const x _ = x
```

しかし、次のように型宣言に括弧を付け、定義にラムダ式を用いれば、**const**が返り値として関数を返すことが明確になります。

```
const :: a -> (b -> a)
const x = \_ -> x
```

最後に、ラムダ式は一度しか参照されない関数の名前付けを避けるためにも利用できます。たとえば、最初のn個の正の奇数を返す関数oddsを考えてみましょう。この関数は、関数をリストのすべての要素に適用するプレリュード関数mapを使って以下のように定義できます。

```
odds :: Int -> [Int]
odds n = map f [0..n-1]
         where f x = x*2 + 1
```

しかし、局所的に定義されている関数fが一度しか参照されていないので、ラムダ

式を使って odds の定義を以下のように簡略化できます。

```
odds :: Int -> [Int]
odds n = map (\x -> x*2 + 1) [0..n-1]
```

4.6 セクション

+ のように引数の間に置かれる関数を**演算子**と呼びます。すでに説明したとおり、引数を二つ取る関数は、7 `div` 2 のように関数名をバッククォートで囲むことで演算子になります。実は逆も可能です。具体的に言うと、任意の演算子は、(+) 1 2 のように名前を括弧で囲むことで、引数の前に置いて使うカリー化された関数となります。必要であれば、(1+) 2 や (+2) 1 のように、引数の一つを括弧の中に入れることもできます。

を演算子とすると、引数 x と y に対し、式 (#)、(x #)、(# y) は一般に**セクション**と呼ばれます。セクションの関数としての意味は、ラムダ式を使って以下のように形式化できます。

```
(#) = \x -> (\y -> x # y)

(x #) = \y -> x # y

(# y) = \x -> x # y
```

セクションには主な利用方法が三つあります。第一に、単純で有益な関数を極めて簡潔な形で定義するのに使えます。以下に例を示します。

(+)	は、加算関数	\x -> (\y -> x + y)
(1+)	は、1 を加える関数	\y -> 1 + y
(1/)	は、逆数を計算する関数	\y -> 1/y
(*2)	は、倍にする関数	\x -> x * 2
(/2)	は、半分にする関数	\x -> x/2

第二に、演算子の型を宣言するときはセクションが必要です。なぜなら、Haskell では演算子そのものは正しい式ではないからです。たとえば、整数の加算演算子 + の型は以下のように表現できます。

```
(+) :: Int -> Int -> Int
```

第三に、他の関数に二項演算子を引数として渡すときはセクションが必要です。たとえば、整数のリストの要素をすべて足し合わせるプレリュード関数 sum は、第 7 章で詳しく説明するプレリュード関数 foldl に、引数として演算子 + を渡すことで定義できます。

```
sum :: [Int] -> Int
sum = foldl (+) 0
```

46 第4章 関数定義

4.7 参考文献

Haskell Report [4] では、関数のパターンマッチの意味を、後述する case 式へ変換することで定義しています。無名関数の定義で使用されるギリシア文字λは、Haskell の基盤である関数理論の**ラムダ計算** [6] からきています。

4.8 練習問題

1. プレリュード関数を使って、長さが偶数のリストを半分ずつに分割する関数 halve :: [a] -> ([a], [a]) を定義してください。以下に使用例を示します。

```
> halve [1,2,3,4,5,6]
([1,2,3],[4,5,6])
```

2. リストの三つめの要素を返す関数 third :: [a] -> a を、以下を使ってそれぞれ定義してください。ただし、リストには三つ以上の要素が格納されているとします。

    a head と tail
    b リストのインデックス演算子 !!
    c パターンマッチ

3. プレリュード関数 tail のように振る舞う safetail :: [a] -> [a] 関数を考えてください。ただし、tail は空リストを与えるとエラーになりますが、safetail は空リストをエラーとせず、空リストを返すものとします。関数 tail、空リストかどうかを判定する関数 null :: [a] -> Bool、および以下のそれぞれを使って safetail を定義してください。

    a 条件式
    b ガード付きの等式
    c パターンマッチ

4. 論理積演算子 **&&** と同様に、パターンマッチを使って論理和演算子 **||** を四通りの方法で定義してください。

5. 他のプレリュード関数や演算子を使わずに、論理積 **&&** に対する以下の定義を条件式を用いて形式化してください。

```
True && True = True
_    && _    = False
```

ヒント：入れ子になった二つの条件式を使いましょう。

6. 以下についても同様のことをしてください。必要になる条件式の個数が異なる

ことに注意しましょう。

```
True  && b = b
False && _ = False
```

7. 以下のカリー化された関数の定義の意味をラムダ式を用いて形式化してください。

```
mult :: Int -> Int -> Int -> Int
mult x y z = x*y*z
```

8. **Luhnアルゴリズム**は、銀行のカード番号に対して単純な入力間違いを検出する方法であり、以下のように実行されます。

   - それぞれを独立した番号だとみなす
   - 右から数えて偶数番めの数すべてを二倍にする
   - それぞれの数が9より大きいなら9を引く
   - すべての数を足し合わせる
   - 合計が10で割り切れるなら、カードの番号は正しい

   数を2倍にして、もしその結果が9より大きいなら9を引く関数luhnDouble :: Int -> Intを定義してください。使用例を以下に示します。

```
> luhnDouble 3
6

> luhnDouble 6
3
```

   luhnDoubleと整数の剰余を求める関数modを使って、4桁の銀行のカード番号が正しいかどうかを判定する関数luhn :: Int -> Int -> Int -> Int -> Boolを定義してください。

```
> luhn 1 7 8 4
True

> luhn 4 7 8 3
False
```

   第7章の練習問題では、この関数を拡張して、任意の長さのカード番号を受け取れるようにします。

練習問題1から4の解答は付録Aにあります。

第5章

リスト内包表記

　この章では、リスト内包表記について説明します。リスト内包表記を使えば、リストを扱う関数を簡潔に定義できます。まず生成器とガードの説明から始め、次に関数 zip と文字列の内包表記に触れます。最後に本章の締めくくりとして、シーザー暗号を解読するプログラムを実装します。

5.1　基礎概念

　数学では、既存の集合から新しい集合を生成するのに**内包表記**を使えます。たとえば内包表記 $\{x^2 \mid x \in \{1..5\}\}$ によって、集合 $\{1..5\}$ のすべての要素 x について x^2 とした集合 $\{1, 4, 9, 16, 25\}$ を生成できます。Haskell でも、既存のリストから新しいリストを生成するために、同様のリスト内包表記が利用できます。以下に例を示します。

```
> [x^2 | x <- [1..5]]
[1,4,9,16,25]
```

記号「|」と「<-」は、それぞれ「のような」および「から取り出した」と読むとよいでしょう。式「x <- [1..5]」を**生成器**と呼びます。一つのリスト内包表記に複数の生成器も指定できます。その場合には複数の生成器をカンマで区切って列挙します。たとえば、リスト [1,2,3] の要素とリスト [4,5] の要素からなる組（二要素のタプル）の組み合わせを作るには、以下のようにします。

```
> [(x,y) | x <- [1,2,3], y <- [4,5]]
[(1,4),(1,5),(2,4),(2,5),(3,4),(3,5)]
```

上記の例で生成器の順番を入れ替えると、同じ組が生成されますが順番は変わります。

```
> [(x,y) | y <- [4,5], x <- [1,2,3]]
[(1,4),(2,4),(3,4),(1,5),(2,5),(3,5)]
```

この例では、組の要素のうちxのほうがyよりも頻繁に変化します（1,2,3,1,2,3に対し4,4,4,5,5,5）。一方、最初の例ではxよりもyのほうが頻繁に変化します（4,5,4,5,4,5に対し1,1,2,2,3,3）。この挙動は、後方の生成器のほうが前方の生成器よりも入れ子の深い位置にあり、そのため値を頻繁に変えると考えることで理解できます。

後方の生成器では前方の生成器が使う変数を利用できます。たとえば、以下のようにして、リスト[1 .. 3]の要素から重複のない組の順列を作れます。

```
> [(x,y) | x <- [1..3], y <- [x..3]]
[(1,1),(1,2),(1,3),(2,2),(2,3),(3,3)]
```

より実用的な例は、「リストのリスト」の要素であるリストを連結するプレリュード関数concatです。前方の生成器で「リストのリスト」の要素であるリストを一つずつ取り出し、その各リストの要素を後方の生成器で一つずつ取り出します。

```
concat :: [[a]] -> [a]
concat xss = [x | xs <- xss, x <- xs]
```

リストの要素の一部をワイルドカード「_」で捨てることもできます。たとえば、組のリストから、組の先頭の要素を取り出してリストを生成する関数は、以下のように定義できます。

```
firsts :: [(a,b)] -> [a]
firsts ps = [x | (x,_) <- ps]
```

同様にしてリストの長さを計算するプレリュード関数を定義できます。それぞれの要素を1に置き換えたリストを作り、そのリストの要素の合計を求めます。

```
length :: [a] -> Int
length xs = sum [1 | _ <- xs]
```

この例の生成器「_ <- xs」は、1を適切な個数だけ生成するカウンターになっています。

5.2 ガード

リスト内包表記では、前方の生成器で生成された値を間引くために、**ガード**と呼ばれる論理式も使えます。ガードでTrueになる値は残され、Falseになる値は捨てられます。たとえば、[x | x <- [1..10], even x]により、リスト[1..10]からすべての偶数を取り出したリスト[2,4,6,8,10]を生成できます。同様に、正の整数に対して約数をすべて計算する関数を以下のように定義できます。

```
factors :: Int -> [Int]
factors n = [x | x <- [1..n], n `mod` x == 0]
```

以下に使用例を示します。

```
> factors 15
[1,3,5,15]

> factors 7
[1,7]
```

この factors を使えば、整数が素数か否かを判定する簡潔な関数が書けます。**素
数**とは、1より大きな整数で、約数が1と自分自身のみである整数のことです。以下
のように定義できます。

```
prime :: Int -> Bool
prime n = factors n == [1,n]
```

以下に使用例を示します。

```
> prime 15
False

> prime 7
True
```

なお、関数 prime で15のような整数を素数でないと判定するのに、約数をすべて生
成する必要はありません。遅延評価の下では、1と自分自身以外の約数が算出される
とすぐに False が返されます。この例では、約数3が算出された時点で False が返
されます。

リスト内包表記に戻りましょう。関数 prime を使えば、与えられた上限までの素数
をすべて生成する関数が定義できます。

```
primes :: Int -> [Int]
primes n = [x | x <- [2..n], prime x]
```

以下に使用例を示します。

```
> primes 40
[2,3,5,7,11,13,17,19,23,29,31,37]
```

第15章では有名な**エラトステネスのふるい**を使って、より効率的に素数を生成しま
す。Haskell による遅延評価を利用した実装は、極めて明瞭で簡潔です。

ガードに関する最後の例は、キーと値からなる組のリストの探索です。キーの型
は、Eq クラスに属する任意の型とします。検索キーと等しいキーを持つ組すべてを
探し出し、対応する値を取り出してリストにする関数 find は、以下のように定義で
きます。

```
find :: Eq a => a -> [(a,b)] -> [b]
find k t = [v | (k',v) <- t, k == k']
```

以下に使用例を示します。

```
> find 'b' [('a',1),('b',2),('c',3),('b',4)]
[2,4]
```

5.3 関数zip

プレリュード関数zipは、リストを二つ取り、それぞれの要素を順番に組にした新しいリストを作ります。新しいリストの生成は、二つのリストの一方、あるいは両方が使いつくされたら終わります。以下に例を示します。

```
> zip ['a','b','c'] [1,2,3,4]
[('a',1),('b',2),('c',3)]
```

関数zipをリスト内包表記と一緒に使うと便利なことが多々あります。例を示す前に、まずは関数pairsを定義します。pairsは、リストの隣り合う要素を組にして、そのような組のリストを返す関数です。

```
pairs  :: [a] -> [(a,a)]
pairs xs = zip xs (tail xs)
```

以下にpairsの使用例を示します。

```
> pairs [1,2,3,4]
[(1,2),(2,3),(3,4)]
```

関数pairsを使って、要素の型がOrdクラスに属しているリストが**整列**されているか調べる関数を定義できます。リスト中の隣り合う要素がすべて正しい順番に並んでいるかを調べればいいだけです。（andはリスト中の真理値がすべてTrueであるか判定します。）

```
sorted :: Ord a => [a] -> Bool
sorted xs = and [x <= y | (x,y) <- pairs xs]
```

以下にsortedの使用例を示します。

```
> sorted [1,2,3,4]
True

> sorted [1,3,2,4]
False
```

関数sortedは、関数primeの場合と同様に、[1,3,2,4]のようなリストが整列されていないと判断するために隣り合う要素の組をすべて生成する必要はありません。順番が間違っている組を発見するとすぐにFalseを返すからです。この例では、組(3,2)のときにそうなります。

関数zipを使うと、目的とする値がリストのどの位置にあるかを調べて、その位置すべてをリストとして返す関数positionsを定義できます。各要素とその位置から

なる組を作り、目的の値と組になっている位置からなるリストを生成すればよいのです。

```
positions :: Eq a => a -> [a] -> [Int]
positions x xs = [i | (x',i) <- zip xs [0..], x == x']
```

以下に使用例を示します。

```
> positions False [True, False, True, False]
[1,3]
```

positionsの定義にある式[0..]は、インデックスのリスト[0,1,2,3,...]を生成します。このリストは、概念上は**無限**ですが、遅延評価の下では、それが使われる文脈で必要とされる要素しか生成されません。この例では、入力リストxsとzipされるぶんだけです。このように遅延評価を活用すれば、インデックスのリストを生成する際に入力リストの長さを調べる必要がなくなります。

5.4 文字列の内包表記

これまではHaskellの文字列を分解不可能なデータとみなしてきました。実際には、文字列は合成されたデータであり、単なる文字のリストです。たとえば、「"abc" :: String」は「['a','b','c'] :: [Char]」の略記法です。文字列はリストなので、リストを扱う任意の多相関数は文字列も扱えます。以下に例を示します。

```
> "abcde" !! 2
'c'

> take 3 "abcde"
"abc"

> length "abcde"
5

> zip "abc" [1,2,3,4]
[('a',1),('b',2),('c',3)]
```

同じ理由で、文字列を扱う関数の定義にもリスト内包表記を利用できます。以下の関数lowersおよび関数countは、それぞれ小文字あるいは指定した文字の個数を数える関数です。

```
lowers :: String -> Int
lowers xs = length [x | x <- xs, x >= 'a' && x <= 'z']

count :: Char -> String -> Int
count x xs = length [x' | x' <- xs, x == x']
```

54 第5章 リスト内包表記

以下に使用例を示します。

```
> lowers "Haskell"
6

> count 's' "Mississippi"
4
```

5.5 シーザー暗号

この章の締めくくりとして長い例題を取り上げます。文字列を暗号化して内容を隠すことを考えましょう。暗号化の方法として有名なのは、Julius Caesar にちなんだ**シーザー暗号**です。シーザー暗号では、それぞれの文字を、アルファベット順で三つ後ろの文字に単純に置き換えます。ただし、アルファベットの末尾は先頭に接続していると考えます。例として次の文字列を使いましょう。

"haskell is fun"

この文字列は以下のように暗号化できます。

"kdvnhoo lv ixq"

シーザー暗号におけるシフト数3は、一般的には1から25までの任意の整数で置き換えられます。したがって、文字列の暗号化には25通りの異なった方法が利用できます。シフト数を10とすれば、上記の文字列は以下のように暗号化されます。

"rkcuovv sc pex"

この節の後半では、Haskellでシーザー暗号を実装する方法と、英語文字の出現頻度を利用すれば簡単にシーザー暗号を解読できることを示します。

5.5.1 暗号化と復号

以降では、`Data.Char`というモジュールで提供されている関数をいくつか使います。Haskellプログラムでこのモジュールを利用するには、以下の宣言をプログラムの先頭に置きます。

import Data.Char

問題を単純にするために、文字列中の小文字のみを暗号化し、大文字やその他の図形文字は変更しないことにします。まず、小文字を0から25の整数に変換する関数`let2int`と、その逆関数`int2let`を定義します。文字と「Unicodeのコードポイント（整数）」を互いに変換する関数`ord :: Char -> Int`および関数`chr :: Int`

-> Char を使って次のように定義できます。

```
let2int :: Char -> Int
let2int c = ord c - ord 'a'

int2let :: Int -> Char
int2let n = chr (ord 'a' + n)
```

以下に使用例を示します。

```
> let2int 'a'
0

> int2let 0
'a'
```

この二つの関数を使うと、小文字をシフト数だけずらす関数 shift が定義できます。まず、文字を対応する整数に変換し、シフト数を足します。そして、26 で割った余りを取ります（このためにアルファベットの末尾は先頭に接続しているとします）。最後に、その結果である整数を小文字へ戻します。isLower :: Char -> Bool は、文字が小文字か判定するモジュール関数です。

```
shift :: Int -> Char -> Char
shift n c | isLower c = int2let ((let2int c + n) `mod` 26)
          | otherwise = c
```

この関数は、正のシフト数も負のシフト数も扱えること、そして小文字のみが変化することに注意してください。以下に例を示します。

```
> shift 3 'a'
'd'

> shift 3 'z'
'c'

> shift (-3) 'c'
'z'

> shift 3 ' '
' '
```

文字列の内包表記の中で関数 shift を使えば、与えられたシフト数で文字列を暗号化する関数が簡単に定義できます。

```
encode :: Int -> String -> String
encode n xs = [shift n x | x <- xs]
```

文字列を復号する関数を別途定義する必要はありません。なぜなら、符号が逆のシ

56　第5章　リスト内包表記

フト数を与えれば復号できるからです。以下に例を示します。

```
> encode 3 "haskell is fun"
"kdvnhoo lv ixq"

> encode (-3) "kdvnhoo lv ixq"
"haskell is fun"
```

5.5.2　文字の出現頻度表

　シーザー暗号を解読するための手掛かりは、英語の文章では特定の文字が他の文字よりも使用頻度が高いという事実です。大量の文章を統計処理すると、おおよそ以下のような26文字の出現頻度表が得られます。

```
table :: [Float]
table = [8.1, 1.5, 2.8, 4.2, 12.7, 2.2, 2.0, 6.1, 7.0,
         0.2, 0.8, 4.0, 2.4, 6.7, 7.5, 1.9, 0.1, 6.0,
         6.3, 9.0, 2.8, 1.0, 2.4, 0.2, 2.0, 0.1]
```

　この結果からは、たとえば文字 'e' が12.7%と最も使用頻度が高く、逆に 'q' や 'z' は0.1%と最も低いことがわかります。同様に与えられた文字列に対しても文字の出現頻度表を用意することは暗号解読の役に立ちます。そこでまず、整数を浮動小数点数に変換するプレリュード関数 fromIntegral :: Int -> Float[†1]を使って、百分率を計算して浮動小数点数として返す関数を定義します。

```
percent :: Int -> Int -> Float
percent n m = (fromIntegral n / fromIntegral m) * 100
```

以下に使用例を示します。

```
> percent 5 15
33.333336
```

　文字列の内包表記の中で、前節で定義した lowers や count と一緒に percent を使えば、任意の文字列に対して文字の出現頻度表を返す関数が定義できます。

```
freqs :: String -> [Float]
freqs xs = [percent (count x xs) n | x <- ['a'..'z']]
           where n = lowers xs
```

以下に使用例を示します。

```
> freqs "abbcccddddeeeee"
[6.666667, 13.333334, 20.0, 26.666668, ..., 0.0]
```

この結果から、文字 'a' の出現頻度は約6.7%、文字 'b' の出現頻度は13.3%、といったことがわかります。関数 freqs で局所的に宣言されている n = lowers xs は、引

[†1]　[訳注] ここでは fromIntegral に対して使用時の具体的な型が書かれていますが、定義されている型は fromIntegral :: (Integral a, Num b) => a -> b です。

数である文字列に対し、小文字がいくつあるか一回だけ数えることを保証していま
す。小文字の総数はリスト内包表記の中で使われており、直接書くと26回数えるこ
とになります。

5.5.3 暗号解読

観測頻度のリスト os と期待頻度のリスト es を比較する一般的な方法は**カイ二乗検
定**です。カイ二乗検定は以下の式で定義されます。ここで、n は二つのリストの長さ
を表し、xs_i はリスト xs の（0から数えた）i 番めの要素を表します。

$$\sum_{i=0}^{n-1} \frac{(os_i - es_i)^2}{es_i}$$

ここではカイ二乗検定の詳細には踏み込まないので、「計算された値が小さければ小
さいほど二つのリストはよく似ている」という理解で十分です。プレリュード関数
zipとリスト内包表記を使うと、上記の公式を関数として簡単に実現できます。

```
chisqr :: [Float] -> [Float] -> Float
chisqr os es = sum [((o-e)^2)/e | (o,e) <- zip os es]
```

次に、リストの要素をnだけ左に回転させる関数を定義します。ただし、リストの
先頭は末尾に接続していると考えます。また、整数引数nは、0以上で、かつリスト
の長さより小さい整数だとします。

```
rotate :: Int -> [a] -> [a]
rotate n xs = drop n xs ++ take n xs
```

以下に使用例を示します。

```
> rotate 3 [1,2,3,4,5]
[4,5,1,2,3]
```

暗号化された文字列は手に入れたものの、シフト数はわからないとしましょう。暗
号文を解読するためにシフト数を推測したいとします。これは次のようにして実現で
きます。まず、暗号文に対する文字の出現頻度表を作り、その表を左に回転させなが
ら、期待される文字の出現頻度表に対するカイ二乗検定の値を計算します。そして、
算出されたカイ二乗検定の値のリストの中で最小の値の位置をシフト数とします。た
とえば、table' = freqs "kdvnhoo lv ixq"に対して以下の式を考えます。

```
[chisqr (rotate n table') table | n <- [0..25]]
```

この式からは以下のような結果が得られます。

```
[1408.8524, 640.0218, 612.3969, 202.42024, ..., 626.4024]
```

最小の値は、（0番めから数えて）三番めの **202.42024** です。このことから、暗号化に使われたシフト数は3であると推測できます。この章ですでに定義した関数 `positions` を使えば、この手続きを以下のように実装できます。

```
crack :: String -> String
crack xs = encode (-factor) xs
  where
    factor = head (positions (minimum chitab) chitab)
    chitab = [chisqr (rotate n table') table | n <- [0..25]]
    table' = freqs xs
```

以下に使用例を示します。

```
> crack "kdvnhoo lv ixq"
"haskell is fun"

> crack "vscd mywzboroxcsyxc kbo ecopev"
"list comprehensions are useful"
```

この関数 `crack` は、シーザー暗号で暗号化された文字列のほとんどを解読可能です。しかし、文字列が短い場合や文字の出現頻度が例外的である場合には解読できないことに注意してください。

```
> crack (encode 3 "haskell")
"piasmtt"

> crack (encode 3 "boxing wizards jump quickly")
"wjsdib rduvmyn ephk lpdxfgt"
```

5.6　参考文献

内包（comprehension）という言葉は、集合論の**内包公理**（axiom of comprehension）に由来します。内包公理では、ある性質を満たす値を選択することで集合を作成します。Haskell Report [4] では、リスト内包表記の形式的意味が、言語のより基本的な機能へ変換することで定義されています。シーザー暗号や他の有名な暗号については "*The Code Book*" [7] で説明されています。

5.7　練習問題

1. リスト内包表記を使って、1から100までの二乗の和 $1^2 + 2^2 + ... + 100^2$ を計算する式を考えてください。

2. $m \times n$ の**座標格子**が、$0 \leqslant x \leqslant m$、$0 \leqslant y \leqslant n$ に対し、すべての整数の組 (x, y) で表現されているとします。リスト内包表記を一つ用いて、与えられた大きさの座標格子を返す関数 `grid :: Int -> Int -> [(Int,Int)]` を定

義してください。以下に使用例を示します。

```
> grid 1 2
[(0,0),(0,1),(0,2),(1,0),(1,1),(1,2)]
```

3. リスト内包表記一つと上記の関数 grid を用いて、大きさ n の正方形座標を返す関数 square :: Int -> [(Int,Int)] を定義してください。ただし、$(0,0)$ から (n,n) の対角の格子は含みません。以下に使用例を示します。

```
> square 2
[(0,1),(0,2),(1,0),(1,2),(2,0),(2,1)]
```

4. ある要素のみからなるリストを生成するプレリュード関数 replicate :: Int -> a -> [a] を、関数 length と同じ要領でリスト内包表記を用いて定義してください。以下に使用例を示します。

```
> replicate 3 True
[True,True,True]
```

5. $x^2 + y^2 = z^2$ を満たす正の整数を**ピタゴラス数**と呼び、三つ組 (x, y, z) で表します。ピタゴラス数のリストを生成する関数 pyths :: Int -> [(Int, Int, Int)] をリスト内包表記を使って定義してください。ただし、ピタゴラス数の要素は与えられた上限以下であるとします。以下に例を示します。

```
> pyths 10
[(3,4,5),(4,3,5),(6,8,10),(8,6,10)]
```

6. 自分自身を除く約数の和が自分自身と等しいとき、その整数を**完全数**と呼びます。与えられた上限までに含まれる完全数すべてを算出する関数 perfects :: Int -> [Int] を、リスト内包表記と関数 factors を使って定義してください。以下に使用例を示します。

```
> perfects 500
[6,28,496]
```

7. 二つの生成器を持つリスト内包表記 [(x, y) | x <- [1, 2, 3], y <- [4, 5, 6]] は、一つの生成器を持つリスト内包表記二つでも表現できることを示してください。ヒント：一方のリスト内包表記を他方の中に入れ、プレリュード関数 concat を使いましょう。

8. 関数 positions を関数 find を使って再定義してください。

9. 長さが n である整数のリスト xs と ys の**内積**は、対応する要素の積の和として計算できます。

$$\sum_{i=0}^{n-1} (xs_i * ys_i)$$

二つのリストから内積を計算する関数 scalarproduct :: [Int] -> [Int] -> Int を、関数 chisqr と同じようにリスト内包表記を使って定義できることを示してください。以下に使用例を示します。

```
> scalarproduct [1,2,3] [4,5,6]
32
```

10. シーザー暗号のプログラムを変更して大文字も扱えるようにしてください。

練習問題1から5の解答は付録Aにあります。

第6章

再帰関数

　この章では、Haskellでループを実現するための基本的な仕組みである再帰について説明します。整数に対する再帰から始めてリストに対する再帰へ進み、引数が複数の場合、多重再帰、相互再帰について考察します。最後に本章の締めくくりとして、再帰関数を定義する際の秘訣を説明します。

6.1　基礎概念

　これまで、関数の多くが他の関数を利用して定義できることを示しました。たとえば、負でない整数の**階乗**を算出する関数 fac は、数値のリストから積を計算するプレリュード関数 product を使って定義できます。

```
fac :: Int -> Int
fac n = product [1..n]
```

Haskellでは、関数の定義にその関数自身を使うことも許されています。そのように定義された関数を**再帰的**であると言います。たとえば、fac は再帰を用いて以下のようにも定義できます。

```
fac :: Int -> Int
fac 0 = 1
fac n = n * fac (n-1)
```

　最初の等式は、「0の階乗は1である」ことを示します。これは、**基底部**と呼ばれます。二つめの等式は、「他の整数の階乗は、その数値と、一つ少ない数値の階乗との積である」ことを示します。これは、**再帰部**と呼ばれます。この定義を使って3の階乗を計算する例を以下に示します。

```
    fac 3
=       { fac を適用 }
    3 * fac 2
=       { fac を適用 }
```

```
      3 * (2 * fac 1)
   =     { fac を適用 }
      3 * (2 * (1 * fac 0))
   =     { fac を適用 }
      3 * (2 * (1 * 1))
   =     { * を適用 }
      6
```

関数 fac は自分自身を使って定義されていますが、無限ループには陥りません。関数 fac が一回適用されると、引数（非負の整数）の数値は 1 減り、いつかは 0 に達します。この時点で再帰は止まり、乗算が実行されます。0 の階乗としては 1 を返します。なぜなら、1 は乗法の単位元だからです。すなわち、任意の整数 x に対して、1 * x=x と x * 1=x が成り立ちます。

階乗関数の場合は、プレリュード関数を使った定義のほうが再帰を用いた定義よりも簡潔です。しかし、関数の多くは、これから見ていくように、再帰を使って簡潔かつ自然な形で定義できます。たとえば、Haskell のプレリュード関数の多くは再帰で定義されています。さらに第 16 章で述べるように、再帰を使って関数を定義すれば、単純でありながら強力な数学的帰納法を用いて関数の性質を証明可能です。

整数に対する再帰の別の例として、乗算演算子 * を再帰で考えてみましょう。Haskell では、効率上の理由から、乗算演算子が組み込みで提供されています。しかし、負でない整数に対しては、二つの引数のうちいずれかに対する再帰によって乗算演算子を定義することも可能です。二つめの引数を再帰に利用する例を以下に示します。

```
(*) :: Int -> Int -> Int
m * 0 = 0
m * n = m + (m * (n-1))
```

以下に簡約の例を示します。

```
      4 * 3
   =     { * を適用 }
      4 + (4 * 2)
   =     { * を適用 }
      4 + (4 + (4 * 1))
   =     { * を適用 }
      4 + (4 + (4 + (4 * 0)))
   =     { * を適用 }
      4 + (4 + (4 + 0))
   =     { + を適用 }
      12
```

このように、再帰を用いた乗算演算子 * の定義は、乗算が加算の繰り返しであることを定式化しています。

6.2 リストに対する再帰

　再帰は、整数を処理する関数だけではなく、リストを処理する関数でも利用できます。たとえば、前節で用いたプレリュード関数 product は以下のように定義できます。

```
product :: Num a => [a] -> a
product []     = 1
product (n:ns) = n * product ns
```

一つめの等式は「空リストの積は1である」ことを示します。1は乗法の単位元なので、この定義は適切です。二つめの等式は、「空でないリストの積は、最初の数値を、残りのリストに対する積に掛けたものである」ことを示します。以下に簡約の例を示します。

```
    product [2,3,4]
=       { product を適用 }
    2 * product [3,4]
=       { product を適用 }
    2 * (3 * product [4])
=       { product を適用 }
    2 * (3 * (4 * product []))
=       { product を適用 }
    2 * (3 * (4 * 1))
=       { * を適用 }
    24
```

　Haskell のリストは cons 演算子を使って要素を一つずつ増やした合成データであることを思い出しましょう。[2, 3, 4] は 2 : (3 : (4 : [ ])) の略記法です。

　リストに対する再帰の簡単な例としては、このほかにプレリュード関数 length があります。length も product と同じ方法で再帰的に定義できます。

```
length :: [a] -> Int
length []     = 0
length (_:xs) = 1 + length xs
```

すなわち、空リストの長さは0であり、空でないリストの長さは残りのリストの長さに1を加えたものです。再帰部でワイルドカード「_」を使っていることに注意してください。これはリストの長さを要素の値とは無関係に計算できることを示しています。

　次に、リストの要素を逆転させるプレリュード関数 reverse について考えましょう。この関数は、再帰を用いて以下のように定義できます。

```
reverse :: [a] -> [a]
reverse []     = []
reverse (x:xs) = reverse xs ++ [x]
```

すなわち、空リストの逆順は空リストであり、空でないリストの逆順は「残りのリストの逆順」と「先頭の要素だけから作ったリスト」を連結したものです。以下に簡約

64 第6章 再帰関数

の例を示します。

```
      reverse [1,2,3]
  =       { reverse を適用 }
      reverse [2,3] ++ [1]
  =       { reverse を適用 }
      (reverse [3] ++ [2]) ++ [1]
  =       { reverse を適用 }
      ((reverse [] ++ [3]) ++ [2]) ++ [1]
  =       { reverse を適用 }
      (([] ++ [3]) ++ [2]) ++ [1]
  =       { ++ を適用 }
      [3,2,1]
```

今度は、上記の関数 reverse で利用した連結演算子 ++ を、一つめの引数に対する再帰を用いて定義しましょう。

```
(++) :: [a] -> [a] -> [a]
[]       ++ ys = ys
(x:xs) ++ ys = x : (xs ++ ys)
```

以下に簡約の例を示します。

```
      [1,2,3] ++ [4,5]
  =       { ++ を適用 }
      1 : ([2,3] ++ [4,5])
  =       { ++ を適用 }
      1 : (2 : ([3] ++ [4,5]))
  =       { ++ を適用 }
      1 : (2 : (3 : ([] ++ [4,5])))
  =       { ++ を適用 }
      1 : (2 : (3 : [4,5]))
  =       { リスト表記 }
      [1,2,3,4,5]
```

このように、連結演算子 ++ の再帰的な定義は、一つめのリストから要素を一つずつ複製することを定式化しています。複製は一つめのリストがつきるまで続けられ、最終的に二つめのリストに付加されます。

この節の締めくくりとして、整列されたリストに対する再帰の例を二つ紹介します。まず、Ord クラスに属する任意の型のリストに要素を一つ挿入して新たな整列されたリストを生成する関数を、以下のように定義します。

```
insert :: Ord a => a -> [a] -> [a]
insert x []              = [x]
insert x (y:ys) | x <= y     = x : y : ys
                | otherwise = y : insert x ys
```

すなわち、空リストへ要素を挿入すると要素が一つのリストが生成され、空でないリストに対しては挿入する要素 x とリストの先頭要素 y との関係に応じて動作が変わります。具体的に言うと、x <= y であれば x をリストの先頭に単に付加します。そうでなければ残りのリスト ys に x を挿入したリストを作り、その先頭に y を付加しま

す。以下に簡約の例を示します。

```
    insert 3 [1,2,4,5]
=       { insertを適用 }
    1 : insert 3 [2,4,5]
=       { insertを適用 }
    1 : 2 : insert 3 [4,5]
=       { insertを適用 }
    1 : 2 : 3 : [4,5]
=       { リスト表記 }
    [1,2,3,4,5]
```

関数insertを使って**挿入ソート**を実装できます。挿入ソートでは、空リストはすでに整列されていると考えます。空でないリストは、残りのリストを整列した結果に先頭の要素を挿入することで整列します。

```
isort :: Ord a => [a] -> [a]
isort []     = []
isort (x:xs) = insert x (isort xs)
```

以下に簡約の例を示します。

```
    isort [3,2,1,4]
=       { isortを適用 }
    insert 3 (insert 2 (insert 1 (insert 4 [])))
=       { insertを適用 }
    insert 3 (insert 2 (insert 1 [4]))
=       { insertを適用 }
    insert 3 (insert 2 [1,4])
=       { insertを適用 }
    insert 3 [1,2,4]
=       { insertを適用 }
    [1,2,3,4]
```

6.3 複数の引数

複数の引数を同時に変化させる再帰を使って関数を定義することもできます。たとえば、二つのリストを取って組のリストを返すプレリュード関数zipは以下のように定義できます。

```
zip :: [a] -> [b] -> [(a,b)]
zip []     _      = []
zip _      []     = []
zip (x:xs) (y:ys) = (x,y) : zip xs ys
```

以下に簡約の例を示します。

```
    zip ['a','b','c'] [1,2,3,4]
=       { zipを適用 }
    ('a',1) : zip ['b','c'] [2,3,4]
=       { zipを適用 }
    ('a',1) : ('b',2) : zip ['c'] [3,4]
=       { zipを適用 }
```

```
          ('a',1) : ('b',2) : ('c',3) : zip [] [4]
    =          { zipを適用 }
          ('a',1) : ('b',2) : ('c',3) : []
    =          { リスト表記 }
          [('a',1), ('b',2), ('c',3)]
```

引数の一方は空リストかもしれないので、関数zipの定義には基底部が二つ必要です。

　複数の引数に対する再帰の別の例として、プレリュード関数dropがあります。この関数は、与えられた数値の個数だけ、リストの先頭から要素を取り除きます。

```
    drop :: Int -> [a] -> [a]
    drop 0 xs     = xs
    drop _ []     = []
    drop n (_:xs) = drop (n-1) xs
```

この関数の定義でも基底部が二つ必要です。一方は0個の要素を取り除く場合で、他方は空リストから一つ以上の要素を取り除く場合です。

6.4 多重再帰

　関数は**多重再帰**を使っても定義できます。多重再帰とは、関数が自分自身を複数参照することです。たとえば、フィボナッチ数列 $0, 1, 1, 2, 3, 5, 8, 13, \ldots$ を考えましょう。フィボナッチ数列は、最初の二つの数値が0と1で、以降は前の二つの数値を足した数値からなります。0以上の整数 n に対して n 番めのフィボナッチ数を生成する関数は、以下のように二重再帰で実現できます。

```
    fib :: Int -> Int
    fib 0 = 0
    fib 1 = 1
    fib n = fib (n-2) + fib (n-1)
```

他の例としては、第1章で紹介したクイックソートが挙げられます。

```
    qsort :: Ord a => [a] -> [a]
    qsort []     = []
    qsort (x:xs) = qsort smaller ++ [x] ++ qsort larger
                   where
                       smaller = [a | a <- xs, a <= x]
                       larger  = [b | b <- xs, b > x]
```

　すなわち、空リストはすでに整列されています。空でないリストの場合は、先頭の値xを取り、残りの要素を「x以下のsmaller」と「xより大きいlarger」に分け、それぞれを整列したリストの間に最初の要素を挿入することで整列できます。

6.5 相互再帰

　関数は**相互再帰**を使っても定義できます。相互再帰とは、二つ以上の関数がお互いを参照し合うことです。たとえば、プレリュード関数evenとoddを考えてみましょう。これらの関数は、効率上の理由から、通常は2で割った余りを使って定義されま

す。しかし、負ではない整数に対して以下のように相互再帰でも定義できます。

```
even :: Int -> Bool
even 0 = True
even n = odd (n-1)

odd :: Int -> Bool
odd 0 = False
odd n = even (n-1)
```

すなわち、0は偶数であって奇数ではありません。0以外の整数は、一つ前の整数が奇数なら偶数であり、一つ前の整数が偶数なら奇数です。

```
    even 4
=       { even を適用 }
    odd 3
=       { odd を適用 }
    even 2
=       { even を適用 }
    odd 1
=       { odd を適用 }
    even 0
=       { even を適用 }
    True
```

　同様に、リストから偶数の位置の要素を取り出す関数evensと、奇数の位置の要素を取り出す関数oddsは、それぞれ以下のように定義できます。位置は0から数え始めることに注意してください。

```
evens :: [a] -> [a]
evens []     = []
evens (x:xs) = x : odds xs

odds :: [a] -> [a]
odds []     = []
odds (_:xs) = evens xs
```

以下に簡約の例を示します。

```
    evens "abcde"
=       { evens を適用 }
    'a' : odds "bcde"
=       { odds を適用 }
    'a' : evens "cde"
=       { evens を適用 }
    'a' : 'c' : odds "de"
=       { odds を適用 }
    'a' : 'c' : evens "e"
=       { evens を適用 }
    'a' : 'c' : 'e' : odds []
=       { odds を適用 }
    'a' : 'c' : 'e' : []
=       { 文字列表記 }
    "ace"
```

Haskellでは文字列が文字のリストであることを思い出しましょう。たとえば、

68   第6章　再帰関数

"abcde"は単に['a','b','c','d','e']の略記法です。

6.6　再帰の秘訣

　再帰関数を定義する行為は、自転車に乗るようなものです。他人が乗っているのは簡単そうに見えますが、初めて自分でこぐときはまったく不可能に感じるでしょう。しかし、練習すれば簡単で自然な行為となります。この節では、関数全般を定義する際の秘訣、特に再帰関数を定義する際の秘訣である「五段階の工程」を三つの例題を通じて説明します。

6.6.1　例題1 ── product

　最初に簡単な例題として、数値のリストの積を計算するプレリュード関数product を取り上げます。すでにこの章で示したproduct関数の定義は、以下の五段階の工程で組み立てられます。

第一段階：型を定義する

　型を考えることは、関数を定義する際にとても役立ちます。関数を定義する前に、関数の型を定義してみましょう。ここでは、以下のような型から考えることにします。

```
product :: [Int] -> Int
```

　つまり、関数productは整数のリストを取り、整数を返すとします。この例のように、まずは簡単な型から始め、後で型を一般化するとよいでしょう。

第二段階：場合分けをする

　引数の型には、それぞれ標準的な場合分けの方法があります。リストであれば、標準的な場合分けは空リストと空でないリストです。そこで、パターンマッチを使った以下のような関数の骨組みを書き出します。

```
product []     =
product (n:ns) =
```

　負でない整数であれば、標準的な場合分けは0と（0以外を表す）nです。真理値であれば、標準的な場合分けはFalseとTrueです。型と同様に、場合分けも後ほど修正する必要があるかもしれませんが、標準的な場合分けから始めるのが有効です。

第三段階：場合分けの簡単なほうを定義する

定義により、0個の整数の積は1です。なぜなら、1は乗法の単位元だからです。したがって、空リストのほうは簡単に定義できます。

```
product []     = 1
product (n:ns) =
```

この例のように、場合分けの簡単なほうがたいてい基底部になります。

第四段階：場合分けの複雑なほうを定義する

空でない数値のリストに対しては、どのように積を計算すればよいでしょうか？この段階では、利用できる材料を吟味してみるのが有効です。材料としては、関数product自身、引数nとns、そして型に関係するプレリュード関数（+、-、*など）があります。この例では、最初の整数を残りの整数のリストに対する積に掛けるとよいでしょう。

```
product []     = 1
product (n:ns) = n * product ns
```

この例のように、場合分けの複雑なほうがたいてい再帰部になります。

第五段階：一般化し単純にする

ここまでの工程で関数が定義できると、一般化できることや単純にできることがわかる場合が多々あります。たとえば、関数productは特定の数値型に依存しているわけではないので、型を整数から任意の数値型へ一般化できます。

```
product :: Num a => [a] -> a
```

定義を単純にすることも考えてみましょう。第7章で説明するように、productに使われているような再帰は、プレリュード関数foldrで置き換えられます[†1]。関数foldrを使うと、関数productは等式一つで再定義できます。

```
product = foldr (*) 1
```

関数productの最終的な定義は以下のようになります。

```
product :: Num a => [a] -> a
product = foldr (*) 1
```

この定義は、効率上の問題でfoldrがfoldlに置き換えられていることを除けば、付録Bに掲載している定義そのものです。foldlについても第7章で説明します。

[†1] ［訳注］再帰は表現力が強いため、再帰が使われたプログラムを読む場合は、さまざまな可能性を考えなければならず読みにくさがあります。一方、機能が一つしかない高階関数foldrやmapを使うと、プログラムの意味が明瞭になり読みやすくなります。面白いことに、再帰をよく理解できるようになると、再帰をあまり使わなくなります。

70 第6章 再帰関数

6.6.2 例題2 —— drop

やや複雑な例題として、リストの先頭から与えられた個数の要素を取り除くプレリュード関数dropを取り上げます。すでにこの章で示したdrop関数の定義は、以下の五段階の工程で組み立てられます。

第一段階：型を定義する

関数dropの型定義から始めましょう。この関数は、整数と任意の型aのリストを取り、同じ型のリストを生成します。

```
drop :: Int -> [a] -> [a]
```

この型を定義するにあたり、四つの決断を下しています。第一に、問題を単純にするため、一般的な数値の型ではなく整数を採用しました。第二に、柔軟性のため、組を引数として取るのではなくカリー化された関数としました。第三に、読みやすさのため、引数の整数をリストよりも前に置きました[†2]。第四に、一般性のため、リストの要素に任意の型を許すことで関数を多相的にしました。

第二段階：場合分けをする

数値の標準的な場合分け（0とn）と、リストの標準的な場合分け（[]とx:xs）を考慮すると、パターンマッチを使った関数の骨組みが四つ必要です。

```
drop 0 []    =
drop 0 (x:xs) =
drop n []    =
drop n (x:xs) =
```

第三段階：場合分けの簡単なほうを定義する

定義により、リストの先頭から0個の要素を取り除いても同じリストなので、最初の二つは簡単に定義できます。

```
drop 0 []    = []
drop 0 (x:xs) = x:xs
drop n []    =
drop n (x:xs) =
```

空リストから一つ以上の要素を取り除くのは誤りです。そこで、この状況になったらエラーとなるよう、三つめは省略してもよいでしょう。しかし、ここではエラーの

[†2] ［訳注］drop n xs は"drop n elements from xs"という自然な英語として読めます。n個の要素をxsから取り除くという意味です。

発生を避けるために空リストを返すようにします。

```
drop 0 []     = []
drop 0 (x:xs) = x:xs
drop n []     = []
drop n (x:xs) =
```

第四段階：場合分けの複雑なほうを定義する

空でないリストから一つ以上の要素を取り除くには、どうしたらよいでしょうか？先頭の要素を取り除いた残りのリストから、一つ少ない個数の要素を取り除けばよいのです。

```
drop 0 []     = []
drop 0 (x:xs) = x:xs
drop n []     = []
drop n (x:xs) = drop (n-1) xs
```

第五段階：一般化し単純にする

関数dropは特定の整数に依存しているわけではありません。そこで、IntやIntegerなどのIntegralクラスのインスタンスが取れるよう、任意の整数型へ一般化できるでしょう。

```
drop :: Integral b => b -> [a] -> [a]
```

しかし、3.9節で説明したように、プレリュードでは効率を考慮してこの一般化は施されていません。

次は単純にすることを考えてみましょう。リストから0個の要素を取り除いても同じリストになるので、関数dropの最初の二つの等式は一つの等式にまとめられます。

```
drop 0 xs     = xs
drop n []     = []
drop n (x:xs) = drop (n-1) xs
```

さらに、二つめの等式の変数nと三つめの等式の変数xは利用していないので、ワイルドカード「_」で置き換えられます。結果的に、dropの定義はプレリュードの定義と完全に同一となります。

```
drop :: Int -> [a] -> [a]
drop 0 xs     = xs
drop _ []     = []
drop n (_:xs) = drop (n-1) xs
```

6.6.3 例題3 —— init

最後の例題として、空でないリストから最後の要素を取り除くプレリュード関数initを取り上げましょう。この関数の定義は以下の五段階の工程で組み立てられます。

第一段階：型を定義する

まず、「initは任意の型aのリストを取り、型aの値のリストを返す」ことを示す型を記述します。

```
init :: [a] -> [a]
```

第二段階：場合分けをする

空リストはinitの引数には許されていません。そこで、パターンマッチの場合分けは一つだけであり、関数の骨組みは以下のようになります。

```
init (x:xs) =
```

第三段階：場合分けの簡単なほうを定義する

前述した二つの例題では、場合分けの簡単なほうをすぐに定義できました。関数initでは少し検討が必要です。定義により、要素が一つのリストから最後の要素を取り除けば空リストになります。そこで、この条件をガードを使って記述します。

```
init (x:xs) | null xs  = []
            | otherwise =
```

（プレリュード関数nullは、リストが空であるかを判断する関数です。）

第四段階：場合分けの複雑なほうを定義する

要素を少なくとも二つ持つリストから最後の要素を取り除くには、どうしたらよいでしょうか？ 先頭の要素を残して、残りのリストから最後の要素を取り除けばよいのです。

```
init (x:xs) | null xs  = []
            | otherwise = x : init xs
```

第五段階：一般化し単純にする

関数initの型はすでに一般化されています。関数の定義については、ガードではなくパターンマッチを使い、最初の式で変数ではなくワイルドカードを使うことによって、単純にできます。

```
init :: [a] -> [a]
init [_]    = []
init (x:xs) = x : init xs
```

これもまたプレリュードでの定義そのものです。

6.7 参考文献

この章で示した再帰的な定義は、明瞭さを重視しています。その多くは、後ほど説明する手法を使うことで、効率や汎用性を向上できます。関数を定義するための五段階の工程は文献[8]を参考にしています。

6.8 練習問題

1. 再帰的に定義された階乗関数は、(-1) のように負の整数を与えられた場合、どのように振る舞うでしょうか？ 再帰部にガードを加えることで、負の整数を禁止するように定義を変更してください。

2. 与えられた非負の整数から0までを足し合わせる関数 sumdown :: Int -> Int を再帰的に定義してください。たとえば、sumdown 3 は 3+2+1+0 の結果 6 を返します。

3. 乗算演算子 * の再帰を参考にして、負でない整数に対する冪乗演算子 ^ を定義してください。また、その定義を使って 2 ^ 3 を簡約してください。

4. 二つの非負の整数に対する**最大公約数**を計算するために、**ユークリッドの互除法**を実現する関数 euclid :: Int -> Int -> Int を再帰的に定義してください。アルゴリズムでは以下の工程を繰り返します。すなわち、二つの数値が等しければ、それが答えです。そうでなければ、「小さいほう」と「大きいほうから小さいほうを引いた数」で互除法を繰り返します。以下に使用例を示します。

```
> euclid 6 27
3
```

5. この章で与えられた再帰的定義を使って、length [1,2,3]、drop 3 [1,2,3,4,5]、init [1,2,3] を簡約してください。

6. プレリュードを見ないで、リストに対する以下のプレリュード関数を再帰を使って定義してください。

   a リストの要素がすべて True であるか検査する関数

   ```
   and :: [Bool] -> Bool
   ```

   b リストのリストを取り、要素であるリストを連結する関数

   ```
   concat :: [[a]] -> [a]
   ```

   c 指定された要素を n 個持つリストを生成する関数

   ```
   replicate :: Int -> a -> [a]
   ```

74　第6章　再帰関数

　　　d 空でないリストの n 番めの要素を取り出す関数

```
(!!) :: [a] -> Int -> a
```

　　　e リストの要素に含まれるか検査する関数

```
elem :: Eq a => a -> [a] -> Bool
```

これらの関数の多くは、プレリュードでは再帰ではなく他のプレリュード関数を用いて定義されています。また、リスト型に特化せず、より汎用的な関数になっています。

7. 関数 merge :: Ord a => [a] -> [a] -> [a] は、整列されたリストを二つ取り、一つの整列されたリストにして返す関数です。以下に使用例を示します。

```
> merge [2,5,6] [1,3,4]
[1,2,3,4,5,6]
```

関数 merge を再帰を用いて定義してください。ただし、関数 insert や isort など、整列されたリストを処理する関数は利用してはいけません。

8. 関数 merge を使って、**マージソート**を実行する関数 msort :: Ord a => [a] -> [a] を定義してください。マージソートは、引数のリストを二つに分割し、それぞれを整列した後で再び一つに戻すことで整列を実現します。ただし、空リストと要素が一つのリストはすでに整列されていると考えます。

ヒント：最初に、リストを半分に分割する関数 halve :: [a] -> ([a], [a]) を定義してください。生成された二つのリストの長さは高々1しか違いません。

9. 五段階の工程を使って、以下のプレリュード関数を定義してください。

　　　a 数値のリストに対し要素の和を計算する関数 sum
　　　b リストの先頭から n 個の要素を取り出す関数 take
　　　c 空でないリストの末尾の要素を取り出す関数 last

練習問題1から4の解答は付録Aにあります。

第**7**章

高階関数

　高階関数は、プログラミングにおける共通の様式を関数に閉じ込めたものです。この章では、高階関数とは何か、なぜ便利かを説明した後、プレリュードが提供するリスト用の高階関数を紹介します。最後に、本章の締めくくりとして、文字列から二進数への変換器と、二つの投票アルゴリズムを実装します。

7.1　基礎概念

　3.6節で説明したように、Haskellでは複数の引数を取る関数を、通常はカリー化の概念を用いて定義します。すなわち、関数が関数を返せるという性質を利用して、引数を一度に一つだけ取るようにします。たとえば、以下の定義を考えてみましょう。

```
add :: Int -> Int -> Int
add x y = x + y
```

これは次のような意味です。

```
add :: Int -> (Int -> Int)
add = \x -> (\y -> x + y)
```

　関数addは、整数xを取って関数を返します。その関数は、整数yを取ってx + yの結果を返します。Haskellでは、引数として関数を取る関数も定義できます。たとえば、引数として関数と値を取り、その関数を値に二回適用した結果を返す関数は、以下のように定義できます。

```
twice :: (a -> a) -> a -> a
twice f x = f (f x)
```

76 第7章 高階関数

以下に使用例を示します。

```
> twice (*2) 3
12

> twice reverse [1,2,3]
[1,2,3]
```

関数twiceもカリー化されているので、引数を一つだけ渡して部分適用し、また別の便利な関数を作成できます。たとえば、twice (*2)のようにして、数値を4倍にする関数を生成できます。また、twice reverse = idという等式により、（有限の）リストを逆順にする操作を二回繰り返しても何も起こらないという事実を表現できます。ここで関数idは、id x = xと定義される恒等関数です。

厳密に言うと、**高階関数**と呼ばれるのは、引数として関数を取る関数や、返り値として関数を返す関数です。しかし、「返り値として関数を返す」ことを表現するカリー化という用語が定着しているので、高階関数という用語は、実際には「引数として関数を取る関数」のみに使われることがよくあります。この章では、後者の意味での高階関数を説明します。

高階関数を使うことで、Haskellの力は大きく増幅します。なぜなら、高階関数により、プログラミングの共通の様式を関数に閉じ込められるからです[†1]。より一般的に言うと、高階関数は、Haskellで「ドメイン固有言語」（DSL：domain specific language）を作成するのに利用できます。その一例として、この章ではリスト処理のための簡単な言語を示します。また、第II部では、対話プログラムや作用を持つプログラム、パーサーなど、さまざまな種類のドメイン固有言語を開発します。

7.2　リスト処理

プレリュードには、リストを処理する便利な高階関数が数多く定義されています。それらの多くは、実際には複数の型に対して利用できる汎用的な関数ですが、この章では対象をリストのみに絞ります。最初の例は、関数mapです。mapは、引数として与えられた関数をリストの要素すべてに適用します。mapは、リスト内包表記を使うと以下のように定義できます。

```
map :: (a -> b) -> [a] -> [b]
map f xs = [f x | x <- xs]
```

すなわち、map f xsは、xをリストxsの要素とするとき、f xの結果を各要素とす

[†1]　［訳注］他の言語では、データと関数の集合が部品（モジュール）を構成するのに対し、Haskellでは関数自体が完全に独立な部品となります。

7.2 リスト処理　　77

るリストを返します。以下に使用例を示します。

```
> map (+1) [1,3,5,7]
[2,4,6,8]

> map even [1,2,3,4]
[False,True,False,True]

> map reverse ["abc","def","ghi"]
["cba","fed","ihg"]
```

　関数 map には留意点が三つあります。第一に、リストを処理する高階関数の多くと同様、map は任意の型のリストに適用可能です。第二に、入れ子になったリストを処理するため、map の引数に map を指定できます。たとえば、以下に示すように、関数 map (map (+1)) は「リストのリスト」内の各数値に 1 を加えます。

```
    map (map (+1)) [[1,2,3],[4,5]]
=     { 外側の map を適用 }
    [map (+1) [1,2,3], map (+1) [4,5]]
=     { 内側の二つの map を適用 }
    [[2,3,4],[5,6]]
```

第三に、再帰を使った map の定義も可能です。

```
map :: (a -> b) -> [a] -> [b]
map f []     = []
map f (x:xs) = f x : map f xs
```

すなわち、空リストに対しては、引数の関数をすべての要素に適用して得られるのは空リストです。空でないリストに対しては、引数の関数を先頭の要素に適用し、残りのリストに対して自分自身を呼び出します。リスト内包表記による定義のほうが簡潔ですが、再帰的な定義のほうが論証には適しています（第 16 章を参照してください）。

　filter もプレリュードの便利な高階関数です。関数 filter は、リストの中から述語を満たす要素をすべて取り出します。**述語**とは、真理値を返す関数のことです。関数 map と同様に、関数 filter もリスト内包表記を用いて定義できます。

```
filter :: (a -> Bool) -> [a] -> [a]
filter p xs = [x | x <- xs, p x]
```

すなわち、filter p xs は、x をリスト xs の要素とするとき、p x が True となる x のみを要素とするリストを返します。

```
> filter even [1..10]
[2,4,6,8,10]

> filter (> 5) [1..10]
[6,7,8,9,10]

> filter (/= ' ') "abc def ghi"
"abcdefghi"
```

78　第7章　高階関数

　mapと同様に、filterは任意の型のリストに適用可能です。また、論証のために
再帰を用いて定義することもできます。

```
filter :: (a -> Bool) -> [a] -> [a]
filter p []                = []
filter p (x:xs) | p x      = x : filter p xs
                | otherwise = filter p xs
```

すなわち、空リストに対しては、述語を満たす要素をすべて取り出せば空リストで
す。空でないリストに対しては、先頭の要素が述語を満たすか否かによって動作が変
わります。もし満たせば先頭の要素を残します。そうでなければ、先頭の要素を捨て
て、残りのリストに対し自分自身を呼び出します。

　mapとfilterは、プログラムでよく一緒に利用します。filterで特定の要素を
選択し、それらをmapで変換するという具合です。たとえば、整数のリストから偶数
を取り出し、それらを二乗した値の合計を取る関数は、以下のように定義できます。

```
sumsqreven :: [Int] -> Int
sumsqreven ns = sum (map (^2) (filter even ns))
```

　この節の締めくくりとして、プレリュードで定義されているリストを処理する高階
関数をいくつか紹介します。

- リストの要素のすべてが述語を満たすか検査する関数

```
> all even [2,4,6,8]
True
```

- リストの要素のどれかが述語を満たすか検査する関数

```
> any odd [2,4,6,8]
False
```

- リストの先頭から述語を満たす連続した要素を取り出す関数

```
> takeWhile even [2,4,6,7,8]
[2,4,6]
```

- リストの先頭から述語を満たす連続した要素を取り除く関数

```
> dropWhile odd [1,3,5,6,7]
[6,7]
```

7.3　畳込関数 foldr

　引数にリストを取る関数の多くは、リストに対する再帰を使って、以下のような簡
単な様式で定義できます。

```
f []     = v
f (x:xs) = x # f xs
```

すなわち、空リストに対しては値vへ対応付け、空でないリストに対しては「先頭の
要素」と「残りのリストに対し自分自身を呼び出した結果」に演算子#を適用します。
たとえば、リストを扱うおなじみのプレリュード関数の多くは、この再帰的な様式で
定義できます。

```
sum []     = 0
sum (x:xs) = x + sum xs

product []     = 1
product (x:xs) = x * product xs

or []     = False
or (x:xs) = x || or xs

and []     = True
and (x:xs) = x && and xs
```

　この再帰的な様式を閉じ込めたのが、プレリュードで提供される高階関数 foldr
（fold right の略称）です。foldr の引数は、演算子#と値vです。たとえば、上記の
四つの関数定義は、foldr を使って以下のように簡潔に書き直せます。

```
sum :: Num a => [a] -> a
sum = foldr (+) 0

product :: Num a => [a] -> a
product = foldr (*) 1

or :: [Bool] -> Bool
or = foldr (||) False

and :: [Bool] -> Bool
and = foldr (&&) True
```

（演算子を引数に指定するときは、括弧で囲む必要があることを思い出しましょう。）
　これらの定義では、以下のように、引数のリストを明示的に書くこともできます。

```
sum xs = foldr (+) 0 xs
```

ただ、部分適用を使って引数のリストを省略した定義のほうが簡潔なので、そちらを
採用します。
　関数 foldr 自体は、以下のように再帰を用いて定義できます。

```
foldr :: (a -> b -> b) -> b -> [a] -> b
foldr f v []     = v
foldr f v (x:xs) = f x (foldr f v xs)
```

すなわち、関数 foldr f vは、空リストに対しては値vへと対応付けます。空でな
いリストに対しては、「先頭の要素」と「残りのリストに対し自分自身を呼び出した
結果」に関数fを適用します。ただし、foldr f vの動作を理解するときは再帰的に
考えず、「リストのcons演算子を関数fに置き換え、末尾の空リストを値vに置き換
える」と考えるほうが実際にはよいでしょう。たとえば、foldr (+) 0を以下のリ

ストに適用するとします。

```
1 : (2 : (3 : []))
```

結果はこうなります。

```
1 + (2 + (3 + 0))
```

この例の場合は、:と[]を、それぞれ+と0に置き換えました。つまり、sum = foldr
(+) 0という定義は、数値のリストの合計が「リストのcons演算子を加算演算子に、
空リストを0に置き換えたもの」であることを表現しています。

　関数foldrは、単純な再帰の様式を閉じ込めているにすぎませんが、想像以上に多
様な関数を定義できます。最初の例はプレリュード関数lengthです。lengthは以
下のように定義できました。

```
length :: [a] -> Int
length []     = 0
length (_:xs) = 1 + length xs
```

　関数lengthを、たとえば以下のリストに適用してみます。

```
1 : (2 : (3 : []))
```

すると、以下のように変換されます。

```
1 + (1 + (1 + 0))
```

すなわち、リストの長さを計算するには、cons演算子を「第二引数に1を加える関
数」に置き換え、空リストを0に置き換えればよいのです。そこで、関数lengthの
定義はfoldrを使って以下のように書き直せます。

```
length :: [a] -> Int
length = foldr (\_ n -> 1+n) 0
```

　次は、リストを逆順にするプレリュード関数を考えましょう。関数reverseは、再
帰を使って以下のように簡潔に定義できます。

```
reverse :: [a] -> [a]
reverse []     = []
reverse (x:xs) = reverse xs ++ [x]
```

　関数reverseを、たとえば以下のリストに適用してみます。

```
1 : (2 : (3 : []))
```

すると、以下のように変換されます。

```
(([] ++ [3]) ++ [2]) ++ [1]
```

関数reverseの定義や、この例を見ても、foldrを使ってreverseを定義する方法
はわからないかもしれません。そこで、新しい要素をリストの末尾に追加する関数
snoc x xs = xs ++ [x]を定義してみます（snocはconsを逆にした単語）。する

と、関数 reverse は以下のように再定義できます。

```
reverse []     = []
reverse (x:xs) = snoc x (reverse xs)
```

この定義からなら、すぐに foldr を使った定義を導けます。

```
reverse :: [a] -> [a]
reverse = foldr snoc []
```

　この節の締めくくりとして、右から畳み込む（fold right）という関数の名前について述べておきます。この名前は、演算子が右結合で使われることを前提としていることに由来しています。たとえば、foldr (+) 0 [1, 2, 3] を評価した結果は 1 + (2 + (3 + 0)) です。括弧は加算演算子が右結合として計算されることを示しています。一般的に言うと、foldr の振る舞いは以下のように要約できます。

```
foldr (#) v [x0,x1,...,xn] = x0 # (x1 # (... (xn # v) ...))
```

7.4　畳込関数 foldl

　リストに対する再帰的な関数は、左結合であることが前提の演算子を使っても定義できます。たとえば関数 sum は、追加の引数 v に結果を蓄える補助関数 sum' を使うことで、この方法で再定義できます。

```
sum :: Num a => [a] -> a
sum = sum' 0
      where
          sum' v []     = v
          sum' v (x:xs) = sum' (v+x) xs
```

以下に使用例を示します。

```
    sum [1,2,3]
=       { sum を適用 }
    sum' 0 [1,2,3]
=       { sum' を適用 }
    sum' (0+1) [2,3]
=       { sum' を適用 }
    sum' ((0+1)+2) [3]
=       { sum' を適用 }
    sum' (((0+1)+2)+3) []
=       { sum' を適用 }
    ((0+1)+2)+3
=       { + を適用 }
    6
```

この計算に現れる括弧は、加算演算子が左結合として計算されることを示しています。この例の場合、結合順位は結果に影響を及ぼしません。なぜなら、加算は結合則を満たすからです。つまり、任意の数値 x、y、z に対して x+(y+z) = (x+y)+z が成り立ちます。

82 第7章 高階関数

引数にリストを取る関数の多くは、関数 sum の例を一般化すると、以下のような簡単な様式の再帰で定義できます。

```
f v []     = v
f v (x:xs) = f (v # x) xs
```

すなわち、空リストに対しては、**蓄積変数**の初期値 v に対応付けます。空でないリストに対しては、「蓄積変数の現在の値と先頭の要素に、演算子 # を適用した結果生成された新しい値」と「残りのリスト」に、自分自身を適用します。プレリュードで提供される高階関数 foldl（fold left の略称）は、演算子 # と蓄積変数 v を引数としてこの再帰の様式を閉じ込めたものです。たとえば、foldl を使うと、関数 sum の上記の定義を以下のように簡潔に書き直せます。

```
sum :: Num a => [a] -> a
sum = foldl (+) 0
```

foldl で書き直した他の関数の例を以下に示します。

```
product :: Num a => [a] -> a
product = foldl (*) 1

or :: [Bool] -> Bool
or = foldl (||) False

and :: [Bool] -> Bool
and = foldl (&&) True
```

前節で示した foldr の例も、適切な演算子を作成すれば foldl を使って定義できます。

```
length :: [a] -> Int
length = foldl (\n _ -> n+1) 0

reverse :: [a] -> [a]
reverse = foldl (\xs x -> x:xs) []
```

以下に、これらの定義を使った簡約の例を示します。

```
length [1,2,3] = ((0 + 1) + 1) + 1 = 3

reverse [1,2,3] = 3 : (2 : (1 : [])) = [3,2,1]
```

上記の例のような、関数 foldr と関数 foldl の両方で定義可能な関数でどちらの定義を採用するかは、効率と、Haskell での評価の仕組みを熟慮して決めることになります。Haskell での評価の仕組みについては第 15 章で説明します。

関数 foldl 自体は再帰を用いて定義できます。

```
foldl :: (a -> b -> a) -> a -> [b] -> a
foldl f v []     = v
foldl f v (x:xs) = foldl f (f v x) xs
```

しかし foldl の振る舞いを理解するには、関数 foldr のときと同様、再帰的に考

えるのではなく、以下に要約するように左結合であることが前提の演算子 # を使って考えるほうが実際にはよいでしょう。

```
foldl (#) v [x0,x1,...,xn] = (... ((v # x0) # x1) ...) # xn
```

7.5　関数合成演算子

　プレリュードで提供される「(.)」は、二つの関数を**合成**した関数を返す高階演算子です。この演算子は以下のように定義できます。

```
(.) :: (b -> c) -> (a -> b) -> (a -> c)
f . g = \x -> f (g x)
```

すなわち、f . g[†2]は、引数 x に関数 g を適用し、その結果に関数 f を適用する関数です[†3]。この演算子は、(f . g) x = f (g x) とも定義できます。しかし、ラムダ式を使って引数 x を関数の本体に移動した上記の定義のほうが、関数を合成した結果が関数であることが明確です。

　関数合成を用いると括弧の数が減り、引数を省略できるので、入れ子になった関数適用を簡略に書けます[†4]。たとえば、以下の定義を考えてみましょう。

```
odd n = not (even n)
```

```
twice f x = f (f x)
```

```
sumsqreven ns = sum (map (^2) (filter even ns))
```

関数合成を使うと、これらの関数は以下のように簡略化できます。

```
odd = not . even
```

```
twice f = f . f
```

```
sumsqreven = sum . map (^2) . filter even
```

最後の sumsqreven の例は、関数合成が結合則を満たすことをうまく使っています。すなわち、適切な型を持つ任意の関数 f、g、h に対し、f . (g . h) = (f . g) . h が成り立ちます。結合則により、結合順位が結果に影響を与えないことが保証されるので、sumsqreven のように三つ以上の関数を合成する場合でも結合順位を示すための括弧は必要ありません

　関数合成には単位元のような役割を果たす関数があります。以下に示す恒等関数

　[†2]　［訳注］英語では "f composed with g" と読みます。「g と合成された f」という意味です。

　[†3]　［訳注］演算子 . で合成できるのは、引数の個数が一つの関数のみです。このため、適用範囲が狭いと思うかもしれません。しかし、Haskell では部分適用を用いることによって、関数が取る引数の数を一つにできます。部分適用した関数を合成する例が直後に示されていることに注意しましょう。

　[†4]　［訳注］関数合成を用いて関数を定義する形式をポイントフリースタイルと呼びます。ポイントとは値のことです。つまり、引数を用いない形式という意味です。

idです。

```
id :: a -> a
id = \x -> x
```

　関数idは、引数を変更することなく返します。そして、任意の関数fに対してid
. f = fかつf . id = fという性質があります。恒等関数は、プログラムの論証で
役に立つことがよくあります。また、複数の関数を合成する際の初期値にも適切で
す。たとえば、関数のリストを取り、その要素である関数すべてを合成する関数は、
以下のように定義できます。

```
compose :: [a -> a] -> (a -> a)
compose = foldr (.) id
```

7.6　文字列の二進数変換器

　この章の締めくくりとして、例題を二つ取り上げます。まずは、文字列を二進数の
リストという低レベルの形式に変換する問題です。

7.6.1　二進数

　人間は指が10本なので、数字を扱う場合、基数が10、すなわち**十進表記**が便利だ
と感じます。十進表記では、0から9までの数字の並びで数を表します。一番右の数
値は重みが1で、左に進むたびに重みが10倍になります。たとえば、十進表記2345
は以下のように解釈できます。

$$2345 = (1000 * 2) + (100 * 3) + (10 * 4) + (1 * 5)$$

すなわち、重み1000、100、10、1に対し、それぞれ数値2、3、4、5を掛けた値の
和が、十進表記2345です。

　一方、コンピューターは基数が2、つまり**二進表記**で数値を扱うのが得意です。二
進表記は、**ビット**と呼ばれる0か1の数値の並びです。左に進むたびに重みが2倍に
なります。たとえば、二進表記1101は以下のように解釈できます。

$$1101 = (8 * 1) + (4 * 1) + (2 * 0) + (1 * 1)$$

すなわち、重み8、4、2、1に対し、それぞれ数値1、1、0、1を掛けた値の和が、二
進表記1101です。これは整数の13です。

　関数を実装しやすくするため、以降では二進表記を**逆順**に書くことにします。た
とえば、1101を1011と書きます。この書き方では、右へ進むたびに重みが2倍になり
ます。

$$1011 = (1 * 1) + (2 * 0) + (4 * 1) + (8 * 1)$$

7.6.2 基数変換

準備として、文字を扱う便利な関数が定義されたモジュールを読み込みます。

```
import Data.Char
```

関数の型をわかりやすくするために、ビットを表す型を整数の別名として宣言しましょう。

```
type Bit = Int
```

ビットのリストとして表現した二進表記は、重み付けした数値の和を計算することで整数に変換できます。

```
bin2int :: [Bit] -> Int
bin2int bits = sum [w*b | (w,b) <- zip weights bits]
               where weights = iterate (*2) 1
```

iterate は、引数の関数を引数の値に繰り返し適用することで無限リストを作成する、プレリュードの高階関数です。

```
iterate f x = [x, f x, f (f x), f (f (f x)), ...]
```

したがって、関数 bin2int の定義にある式「iterate (*2) 1」は、重みのリスト [1,2,4,8,...] を生成します。これをリスト内包表記の中で使うことで、重み付けした数値の和を計算しています。以下に使用例を示します。

```
> bin2int [1,0,1,1]
13
```

いくつかの代数的性質を利用すると、関数 bin2int はもっと簡潔に定義できます。4 ビットの二進表記 $[a, b, c, d]$ を考えてみましょう。関数 bin2int をこのリストに適用すると、重み付けした和が生成されます。

$$(1 * a) + (2 * b) + (4 * c) + (8 * d)$$

これは次のように変形できます。

$$
\begin{aligned}
& (1 * a) + (2 * b) + (4 * c) + (8 * d) \\
=\ & \quad \{\, 1 * a \text{ を簡略化} \,\} \\
& a + (2 * b) + (4 * c) + (8 * d) \\
=\ & \quad \{\, 2 * \text{の括り出し} \,\} \\
& a + 2 * (b + (2 * c) + (4 * d)) \\
=\ & \quad \{\, 2 * \text{の括り出し} \,\} \\
& a + 2 * (b + 2 * (c + (2 * d))) \\
=\ & \quad \{\, d \text{ の変形} \,\} \\
& a + 2 * (b + 2 * (c + 2 * (d + 2 * 0)))
\end{aligned}
$$

この結果からは、ビットのリスト $[a, b, c, d]$ を整数に変換するのに、cons 演算子を「一番めの引数を二番めの引数の 2 倍に足す関数」に置き換え、空リストを 0 に置き換

えればよいことがわかります。したがって、関数bin2intは、foldrを用いて以下のように書き直せます。

```
bin2int :: [Bit] -> Int
bin2int = foldr (\x y -> x + 2*y) 0
```

次に、逆の変換、つまり負でない整数を二進表記へ変換することを考えましょう。これには、整数を2で割って余りを取ることを、整数が0になるまで繰り返します。たとえば、整数13は以下のように変換できます。

$$
\begin{array}{rcl}
13 \text{ 割る } 2 &=& 6 \text{ 余り } 1 \\
6 \text{ 割る } 2 &=& 3 \text{ 余り } 0 \\
3 \text{ 割る } 2 &=& 1 \text{ 余り } 1 \\
1 \text{ 割る } 2 &=& 0 \text{ 余り } 1
\end{array}
$$

余りの並び1011が整数13の二進表記となります。この手続きは再帰で簡単に実現できます。

```
int2bin :: Int -> [Bit]
int2bin 0 = []
int2bin n = n `mod` 2 : int2bin (n `div` 2)
```

以下に使用例を示します。

```
> int2bin 13
[1,0,1,1]
```

以降、二進表記が常に同じ8ビットの長さになるよう、関数make8を用います。この関数は、二進表記を切り詰めたり、適切な数の0を詰め込んだりして、正確に8ビットにします。

```
make8 :: [Bit] -> [Bit]
make8 bits = take 8 (bits ++ repeat 0)
```

repeat :: a -> [a]はプレリュード関数で、引数から無限リストを作ります。遅延評価のおかげで、実際に生成される要素の数は必要なぶんだけです。以下に使用例を示します。

```
> make8 [1,0,1,1]
[1,0,1,1,0,0,0,0]
```

7.6.3 通信

以上の準備で、文字列をビット列に符号化する関数を定義できます。具体的には、各文字をUnicodeのコードポイント（整数）に変換し、さらに8ビットの二進表記に直して全体を連結することで、ビットのリストを作ります。この変換は、高階関数

map と関数合成を用いて以下のように実装できます。

```
encode :: String -> [Bit]
encode = concat . map (make8 . int2bin . ord)
```

以下に使用例を示します。

```
> encode "abc"
[1,0,0,0,0,1,1,0,0,1,0,0,0,1,1,0,1,1,0,0,0,1,1,0]
```

関数 encode で生成したビット列を復号するために、まずはビットのリストを 8
ビットの二進表記へと分割する関数 chop8 を定義します。

```
chop8 :: [Bit] -> [[Bit]]
chop8 []   = []
chop8 bits = take 8 bits : chop8 (drop 8 bits)
```

この関数があれば、ビットのリストを文字列に復号する関数を簡単に定義できます。
ビットのリストを 8 ビットずつに分割し、二進表記を Unicode のコードポイント（整
数）へ変換して文字に直した全体が、復号された文字列になります。

```
decode :: [Bit] -> String
decode = map (chr . bin2int) . chop8
```

以下に使用例を示します。

```
> decode [1,0,0,0,0,1,1,0,0,1,0,0,0,1,1,0,1,1,0,0,0,1,1,0]
"abc"
```

最後に、文字列をビット列に変換して通信することを模擬実験する関数 transmit
を定義しましょう。通信路はエラーを起こさないと考え、恒等関数を用いて表現し
ます。

```
transmit :: String -> String
transmit = decode . channel . encode

channel :: [Bit] -> [Bit]
channel = id
```

以下に使用例を示します。

```
> transmit "higher-order functions are easy"
"higher-order functions are easy"
```

7.7 投票アルゴリズム

例題の二つめとして、選挙で当選者を決定するアルゴリズムを二つ考えます。一つ
めのアルゴリズムは、単純な「比較多数得票」です。もう一つは、より洗練された方
法です。

7.7.1 比較多数得票

この制度では、それぞれの投票者は票を一つ持ち、最も多く票を集めた候補者が当選者となります。以下の例を考えましょう。

```
votes :: [String]
votes = ["Red", "Blue", "Green", "Blue", "Blue", "Red"]
```

"Green"は一票、"Red"は二票しか獲得していないのに対し、"Blue"は三票を得ているので当選者となります。文字列で表される候補者の名前のための特化した実装にするのではなく、より汎用的な関数を定義するためにHaskellの型クラスを利用します。

まず、ある要素がリストの中に何個含まれるか数える関数を定義します。要素の型は、Eqクラスに属していれば何でもかまいません。この関数は再帰でも実装できますが、高階関数を利用するほうが定義が簡単になります。具体的には、対象となる値に等しい要素をすべてリストから取り出し、その長さを測ります。

```
count :: Eq a => a -> [a] -> Int
count x = length . filter (== x)
```

以下に使用例を示します。

```
> count "Red" votes
2
```

高階関数filterは、リストから重複した値を取り除く関数の定義にも使えます。

```
rmdups :: Eq a => [a] -> [a]
rmdups []     = []
rmdups (x:xs) = x : rmdups (filter (/= x) xs)
```

以下に使用例を示します。

```
> rmdups votes
["Red", "Blue", "Green"]
```

関数countとrmdupsをリスト内包表記で用いると、比較多数得票の結果を返す関数が定義できます。結果のリストでは、要素が得票数の昇順で並びます。

```
result :: Ord a => [a] -> [(Int,a)]
result vs = sort [(count v vs, v) | v <- rmdups vs]
```

以下に使用例を示します。

```
> result votes
[(1,"Green"), (2,"Red"), (3,"Blue")]
```

上記で使った整列関数sort :: Ord a => [a] -> [a]は、Data.Listモジュールで提供されています。組は辞書順に整列されるので、同じ得票数なら候補者の名前順で整列されます。結果の最後の組から二つめの要素を取り出せば、最終的な当選者

を得られます。

```
winner :: Ord a => [a] -> a
winner = snd . last . result
```

以下に使用例を示します。

```
> winner votes
"Blue"
```

7.7.2　別の投票アルゴリズム

　次は、それぞれの投票者が候補者の名前をいくつでも投票用紙に書けるような投票
方法を考えます。投票用紙に書く名前には、第一の選択、第二の選択というように、
順位を付けるものとします。当選者を決める方法は以下のとおりです。まず、名前が
一つも書かれていない投票用紙を取り除きます。次に、第一の選択として名前を書か
れた票数が最低だった候補者を取り除きます。この手順を候補者が一人になるまで繰
り返します。残った候補者が当選者です。例として、以下のような投票結果を考えま
しょう。

```
ballots :: [[String]]
ballots = [["Red", "Green"],
           ["Blue"],
           ["Green", "Red", "Blue"],
           ["Blue", "Green", "Red"],
           ["Green"]]
```

最初の投票用紙では、第一の選択は"Red"で、第二の選択は"Green"です。二つめ
の投票用紙では、"Blue"のみが選択として書かれています。この投票結果の例につ
いて当選者を選んでみます。まず、第一の選択における得票数が最低なのは"Red"の
1なので、"Red"を取り除きます。

```
[["Green"],
 ["Blue"],
 ["Green", "Blue"],
 ["Blue", "Green"],
 ["Green"]]
```

"Red"を取り除いた投票用紙のリストにおいて、第一の選択における得票数が最低な
のは"Blue"の2です。そこで次は"Blue"を取り除きます。

```
[["Green"],
 [],
 ["Green"],
 ["Green"],
 ["Green"]]
```

空になった二つめの投票用紙を取り除いた後は"Green"しか残っていないので、
"Green"が当選者です。

　filterとmapを使えば、空の投票用紙を取り除く関数と、それぞれの投票用紙か

ら与えられた候補者を取り除く関数を簡単に定義できます。

```
rmempty :: Eq a => [[a]] -> [[a]]
rmempty = filter (/= [])

elim :: Eq a => a -> [[a]] -> [[a]]
elim x = map (filter (/= x))
```

これらの関数は、前と同様に、文字列専用でなく汎用的な形で定義しました。次は、前節で定義した関数 result を使って、それぞれの投票用紙の第一の選択に対する順位を得票数に応じて決定する関数を定義します。

```
rank :: Ord a => [[a]] -> [a]
rank = map snd . result . map head
```

以下に使用例を示します。

```
> rank ballots
["Red", "Blue", "Green"]
```

ここまでくると、以下のような再帰関数として、この投票アルゴリズムを簡単に定義できます。

```
winner' :: Ord a => [[a]] -> a
winner' bs = case rank (rmempty bs) of
                [c]    -> c
                (c:cs) -> winner' (elim c bs)
```

この定義では、まず空の投票用紙を取り除いてから、残った投票用紙について第一の選択を得票数で順位付けします。その結果、もし候補者が一人だけ残ったとしたら、その人が当選者です。そうでなければ、得票数が最低である候補者を取り除いて、同じ工程を繰り返します。以下に使用例を示します。

```
> winner' ballots
"Green"
```

上記の関数では、Haskell の case の機能を使うことで、定義の本体にパターンマッチを書いています。単にパターンマッチを実行したいだけの場合には、余分な関数を定義するよりも、このように case を使って直接書くほうがよいこともあります。

7.8 参考文献

高階関数については、"*The Fun of Programming*" [9] にさらに高度な応用例が掲載されています。この本では、コンピューター音楽の制作、金融契約、画像、ハードウェア記述、論理プログラム、プリティプリンターなどの話題が扱われています。foldr の詳しい解説は文献 [10] を参照してください。

7.9 練習問題

1. リスト内包表記 [f x | x <- xs, p x] は、高階関数 map と filter を使ってどう書き直せるでしょうか。

2. プレリュードでの定義を見ないで以下の高階関数を定義してください。

   a リストの要素のすべてが述語を満たすか検査する関数
   ```
   all :: (a -> Bool) -> [a] -> Bool
   ```
   b リストの要素のどれかが述語を満たすか検査する関数
   ```
   any :: (a -> Bool) -> [a] -> Bool
   ```
   c リストの先頭から述語を満たす連続した要素を取り出す関数
   ```
   takeWhile :: (a -> Bool) -> [a] -> [a]
   ```
   d リストの先頭から述語を満たす連続した要素を取り除く関数
   ```
   dropWhile :: (a -> Bool) -> [a] -> [a]
   ```

   最初の二つの関数は、プレリュードではリスト型に特化しているのではなくもっと汎用的な関数になっています。

3. 関数 foldr を用いて、関数 map f と filter p を定義してください。

4. foldl を用いて、十進表記を整数に変換する関数 dec2int :: [Int] -> Int を定義してください。以下に使用例を示します。

   ```
   > dec2int [2,3,4,5]
   2345
   ```

5. プレリュードの定義を見ないで以下の二つの高階関数を定義してください。

   a 「引数に組を取る関数」を「カリー化された関数」へ変換する関数 curry
   b 「引数が二つのカリー化された関数」を「引数に組を取る関数」へ変換する関数 uncurry

   ヒント：まずは関数の型を書きましょう。

6. unfold は、リストを生成する単純な再帰の様式を閉じ込めた高階関数で、以下のように定義できます。

   ```
   unfold p h t x | p x = []
                  | otherwise = h x : unfold p h t (t x)
   ```

   すなわち、関数 unfold p h t は、述語 p を引数に適用した結果が真となれば空リストを返します。そうでなければ、関数 h を引数へ適用することで先頭の要素を作り、残りのリストは自分自身を呼び出すことで生成して、全体として空でないリストを作ります。再帰する際には、関数 t を引数に適用して、新たな引数を作ります。たとえば、関数 unfold を使って関数 int2bin をもっと簡

潔に書き直せます。

```
int2bin = unfold (== 0) (`mod` 2) (`div` 2)
```

関数unfoldを用いて関数chop8、map f、iterate fを再定義してください。

7. パリティービットの概念を用いて、文字列の二進数への変換器が単純な通信エラーを検出できるように改良してください。具体的には、符号化で生成された8ビットの二進数に、1の数が奇数なら1、そうでないなら0になるパリティービットを付加します。逆に復号の際は9ビットの二進数のパリティービットが正しいかを検査し、正しければパリティービットを捨て、誤りであればパリティーエラーを報告するようにします。

ヒント：評価を強制終了し、与えられた文字列をエラーメッセージとして表示するには、プレリュード関数error :: String -> aを使います。errorは返り値の型が多相的なのでどこでも利用できます。

8. 通信エラーの生じる通信路を用いて、直前の問題で定義した文字列を通信するプログラムを試してください。この通信路は最初のビットを落とすものとします。これは、関数tailをビットのリストに適用することで実現できます。

9. 関数altMap :: (a -> b) -> (a -> b) -> [a] -> [b]を定義してください。この関数は、引数で指定された二つの関数をリストの要素に交互に適用します。以下に使用例を示します。

```
> altMap (+10) (+100) [0,1,2,3,4]
[10,101,12,103,14]
```

10. 第4章の練習問題に出てきたLuhnアルゴリズムを実装する関数を、任意の長さのカード番号を取り扱えるように改良してください。そのために、altMapを用いて関数luhn :: [Int] -> Boolを定義してください。自分の銀行のカード番号を使ってテストしましょう。

練習問題1から5の解答は付録Aにあります。

第8章

型と型クラスの定義

　この章では、Haskell で新しい型と型クラスを宣言する方法を説明します。型を宣言する方法を三つ示した後、再帰型について考察してから、型クラスとそのインスタンスを宣言する方法を解説します。最後に本章の締めくくりとして、恒真式を検査する関数と抽象機械を開発します。

8.1　type による型宣言

　新しい型を宣言するいちばん簡単な方法は、既存の型に別名を付けることです。これには Haskell の type を使います。たとえば、プレリュードにある以下の宣言は、String 型が文字のリスト [Char] の別名でしかないことを表しています。

```
type String = [Char]
```

　この例のように、新しい型の名前は先頭を大文字にしなければなりません。別名の宣言には他の別名も使えるので、type による型宣言は入れ子にできます。たとえば、もし座標を変換する関数を定義したければ、座標を整数の組とし、そのうえで座標の関数として変換を宣言するのもよいでしょう。

```
type Pos = (Int,Int)
type Trans = Pos -> Pos
```

　type による型宣言は再帰できません。たとえば、以下のような木構造の再帰的な宣言を考えましょう。

```
type Tree = (Int,[Tree])
```

すなわち、木は整数と部分木のリストの組と定義したいわけです。部分木が空リストの場合を基底部とする完全に理にかなった宣言ですが、再帰的であることから、Haskell では許されません。再帰型が必要であれば、次節で説明するもっと強力な data を用いて定義できます。

typeによる型宣言は、型変数を使って多相的にもできます。たとえば、もし同じ型の組を扱う関数をいくつか定義したければ、そのような組に対して以下のような別名を宣言できます。

```
type Pair a = (a,a)
```

型変数を二つ以上使った型宣言も可能です。たとえば、ある型のキーに別の型の値を結びつける連想リストの型は、「キーと値の組」のリストとして宣言できます。

```
type Assoc k v = [(k,v)]
```

この型を使うと、連想リストの中で与えられたキーに結びつけられた最初の値を返す関数は以下のように定義できます。

```
find :: Eq k => k -> Assoc k v -> v
find k t = head [v | (k',v) <- t, k == k']
```

8.2 dataによる型宣言

既存の型に別名を付けるのではなく、完全に新しい型を宣言するには、Haskellのdataを使って型の値を指定します。たとえば、プレリュードにある以下の宣言は、Bool型がFalseとTrueという二つの値から構成されることを表します。

```
data Bool = False | True
```

このような型宣言で使う記号「|」は「または」と読み、型の値は**構成子**と呼びます。新しく型を定義する場合と同様に、新しく定義する構成子は先頭を大文字にしなければいけません。さらに、同じ名前の構成子を複数の型で用いることはできません。

新しく定義する型と構成子の名前は、Haskellにとって何か特別な意味があるわけではありません。たとえば、上記の宣言はdata A = B | Cと書くのと同じです。名前に意味があるとしたら、それまでに使われていないという事実だけです。Bool、False、Trueという名前の意味は、プログラマーにより、これらの新しい型を使う関数を通じて決定されます。

Haskellで新しく定義した型の値は、組み込み型の値とまったく同じように利用できます。具体的には、引数として関数に渡したり、関数からの結果として戻したり、リストのようなデータ構造の要素にしたりできます。パターンでも利用できます。たとえば、以下の宣言を考えましょう。

```
data Move = North | South | East | West
```

座標を移動させる関数move、移動のリストを座標に適用する関数moves、移動の方

向を逆転させる関数 rev は、それぞれ以下のように定義できます。

```
move :: Move -> Pos -> Pos
move North (x,y) = (x,y+1)
move South (x,y) = (x,y-1)
move East  (x,y) = (x+1,y)
move West  (x,y) = (x-1,y)

moves :: [Move] -> Pos -> Pos
moves []     p = p
moves (m:ms) p = moves ms (move m p)

rev :: Move -> Move
rev North = South
rev South = North
rev East  = West
rev West  = East
```

（これらの例を GHCi で試す場合には、新しい型の値を GHC が表示できるように、data 宣言の最後に deriving Show を追加する必要があります。deriving の機能については、後ほど型クラスと合わせて説明します。）

data による型宣言では、構成子に引数を取らせることもできます。たとえば、半径が与えられた円と、寸法が与えられた長方形からなる図形の型は、以下のように定義できます。

```
data Shape = Circle Float | Rect Float Float
```

すなわち、型 Shape は、Circle r という形をした値と、Rect x y という形をした値を持ちます。ここで、r、x、y は浮動小数点数です。これらの構成子は、図形を扱う関数の定義で利用できます。たとえば、与えられた寸法の正方形を生成する関数と、図形の面積を計算する関数は、それぞれ以下のように書けます。

```
square :: Float -> Shape
square n = Rect n n

area :: Shape -> Float
area (Circle r) = pi * r^2
area (Rect x y) = x * y
```

引数を取ることから、構成子は**関数**だといえます。たとえば、構成子 Circle と Rect は、引数の型が Float で結果の型が Shape である構成子関数です。以下のようにして GHCi で確かめられます。

```
> :type Circle
Circle :: Float -> Shape

> :type Rect
Rect :: Float -> Float -> Shape
```

普通の関数と構成子関数との違いは、後者は定義に等式を持たず、純粋にデータを作るために存在していることです。たとえば、式 negate 1.0 は、negate の定義を適

用することで-1.0に評価されます。一方、式Circle 1.0は、Circleの定義に等式がないので完全に評価済みであり、これ以上簡約できません。1.0がデータであるのと同様に、式Circle 1.0も単にデータです。

dataによる型宣言でも型変数を利用できます。たとえば、プレリュードでは以下の型が宣言されています。

```
data Maybe a = Nothing | Just a
```

すなわち、型Maybe aは、NothingかJust xのどちらかです。ここで、xは型aの任意の値です。Maybe aは、失敗か成功のいずれかを表す型だと理解すればよいでしょう。Nothingは失敗を、Justは成功を表します。この型を用いると、たとえばプレリュード関数divとheadをより安全にできます。具体的には、引数が不適切な場合にエラーを起こすのではなく、Nothingを返すようにできます。

```
safediv :: Int -> Int -> Maybe Int
safediv _ 0 = Nothing
safediv m n = Just (m `div` n)

safehead :: [a] -> Maybe a
safehead [] = Nothing
safehead xs = Just (head xs)
```

8.3 newtypeによる型宣言

新しい型を定義する際、構成子も引数も一つだけであれば、newtypeという仕組みも使えます。たとえば、自然数（非負の整数）は以下のように定義できます。

```
newtype Nat = N Int
```

この場合、唯一の構成子Nが型Intを唯一の引数として取っています。この値が常に非負であることを保証するのはプログラマーの仕事です。当然、newtypeを使う上記の宣言と、以下のようにtypeとdataを使う場合とで何が違うのか、疑問に思うでしょう。

```
type Nat = Int

data Nat = N Int
```

第一に、typeではなくnewtypeを用いると、NatはIntの別名でなく、互いに別の型になります。したがって、プログラムにおける両者の混同をHaskellの型システムが防いでくれます。たとえば、自然数を期待しているところで整数を使うといった誤りを防止できます。第二に、dataではなくnewtypeを使うと効率が良くなります。Nのようなnewtypeの構成子は、型検査が通った後はコンパイラーによって削除されるので、プログラムを評価する際にコストが発生しません。要約すると、newtypeを使うことで効率を犠牲にすることなく安全性を高められます。

8.4 再帰型

dataやnewtypeを用いて宣言される型は再帰的にもできます。簡単な例として、まずは前節に出てきた自然数の型を再帰を使って定義してみましょう。

```
data Nat = Zero | Succ Nat
```

すなわち、型Natの値は、Zeroか、あるいはSucc nという形をしています。ここで、nは型Natの任意の値です。この宣言により、値Zeroから始めて構成子関数Succを前の値に繰り返し適用することで、無限個の値を次々に生成できます。

```
Zero
Succ Zero
Succ (Succ Zero)
Succ (Succ (Succ Zero))
  .
  .
  .
```

このように考えれば、型Natの値を自然数とみなせます。Zeroは0を表し、Succは次の値を生成する関数$(1+)$を表します。たとえば、Succ (Succ (Succ Zero))は$1 + (1 + (1 + 0)) = 3$を意味します。より形式的には、以下のような変換関数を定義できます。

```
nat2int :: Nat -> Int
nat2int Zero     = 0
nat2int (Succ n) = 1 + nat2int n

int2nat :: Int -> Nat
int2nat 0 = Zero
int2nat n = Succ (int2nat (n-1))
```

これらの関数を用いることで、たとえば二つの自然数の足し算が可能です。最初に自然数を整数に直し、整数を足し合わせ、その結果を自然数へと戻せばよいのです。

```
add :: Nat -> Nat -> Nat
add m n = int2nat (nat2int m + nat2int n)
```

ところが、再帰を用いると、そのような変換なしに関数addを定義できます。以下のような、より効率的な定義が可能です。

```
add :: Nat -> Nat -> Nat
add Zero     n = n
add (Succ m) n = Succ (add m n)
```

この定義では、一つめの引数から構成子関数Succをすべて前に移動して残ったZeroを二つめの引数で置き換えるという考え方により、二つの自然数の足し算を実現しています。たとえば、$2 + 1 = 3$は以下のように処理されます。

```
    add (Succ (Succ Zero)) (Succ Zero)
=     { addを適用 }
    Succ (add (Succ Zero) (Succ Zero))
```

```
   =      { add を適用 }
      Succ (Succ (add Zero (Succ Zero)))
   =      { add を適用 }
      Succ (Succ (Succ Zero))
```

他の例として、型変数を使った独自のリストを data による型宣言で定義してみます。

```
data List a = Nil | Cons a (List a)
```

すなわち、型 List a の値は、空リストを表す Nil か、空でないリストを表す Cons x xs の形をしています。ここで、x と xs は、それぞれ型 a と型 List a の任意の値です。リストのプレリュード関数に相当する関数も、この型を用いて独自に定義できます。たとえば、リストの長さを計算する関数は以下のように定義されます。

```
len :: List a -> Int
len Nil          = 0
len (Cons _ xs) = 1 + len xs
```

計算でよく使うデータ構造はリストだけではありません。以下の図のような二つに枝分かれする構造、すなわち**二分木**がデータの表現に有益なこともよくあります。

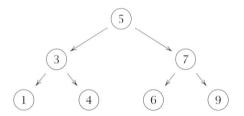

この例では、数値 1、4、6、9 が**葉**の位置にあり、数値 5、3、7 が**節**（ノード）の位置にあります。再帰を用いれば、このような木に適した型を定義できます。

```
data Tree a = Leaf a | Node (Tree a) a (Tree a)
```

この図の木は以下のように表現できます。

```
t :: Tree Int
t = Node (Node (Leaf 1) 3 (Leaf 4)) 5
         (Node (Leaf 6) 7 (Leaf 9))
```

このような木に対する関数をいくつか考えましょう。まずは与えられた値が木の中にあるかを判断する関数の定義です。

```
occurs :: Eq a => a -> Tree a -> Bool
occurs x (Leaf y)     = x == y
occurs x (Node l y r) = x == y || occurs x l || occurs x r
```

すなわち、与えられた値は、葉において一致すれば葉に存在し、節において一致すれば節に存在します。一致しなければ、左の部分木か右の部分木に存在するかを調べま

す。遅延評価の下では、節において前方の条件がTrueとなれば結果はTrueとなり、後方の条件は評価されないことに注意してください。

　最悪の場合、つまり与えられた値が木に存在しない場合には、関数occursの走査は木全体に及びます。

　次は、木を平坦なリストへ変換する関数を考えます。

```
flatten :: Tree a -> [a]
flatten (Leaf x)     = [x]
flatten (Node l x r) = flatten l ++ [x] ++ flatten r
```

この関数を適用した結果、整列されたリストが得られたら、その木は**探索木**と呼ばれます。たとえば、先に図示した木は、以下に示すように探索木です。

```
flatten t = [1,3,4,5,6,7,9]
```

　探索木には、次のような重要な性質があります。すなわち、ある値が木に存在するか調べる際、その値が存在する可能性があるのが節のどちらの部分木であるかを事前に判定できます。具体的に言うと、ある値が節の値より小さければ、その値は左の部分木にのみ存在し得ます。逆に大きければ、右の部分木にのみ存在し得ます。そこで、探索木については関数occursを以下のように書き直せます。

```
occurs :: Ord a => a -> Tree a -> Bool
occurs x (Leaf y)             = x == y
occurs x (Node l y r) | x == y    = True
                      | x < y     = occurs x l
                      | otherwise = occurs x r
```

　この定義は、前の定義よりも効率が良くなっています。なぜなら、前の定義では最悪の場合、木全体を走査しますが、いまの定義では木の一筋の枝しかたどりません。

　この節の締めくくりとして、計算に用いられる木にはさまざまな形状があることに触れておきましょう。たとえば、葉のみにデータがある木、節のみにデータがある木、葉と節に異なる型のデータがある木、部分木のリストを持つ木を定義できます。

```
data Tree a = Leaf a | Node (Tree a) (Tree a)
```

```
data Tree a = Leaf | Node (Tree a) a (Tree a)
```

```
data Tree a b = Leaf a | Node (Tree a b) b (Tree a b)
```

```
data Tree a = Node a [Tree a]
```

　どの形式が最適かは、解こうとする問題次第です。なお、最後の例は葉の役割を空リストが果たすので、葉の構成子がありません。

8.5　型クラスとインスタンスの宣言

　型はこれくらいにして、型クラスの説明に移りましょう。Haskell では、class を用いて新しい型クラスを宣言できます。たとえば、プレリュードでは以下のように Eq クラスが定義されています。

```
class Eq a where
    (==), (/=) :: a -> a -> Bool

    x /= y = not (x == y)
```

　この宣言は、「ある型 a が型クラス Eq のインスタンスになるためには、その型に対して同等と不等のメソッドを実装する必要がある」ことを表しています。ただ、/= については**デフォルトの実装**が型クラスの定義に含まれているので、実際にこの型クラスのインスタンスになるために必要なのは == の実装だけです。たとえば、Bool 型を Eq クラスのインスタンスにするには以下のようにします。

```
instance Eq Bool where
    False == False = True
    True  == True  = True
    _     == _     = False
```

　クラスのインスタンスとなれるのは、data と newtype を用いて宣言された型のみです。なお、デフォルトの実装は必要があれば上書きできます。たとえば、等しいことを調べてから否定をとるよりも二つの値が異なることを決める効率的あるいは適切な方法があるという型を Eq クラスにしたいこともあるでしょう。

　ある型クラスを拡張して、別の新しい型クラスを作ることもできます。たとえば、Ord クラスはプレリュードの中で Eq クラスの拡張として定義されています。

```
class Eq a => Ord a where
    (<), (<=), (>), (>=) :: a -> a -> Bool
    min, max             :: a -> a -> a

    min x y | x <= y    = x
            | otherwise = y

    max x y | x <= y    = y
            | otherwise = x
```

すなわち、ある型が Ord クラスのインスタンスになるためには、その型が Eq クラスのインスタンスであり、さらに六種類のメソッドを実装する必要があります。メソッド min と max に対してはデフォルトの実装があるので、Bool 型のような Eq クラスのインスタンスを Ord クラスのインスタンスにするには、比較のための四つのメソッド

を実装します。

```
instance Ord Bool where
    False < True = True
    _     < _    = False

    b <= c = (b < c) || (b == c)
    b > c  = c < b
    b >= c = c <= b
```

8.5.1 インスタンスの自動導出

新しく宣言した型は、たいていの場合、いくつかの組み込み型クラスのインスタンスにするのが適切です。Haskellには、型を自動的にEq、Ord、Show、Readのインスタンスにするderivingという簡潔な機能があります。たとえば、Bool型は実際にはプレリュードで以下のように定義されています。

```
data Bool = False | True
            deriving (Eq, Ord, Show, Read)
```

結果としてBool型の値に対しては、これら四つの型クラスから導出されたメソッドが利用可能です。以下に例を示します。

```
> False == False
True

> False < True
True

> show False
"False"

> read "False" :: Bool
False
```

最後の例における「::」は、結果の型を決定するために必要です。この場合、関数が使われている文脈からは型を推論できないからです。自動導出でOrdクラスのインスタンスとした型では、宣言中の位置によって構成子の順序が決まります。上記のBool型の宣言では、FalseがTrueの前にあるので、False < Trueという順序です。

構成子が引数を取る場合、自動導出をするには、引数の型もまた適切な型クラスのインスタンスでなければいけません。たとえば、この章で導入した二つの宣言を思い出しましょう。

```
data Shape = Circle Float | Rect Float Float
```

```
data Maybe a = Nothing | Just a
```

Shapeを自動導出でEqクラスのインスタンスとするには、Float型もEqクラスのインスタンスである必要があります（実際、Float型はEqクラスのインスタンスで

102 第8章　型と型クラスの定義

す）。同様に、Maybe aを自動導出でEqクラスのインスタンスとするには、型a もEq
クラスのインスタンスである必要があり、これが型変数a に対する型クラス制約とな
ります。引数を伴って構成子で作られた値は、リストや組の場合と同じように、辞書
式な順序となります。たとえば、型 ShapeをOrdクラスとして自動導出すると、以下
のようになります。

```
> Rect 1.0 4.0 < Rect 2.0 3.0
True

> Rect 1.0 4.0 < Rect 1.0 3.0
False
```

8.6 恒真式検査器

　この章の締めくくりとして、二つの例題を取り上げます。最初の例題では、単純な
論理命題が**恒真式**（tautology）であるか検査する関数を開発します。恒真式とは、常
に真となる命題のことです。

　真理値（*False, True*）、変数（*A, B, · · · , Z*）、否定（¬）、論理積（∧）、論理包含（⇒）、括
弧から作られる命題を表す言語を考えましょう。たとえば、以下はすべて命題です。

$$A \wedge \neg A$$

$$(A \wedge B) \Rightarrow A$$

$$A \Rightarrow (A \wedge B)$$

$$(A \wedge (A \Rightarrow B)) \Rightarrow B$$

　論理演算子の意味は、**真理値表**で定義できます。真理値表は、引数の組み合わせに
対する結果をまとめた表です[†1]（紙面を節約するために、真理値は*F*、*T*と略記して
あります）。

A	$\neg A$		A	B	$A \wedge B$		A	B	$A \Rightarrow B$
			F	F	F		F	F	T
F	T		F	T	F		F	T	T
T	F		T	F	F		T	F	F
			T	T	T		T	T	T

たとえば、論理積に対する真理値表からは、*A*と*B*の両方が*True*であれば*A* ∧ *B*は

[†1]　［訳注］論理包含A => Bは、ここではif A then B else Trueと解釈しておけばよいでしょ
　　　う。論理包含の真理値表で、一つめの「偽ならば偽」と四つめの「真ならば真」はともに真である
　　　のが自明です。また、三つめの「真ならば偽」が偽であるのも直観的でしょう。しかし、二つめの
　　　「偽ならば真」が真であるのは、直感に反します。これは、矛盾が起きないようにするための数学的
　　　な定義です。

True を返し、そうでなければ *False* を返すことが読み取れます。上記の定義を使えば、あらゆる命題に対する真理値表を作成できます。先に挙げた四つの命題に対する真理値表は、以下のようになります。

A	$A \wedge \neg A$
F	F
T	F

A	B	$(A \wedge B) \Rightarrow A$
F	F	T
F	T	T
T	F	T
T	T	T

A	B	$A \Rightarrow (A \wedge B)$
F	F	T
F	T	T
T	F	F
T	T	T

A	B	$(A \wedge (A \Rightarrow B)) \Rightarrow B$
F	F	T
F	T	T
T	F	T
T	T	T

これらの真理値表によれば、二つめと四つめの命題は結果が常に *True* なので、恒真式です。一方、一つめと三つめの命題は *False* となる結果を含むので、恒真式ではありません。

命題が恒真式であるかを判断する関数を定義する第一歩は、命題を表す型 Prop の宣言です。命題を構成する五種類の要素について、それぞれ構成子を定義します。

```
data Prop = Const Bool
          | Var Char
          | Not Prop
          | And Prop Prop
          | Imply Prop Prop
```

括弧に対する構成子は必要ありません。なぜなら、Haskell 自身の括弧を使って結合の順位を表現できるからです。先に挙げた四つの命題は、この型を使って以下のように表現できます。

```
p1 :: Prop
p1 = And (Var 'A') (Not (Var 'A'))

p2 :: Prop
p2 = Imply (And (Var 'A') (Var 'B')) (Var 'A')

p3 :: Prop
p3 = Imply (Var 'A') (And (Var 'A') (Var 'B'))

p4 :: Prop
p4 = Imply (And (Var 'A') (Imply
     (Var 'A') (Var 'B'))) (Var 'B')
```

命題を評価して真理値にするには、変数の値を知る必要があります。そこで、この

104 第8章 型と型クラスの定義

章の最初に導入した型Assocを使って、変数名を真理値に対応付ける置換表Subst
を宣言します。

```
type Subst = Assoc Char Bool
```

たとえば、置換表[('A', False), ('B', True)]はAをFalse、BをTrueへ割
り当てます。与えられた置換表の下で命題を評価する関数evalは、命題の五種類の
構成要素に対するパターンマッチで定義できます。

```
eval :: Subst -> Prop -> Bool
eval _ (Const b)   = b
eval s (Var x)     = find x s
eval s (Not p)     = not (eval s p)
eval s (And p q)   = eval s p && eval s q
eval s (Imply p q) = eval s p <= eval s q
```

定数命題の値は単に定数そのものです。変数の値は置換表から見つけられます。論
理積の値については、引数である二つの命題を評価し、それらの結果の論理積を取
ることで得られます。論理包含⇒については、真理値に対する演算子<=で実装でき
ます。

命題が恒真式であるかを決定するには、命題に含まれる変数に対して可能な置換を
すべて考える必要があります。最初に、命題の中にあるすべての変数をリストとして
返す関数varsを定義します。

```
vars :: Prop -> [Char]
vars (Const _)   = []
vars (Var x)     = [x]
vars (Not p)     = vars p
vars (And p q)   = vars p ++ vars q
vars (Imply p q) = vars p ++ vars q
```

たとえば、vars p2 = ['A', 'B', 'A']です。この関数は重複を取り除かない
ことに注意しましょう。重複は、後ほど登場する関数substsの中で排除します。

置換表の生成では、指定した数だけ真理値を列挙したリストを生成することが鍵に
なります。そこで、関数bools :: Int -> [[Bool]]の定義を考えます。この関
数は、たとえば以下のように3を指定すると、三つの真理値からなる八つのリストを
返します。

```
> bools 3
[[False, False, False],
 [False, False, True],
 [False, True,  False],
 [False, True,  True],
 [True,  False, False],
 [True,  False, True],
 [True,  True,  False],
 [True,  True,  True]]
```

この関数の実装を考えるため、FalseとTrueをそれぞれ二進表記の0、1とみなし、

真理値からなるリストを数の二進表記と見立ててみましょう。たとえば、[True, False, True]は、101という二進表記に対応します。このように解釈すると、関数 boolsは、単に0から適切な範囲までの数を二進表記で数え上げるだけです。

したがって、第7章で定義した非負の整数をビットのリストへ変換する関数 int2bin :: Int -> [Bit]を用いて、関数boolsは次のように定義できます。

```
bools :: Int -> [[Bool]]
bools n = map (reverse . map conv . make n . int2bin) range
          where
              range    = [0..(2^n)-1]
              make n bs = take n (bs ++ repeat 0)
              conv 0    = False
              conv 1    = True
```

しかし、結果のリストの構造をよく観察すると、関数boolsを定義するもっと簡単な方法があるとわかります。たとえば、bools 3はbools 2の結果を二つ含み、一方はFalse、他方はTrueの後に続いています。

False	False	False
False	False	True
False	True	False
False	True	True
True	False	False
True	False	True
True	True	False
True	True	True

この観察結果から、関数boolsの再帰的な定義がおのずと導かれます。基底部は bools 0で、0個の真理値を表現したリスト、すなわち空リストを一つ表現したリストを返します。再帰部はbools nで、bools (n-1)が生成したリストを複製し、一方の先頭にFalseを、他方の先頭にTrueを加えて、両者を連結します。

```
bools :: Int -> [[Bool]]
bools 0 = [[]]
bools n = map (False:) bss ++ map (True:) bss
          where bss = bools (n-1)
```

関数boolsを使えば、命題に対する可能なすべての置換を簡単に生成できます。命題から変数を取り出し、（第7章で定義した関数rmdupsを使って）重複を取り除き、これらの変数に対して真理値すべての組み合わせのリストを生成し、それを変数と組

106 第8章 型と型クラスの定義

にすればよいのです。

```
substs :: Prop -> [Subst]
substs p = map (zip vs) (bools (length vs))
           where vs = rmdups (vars p)
```

以下に使用例を示します。

```
> substs p2
[[('A',False),('B',False)],
 [('A',False),('B',True)],
 [('A',True),('B',False)],
 [('A',True),('B',True)]]
```

　最終的に、命題が恒真式かどうかを決定する関数は、すべての置換に対して命題が
True となるかを調べることで定義できます。

```
isTaut :: Prop -> Bool
isTaut p = and [eval s p | s <- substs p]
```

以下に使用例を示します。

```
> isTaut p1
False

> isTaut p2
True

> isTaut p3
False

> isTaut p4
True
```

8.7　抽象機械

　二つめの例題として、整数と加算演算子からなる単純な数式の型Expr と、この型
の数式を評価して整数にする関数value を考えましょう。

```
data Expr = Val Int | Add Expr Expr

value :: Expr -> Int
value (Val n)   = n
value (Add x y) = value x + value y
```

たとえば、式$(2+3)+4$は以下のように評価されます。

```
  value (Add (Add (Val 2) (Val 3)) (Val 4))
=    { valueを適用 }
  value (Add (Val 2) (Val 3)) + value (Val 4)
=    { 最初のvalueを適用 }
  (value (Val 2) + value (Val 3)) + value (Val 4)
=    { 最初のvalueを適用 }
  (2 + value (Val 3)) + value (Val 4)
=    { 最初のvalueを適用 }
```

```
        (2 + 3) + value (Val 4)
=          { 最初の + を適用 }
        5 + value (Val 4)
=          { value を適用 }
        5 + 4
=          { + を適用 }
        9
```

関数 value の定義では、加算演算子の左の引数を右の引数よりも先に評価するとは
指定していません。そもそも、ある時点で次に何を評価すべきか、まったく指定して
いません。評価の順番は、あくまでも Haskell の処理系により決まっています。しか
し、数式を処理する**抽象機械**を自分で定義し、その抽象機械で各段階を評価すれば、
必要に応じてそうした指定が可能になります。

　それを実現するために、まずは抽象機械で使う**制御スタック**の型を宣言しましょ
う。この制御スタックが、現在の評価が終わった後に実行すべき命令のリストになり
ます。

```
type Cont = [Op]

data Op = EVAL Expr | ADD Int
```

　二つの命令の意味は、後ほどすぐに述べます。制御スタックにある命令に従って式
を評価する関数を以下のように定義します。

```
eval :: Expr -> Cont -> Int
eval (Val n)   c = exec c n
eval (Add x y) c = eval x (EVAL y : c)
```

すなわち、式が整数であれば完全に評価済みなので、制御スタックの命令を実行し
ます。もし式が加算なら、最初の引数 x を評価し、命令 EVAL y を制御スタックの上
に置きます。このため、二つめの引数 y は、最初の引数の評価が終わった後に評価さ
れます。次に、整数の引数に対して制御スタックの命令を実行する関数を定義しま
しょう。

```
exec :: Cont -> Int -> Int
exec []          n = n
exec (EVAL y : c) n = eval y (ADD n : c)
exec (ADD n : c)  m = exec c (n+m)
```

すなわち、制御スタックが空であれば、引数である整数を結果として返します。もし
制御スタックの一番上が命令 EVAL y なら、式 y が完全に評価された後で現在の引数
n を足し合わせるよう、命令 ADD n を制御スタックの上に置きます。制御スタックの
一番上が ADD n であれば、加算の二つの引数は評価済みなので、両者を足し合わせた
値に対して残りの制御スタックを実行します。

　最後に、式を評価して整数にする関数を定義します。この関数は、与えられた式と

108 第8章 型と型クラスの定義

空の制御スタックを引数に指定して eval を実行します。

```
value :: Expr -> Int
value e = eval e []
```

　抽象機械が eval と exec という相互再帰する二つの関数を使用しているのは、抽象機械には式の構造と制御スタックのどちらに駆動されているかによって、二つの動作モードがあるからです。以下に、抽象機械が式 $(2 + 3) + 4$ をどのように評価していくかを示します。

```
    value (Add (Add (Val 2) (Val 3)) (Val 4))
=      { valueを適用 }
    eval (Add (Add (Val 2) (Val 3)) (Val 4)) []
=      { evalを適用 }
    eval (Add (Val 2) (Val 3)) [EVAL (Val 4)]
=      { evalを適用 }
    eval (Val 2) [EVAL (Val 3), EVAL (Val 4)]
=      { evalを適用 }
    exec [EVAL (Val 3), EVAL (Val 4)] 2
=      { execを適用 }
    eval (Val 3) [ADD 2, EVAL (Val 4)]
=      { evalを適用 }
    exec [ADD 2, EVAL (Val 4)] 3
=      { execを適用 }
    exec [EVAL (Val 4)] 5
=      { execを適用 }
    eval (Val 4) [ADD 5]
=      { evalを適用 }
    exec [ADD 5] 4
=      { execを適用 }
    exec [] 9
=      { execを適用 }
    9
```

関数 eval は、後で評価する右の式を制御スタックに記録しながら、式の構造を表す木において最も左の式である整数まで下っていきます。一方、関数 exec は、制御を eval に戻したり、加算を実行したりしながら、記録された軌跡を上に戻っていきます。

8.8　参考文献

　抽象機械の例題は文献 [11] を参考にしています。この例題で使った制御スタックの型は、再帰的な型の値を走査するためのデータ構造として文献 [12] に掲載されている zipper の特殊版です。GHC は、この章で紹介した型やクラスを新しく宣言する基本的な方法に加え、より高度で実験的な型の機能も提供しています。詳しくは https://www.haskell.org/ghc を参照してください。

8.9 練習問題

1. 関数 add と同様に、自然数の乗算関数 mult :: Nat -> Nat -> Nat を再帰的に定義してください。ヒント：関数 add を使いましょう。

2. 付録 B には掲載していませんが、プレリュードでは以下のクラスとメソッドが定義されています。

   ```
   data Ordering = LT | EQ | GT
   ```

   ```
   compare :: Ord a => a -> a -> Ordering
   ```

   このメソッドは、順序クラスのある値が他の値と比較して小さい（LT）か、等しい（EQ）か、大きい（GT）かを判断します。このメソッドを用いて、探索木用の関数 occurs :: Ord a => a -> Tree a -> Bool を再定義してください。また、新しい実装が元の実装よりも効率的である理由を説明してください。

3. 以下の二分木を考えましょう。

   ```
   data Tree a = Leaf a | Node (Tree a) (Tree a)
   ```

   すべての節に対して、右と左の部分木にある葉の数が高々一つだけ異なるとき、木は**平衡**していると呼びます。葉は平衡していると考えます。二分木が平衡しているか調べる関数 balanced :: Tree a -> Bool を定義してください。ヒント：最初に木の中の葉の数を返す関数を実装しましょう。

4. 空でない整数のリストを平衡木に変換する関数 balance :: [a] -> Tree a を定義してください。ヒント：最初に、長さが高々一つだけ異なる二つのリストへとリストを分割する関数を実装しましょう。

5. 以下の型が宣言されているとします。

   ```
   data Expr = Val Int | Add Expr Expr
   ```

   このとき、以下の高階関数を定義してください。

   ```
   folde :: (Int -> a) -> (a -> a -> a) -> Expr -> a
   ```

   ただし folde f g は、式の中のそれぞれの Val を f で置き換え、それぞれの Add を g で置き換えるとします。

6. folde を使って、式を整数に変換する関数 eval :: Expr -> Int を定義してください。また、folde を使って、式の中に整数がいくつあるか数える関数 size :: Expr -> Int を定義してください。

7. 以下のインスタンス宣言を完成させましょう。

```
instance Eq a => Eq (Maybe a) where
    ...
instance Eq a => Eq [a] where
    ...
```

8. 恒等式の検査器を拡張して、命題の中で論理和（∨）と同値（⇔）を扱えるようにしてください。

9. 抽象機械を拡張して、乗算を扱えるようにしてください。

練習問題1から4の解答は付録Aにあります。

第9章

カウントダウン問題

　この章では、第I部の締めくくりとして、数に関する簡単なゲームを解くプログラムを開発し、その性能向上にこれまで紹介してきた概念がどう利用できるかを示します。まずは型と便利な関数を定義し、次にゲームのルールを形式化して、最後に総当たり法による解法を二段階で改良します。

9.1　導入

　カウントダウンは、1982年から英国のテレビで放映されている人気のクイズ番組です。この番組には数を扱ったゲームもあり、本書ではそのゲームを「カウントダウン問題」と呼びます。カウントダウン問題は次のようなゲームです。

> 「数の集合」と「目標の数」が与えられるので、数の集合から一つ以上
> の数を使い、値が目標の数字になる式を加算、減算、乗算、除算、括弧
> を組み合わせて作る。

数の集合からは、それぞれ一回までしか数を使ってはいけません。また、計算途中に出てくる数は正の整数（$1, 2, 3, \ldots$）でなければならず、負の数や0、$2 \div 3$のような分数は許されません。

　たとえば、与えられた数の集合が1、3、7、10、25、50であり、目標の数が765であるとしましょう。以下の簡単な計算からわかるように、式$(1 + 50) * (25 - 10)$はカウントダウン問題の解の一つです。

$$
\begin{aligned}
& (1 + 50) * (25 - 10) \\
= \quad & \{\, + \text{を適用} \,\} \\
& 51 * (25 - 10) \\
= \quad & \{\, - \text{を適用} \,\} \\
& 51 * 15 \\
= \quad & \{\, * \text{を適用} \,\} \\
& 765
\end{aligned}
$$

112 第9章 カウントダウン問題

　この例に対する解は、実際には780通りあります。一方、数の集合はそのままにして目標の数を831に変えた場合は、解となる式は存在しません。

　テレビ番組では、回答者が答えを発見できるように、制約がいくつか加えられています。具体的には、数の集合を選ぶのは回答者で、選べるのは1-10、1-10、25、50、75、100の六つです。そして、目標の数は、100-999の範囲で設定されます。制限時間は30秒です。この問題をコンピューターに解かせるときは、こうした制限を取り除いても問題ないでしょう。そこで、以降で開発するプログラムではこれらの制約を考慮しません。しかし、計算途中の値が正の整数という制約は緩めないことにします。つまり、整数や分数には拡張しません。なぜなら、この変更は問題に対する計算の複雑性を変えてしまうかもしれないからです。

9.2　算術演算子

　四つの算術演算子に対する型を定義し、簡単なインスタンスを用いて値を表示可能にするところから始めましょう。

```
data Op = Add | Sub | Mul | Div

instance Show Op where
   show Add = "+"
   show Sub = "-"
   show Mul = "*"
   show Div = "/"
```

　次に、二つの正の整数に演算子を適用したときに正の整数が生成されるかを調べる関数validと、有効な演算子の適用を実行する関数applyを定義します。

```
valid :: Op -> Int -> Int -> Bool
valid Add _ _ = True
valid Sub x y = x > y
valid Mul _ _ = True
valid Div x y = x `mod` y == 0

apply :: Op -> Int -> Int -> Int
apply Add x y = x + y
apply Sub x y = x - y
apply Mul x y = x * y
apply Div x y = x `div` y
```

たとえば、Sub 2 3は$2-3$が負となるので無効です。また、Div 2 3は$2÷3$が分数となるので無効です。

9.3 数式

ここで、数式の型とそのプリティプリンターを定義します。数式の型は、整数の値であるか、演算子を二つの式に適用することを表現する構成子のいずれかです。

```
data Expr = Val Int | App Op Expr Expr

instance Show Expr where
    show (Val n)     = show n
    show (App o l r) = brak l ++ show o ++ brak r
                       where
                          brak (Val n) = show n
                          brak e       = "(" ++ show e ++ ")"
```

たとえば、$1 + (2 * 3)$ は型 Expr の値として表現できて、その値はプリティプリンターによって以下のような読みやすい文字列へと変換されます。

```
> show (App Add (Val 1) (App Mul (Val 2) (Val 3)))
"1+(2*3)"
```

この型を用いて、式の中の数値をリストとして返す関数 values と、式全体の値を返す関数 eval を定義します。関数 eval が返す値は、正の整数（のリスト）となります。

```
values :: Expr -> [Int]
values (Val n)     = [n]
values (App _ l r) = values l ++ values r

eval :: Expr -> [Int]
eval (Val n)     = [n | n > 0]
eval (App o l r) = [apply o x y | x <- eval l,
                                  y <- eval r,
                                  valid o x y]
```

eval の中で無効な数値が出てくる場合についても、リストでうまく扱っています。具体的には、要素が一つのリストが成功を表し、空リストが失敗を表します。たとえば、$2 + 3$ と $2 - 3$ に対しては以下のような結果が返ります。

```
> eval (App Add (Val 2) (Val 3))
[5]

> eval (App Sub (Val 2) (Val 3))
[]
```

失敗するかもしれない関数 eval の型は、Maybe 型を使って表現してもかまいません。しかし、リスト内包表記を使うと関数 eval を簡潔に定義できるので、今回はリストを利用しました。

114 第9章 カウントダウン問題

9.4 組み合わせ関数

次に、組み合わせを扱う便利な関数をいくつか定義します。これらの関数は、ある条件を満たすリストをすべて返します。関数 subs は、リストの部分リストを返します。関数 interleave は、新たな要素をリストへ挿入して返します。関数 perms は、リストの要素に対する順列を返します。

```
subs :: [a] -> [[a]]
subs []     = [[]]
subs (x:xs) = yss ++ map (x:) yss
              where yss = subs xs

interleave :: a -> [a] -> [[a]]
interleave x []     = [[x]]
interleave x (y:ys) = (x:y:ys) : map (y:) (interleave x ys)

perms :: [a] -> [[a]]
perms []     = [[]]
perms (x:xs) = concat (map (interleave x) (perms xs))
```

以下に使用例を示します。

```
> subs [1,2,3]
[[],[3],[2],[2,3],[1],[1,3],[1,2],[1,2,3]]

> interleave 1 [2,3,4]
[[1,2,3,4],[2,1,3,4],[2,3,1,4],[2,3,4,1]]

> perms [1,2,3]
[[1,2,3],[2,1,3],[2,3,1],[1,3,2],[3,1,2],[3,2,1]]
```

次に、リストから選択肢を返す関数 choices を定義します。この関数は、リストの要素を0個以上取り出す方法をすべて返します。すべての部分列の順列を計算し、それらを連結して返すことで定義できます。

```
choices :: [a] -> [[a]]
choices = concat . map perms . subs
```

以下に使用例を示します。

```
> choices [1,2,3]
[[],[3],[2],[2,3],[3,2],[1],[1,3],[3,1],[1,2],[2,1],
[1,2,3],[2,1,3],[2,3,1],[1,3,2],[3,1,2],[3,2,1]]
```

9.5 問題の形式化

最後に、与えられた式がカウントダウン問題の解となっているかを調べる関数 solution を定義します。

```
solution :: Expr -> [Int] -> Int -> Bool
solution e ns n =
   elem (values e) (choices ns) && eval e == [n]
```

与えられた式は、与えられた数のリストと目標の数に対して、次の条件を満たせば解

です。すなわち、式から取り出した数値のリストが、与えられた数のリストから選択されたもので、かつ式の評価結果が目標の数と一致すれば、問題の解です。たとえば、式e :: Exprが(1+50)*(25-10)を表現しているときは、以下のようになります。

```
> solution e [1,3,7,10,25,50] 765
True
```

関数choicesは、リストから可能な選択肢をすべて計算するので、あるリストが他のリストから選択されたかを直接判断するには効率が良くありません。直接判断できる関数isChoiceがあれば、関数solutionの効率は向上します[†1]。しかし、現時点では効率は重視せず、この章の他のさまざまな関数の定義でも関数choicesを使うことにします。

9.6 総当たり法

カウントダウン問題を解くにあたり、まずは総当たり法を試します。すなわち、与えられた数のリストから、すべての式を生成します。まずは関数splitを定義しましょう。この関数は、あるリストを二つの空でないリストに分割するすべての方法を組にして返します。組になった二つのリストは、連結するといずれも元のリストに戻ります。

```
split :: [a] -> [([a],[a])]
split []    = []
split [_]   = []
split (x:xs) = ([x],xs) : [(x:ls,rs) | (ls,rs) <- split xs]
```

以下に使用例を示します。

```
> split [1,2,3,4]
[([1],[2,3,4]),([1,2],[3,4]),([1,2,3],[4])]
```

関数splitを使えば、鍵となる関数exprsを定義できます。この関数は、与えられた数がそれぞれ一回だけ使われている式をすべて返します。

```
exprs :: [Int] -> [Expr]
exprs []  = []
exprs [n] = [Val n]
exprs ns  = [e | (ls,rs) <- split ns,
                 l        <- exprs ls,
                 r        <- exprs rs,
                 e        <- combine l r]
```

すなわち、空リストからは式を生成できません。数値が一つだけ含まれるリストに対しては、その数値そのものに対応する式を返します。数値が二つ以上含まれるリストに対しては、まずリストの二分割をすべて作り、分割の双方に対して、可能なすべて

[†1] ［訳注］isChoiceは練習問題で実装します。

116 **第9章 カウントダウン問題**

の式を再帰的に生成し、最後に四つの演算子による組み合わせをすべて求めます。演算子による組み合わせを求めるには以下の関数 combine を使います。

```
combine :: Expr -> Expr -> [Expr]
combine l r = [App o l r | o <- ops]

ops :: [Op]
ops = [Add,Sub,Mul,Div]
```

最後に、あるカウントダウン問題の解となる式をすべて返す関数 solutions を定義します。この関数は、まずリストとして与えられた数から可能な式をすべて算出し、その中から評価すると目標の数となる式を選び出します。

```
solutions :: [Int] -> Int -> [Expr]
solutions ns n =
    [e | ns' <- choices ns, e <- exprs ns', eval e == [n]]
```

9.7 性能テスト

この章で書いたカウントダウン問題を解くプログラムをテストするには、インタープリター GHCi はやや性能不足です。そこで、代わりにコンパイラー GHC を使います。そのための最初の一歩として、countdown.hs と名付けたファイルに必要な定義をすべて書き出しましょう。また、トップレベルに main の定義を加え、solutions を例題に適用した結果を表示させます（print は、表示可能な型の値をディスプレイに表示するプレリュード関数です。main の型については、第10章で詳しく説明します）。

```
main :: IO ()
main = print (solutions [1,3,7,10,25,50] 765)
```

コンパイラーは、コマンドプロンプトに続けて ghc と入力することで起動できます。-O2 オプションを指定すると最適化が有効になります。

```
$ ghc -O2 countdown.hs
[1 of 1] Compiling Main
Linking countdown ...
```

生成された実行ファイルを走らせてみましょう。

```
$ ./countdown
[3*((7*(50-10))-25), ((7*(50-10))-25)*3, ...]
```

GHC 7.10.2、2.8GHz Intel Core 2 Duo、メモリー 4GB の環境で簡単な性能テストをすると、0.108秒で最初の答えが得られます。780個すべての答えを求めるには12.224秒かかります。目標の数を831に変えると、空リストが返されるまでに12.802秒かかります。この総当たり法のプログラムでも、テレビ番組のカウントダウン問題を30秒という制限時間内にクリアするには十分です。しかし、もっと賢い

方法があるはずですよね？

9.8 生成と評価の方法を変える

　関数 solutions は、与えられた数に対してすべての式を生成します。しかし、正の整数の減算と除算は常に有効とは限らないので、その多くは評価に失敗する式です。たとえば、数 1、3、7、10、25、50 に対する式は 33,665,406 個ありますが、そのうち 4,672,540 個のみが評価に成功します。これは 14% に達しません。

　この考察に基づいて、総当たり法を使ったカウントダウン問題のプログラムの性能を向上させましょう。具体的には、式の生成と式の評価を同時に実行するように両者を組み合わせます。これにより、評価に失敗する式を早い段階で振るい落とせます。さらに、評価に失敗する式が後で別の式の生成に使われることもなくなります。手始めに、Result という型を、式とその式全体を評価した値の組として宣言します。

```
type Result = (Expr,Int)
```

　この型を使って、リストとして与えられた数がそれぞれ一回だけ使われている式をすべて返す関数 results を定義します。

```
results :: [Int] -> [Result]
results []  = []
results [n] = [(Val n,n) | n > 0]
results ns  = [res | (ls,rs) <- split ns,
                     lx       <- results ls,
                     ry       <- results rs,
                     res      <- combine' lx ry]
```

すなわち、空リストからは結果が得られません。数が一つだけ含まれるリストに対しては、その数を値とする Result 型の結果を返します。数が二つ以上含まれるリストに対しては、まずリストの二分割をすべて作り、分割の双方に対して、可能なすべての結果を再帰的に求めます。最後に、それらを四つの演算子それぞれで組み合わせ、有効な結果のみを残します。結果を演算子で組み合わせる際には、以下の補助関数を使っています。

```
combine' :: Result -> Result -> [Result]
combine' (l,x) (r,y) =
  [(App o l r, apply o x y) | o <- ops, valid o x y]
```

　関数 results を使うと、あるカウントダウン問題を満たす式をすべて返す関数 solutions' を定義できます。この関数は、リストとして与えられた数からの選択をすべて求め、それぞれに対応する Result 型の結果を生成し、目標の数と一致する結果を選び出します。

```
solutions' :: [Int] -> Int -> [Expr]
solutions' ns n =
  [e | ns' <- choices ns, (e,m) <- results ns', m == n]
```

効率については、`solutions' [1,3,7,10,25,50] 765` が最初の解を返すまでに 0.014 秒、すべての解を返すまでに 1.312 秒かかります。目標の数を 831 に変えると、空のリストが返るまでに 1.134 秒かかります。関数 `solutions` のときより、それぞれ 7 倍、9 倍、11 倍速くなっています。すなわち、新しいプログラムは、最初の版よりも約 10 倍高速です。しかし、高校レベルの代数を用いると、さらなる高速化が可能です。

9.9　代数的な性質をいかす

関数 `solutions'` は、与えられた数に対し、評価が成功するすべての式を生成します。しかし、それらの式の多くは、演算子の代数的な性質により本質的に同じものです。たとえば、加算の結果は数値の順番には依存しないので、式 2 + 3 と 3 + 2 は本質的に同じです。また、ある数値を 1 で割っても値は変わらないので、式 2 ÷ 1 と 2 は本質的に同じです。

この考察に基づいて、二つめに作ったカウントダウン問題を解くプログラムの性能を向上させましょう。生成される式の個数を、演算子の代数的な性質を使って減らすのです。具体的には、以下に示す可換則と単位元の性質を活用します。

$$x + y = y + x$$
$$x * y = y * x$$
$$x * 1 = x$$
$$1 * y = y$$
$$x ÷ 1 = x$$

まず、演算子の適用が有効であるかを調べる関数 `valid` を再掲します。

```
valid :: Op -> Int -> Int -> Bool
valid Add _ _ = True
valid Sub x y = x > y
valid Mul _ _ = True
valid Div x y = x `mod` y == 0
```

この定義を次のように変更します。すなわち、加算と乗算の可換則を活用するために、引数二つが昇順（$x \leqslant y$）に並んでいることを要求します。また、乗算と除算の単位元の性質を活用するために、鍵となる引数が単位元でないこと（$\neq 1$）を要求します。

```
valid Add x y = x <= y
valid Sub x y = x > y
valid Mul x y = x /= 1 && y /= 1 && x <= y
valid Div x y = y /= 1 && x `mod` y == 0
```

この新しい定義を使うと、たとえば、式 `Add 3 2` は、加算の可換則から式 `Add 2 3` と本質的に同じなので、いまや有効ではありません。式 `Div 2 1` も、除算の単位元の性質により数値 2 と本質的に同じなので、有効ではありません。

新しいvalidを用いると、カウントダウン問題を解く関数solutions'も新しくなります。この関数をsolutions''と名付けましょう。関数solutions''を使うと、生成される式と解が激減します。solutions'' [1,3,7,10,25,50] 765は、245,644個の式しか生成しません。そのうち49個のみが解です。これらの数値は、solutions'における個数と比べると、それぞれ5%と6%をやや上回る程度です。

効率については、solutions'' [1,3,7,10,25,50] 765が最初の解を見つけるのに0.007秒、すべての解を生成するのに0.119秒かかります。また、目標の数を831に変えると、空リストが0.115秒で返ります。これらは、solutions'に比べると、それぞれ2倍、11倍、9倍高速です。最後に作ったプログラムは、テレビ番組のカウントダウン問題のどんな出題に対しても、すべての答えを一瞬で求めます。最初の総当たり法よりも約100倍高速です。素晴らしい性能改善です！

9.10　参考文献

カウントダウンの番組は、フランステレビジオンの "Des Chiffres et des Lettres" が元になっています。一方、カウントダウン問題自体は、子供用の算術ゲーム「krypto」や「4つの4」（four fours）と関係があります。この章は、文献[13]を参考にしています。この文献には、作成した三つのプログラムが正しく動作することに対する証明が載っています。カウントダウン問題を解くさらに高度な方法がBirdとMuによって研究されています[14]。

9.11　練習問題

1. 関数合成concatおよびmapの代わりにリスト内包表記を使って、組み合わせの関数choicesを再定義してください。

2. 再帰的な関数isChoice :: Eq a => [a] -> [a] -> Boolを定義してください。この関数は、permsやsubsを使わずに、一方のリストが他方のリストから選択されたものかを検査します。ヒント：手始めに、あるリストに対して最初に見つかった特定の値を取り除く関数を定義しましょう。

3. 関数splitを拡張して、組の中に空リストも許すようにすると、関数solutionsの挙動にどのような影響を与えるか説明してください。

4. 関数choices、exprs、evalを用いて、1、3、7、10、25、50に対する可能な式は33,665,406個あり、そのうち4,672,540個のみが有効であることを確かめてください。

5. 同様に、数値の定義域を整数に拡大すると有効な式の数が10,839,369個に増えることを確かめてください。ヒント：関数validの定義を変更しましょう。

6. 関数 solutions'' を以下のように改良してください。

a 式に冪乗演算子が使えるようにする

b 解がない場合に、目標の数に最も近い解を算出する

c 適切な方法で解を並べ替える

練習問題1から3の解答は付録Aにあります。

第II部
高度な話題

第10章

対話プログラム

　この章では、Haskellで対話プログラムを実装する方法を示します。まず、純粋な言語で対話を取り扱うのが難しかった理由とHaskellが採用した解決策を説明します。そして、対話プログラムのための組み込み関数をいくつか紹介し、それらを組み合わせて関数を作ります。最後に、ハングマン、ニム、そしてライフという三つのゲームを実装します。

10.1　課題

　コンピューターの黎明期、ほとんどのプログラムは**バッチプログラム**でした。バッチプログラムは、コンピューターの処理時間を最大にするために、ユーザーから隔離された状態で実行されました。たとえば、コンパイラーは高レベルなプログラムを入力として取り、たくさんの処理を黙々とこなし、低レベルなプログラムを生成して出力します。

　本書の第I部では、Haskellを使ってバッチプログラムを書く方法を示しました。Haskellでは、バッチプログラム（さらに言うと一般にすべてのプログラム）は**純粋**な関数としてモデル化できます。すなわち、以下の図のように、すべての入力を引数として明示的に受け取り、すべての出力を結果として明示的に返すような関数です。

$$\xrightarrow{\text{入力}} \boxed{\begin{array}{c}\text{バッチ}\\\text{プログラム}\end{array}} \xrightarrow{\text{出力}}$$

たとえば、GHCのようなコンパイラーは、高レベルのプログラムを低レベルのコードに変換する `Prog -> Code` という型の関数としてモデル化できます。

　最近のコンピューター環境では、ほとんどのプログラムは**対話プログラム**です。対話プログラムは、ユーザーと対話を進める形で動作し、より高い柔軟さと機能性を備

えています。たとえば、インタープリターは対話プログラムです。キーボードから式を入力できて、その式を評価した結果が瞬時に画面に表示されます。

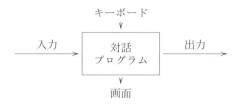

どうしたら、このようなプログラムを純粋な関数としてモデル化できるでしょうか？一見すると不可能に思えます。なぜなら、そのようなプログラムでは、実行中に付加的な入力を取ったり、付加的な出力をしたり、本質的に**副作用**を起こすからです。たとえば、インタープリターであるGHCiを、どうすれば引数だけから結果を生成する純粋な関数とみなせるでしょう？

長年にわたり、純粋な関数の概念と副作用とに折り合いをつける方法がいくつも提案されてきました。この章では、Haskellで採用された解決策を説明します。その解決策では、新しい型と、それに伴う基本的な部品をいくつか併用します。以降の章で見るように、Haskellが採用したやり方は対話プログラムに特化したものではなく、それ以外の形の作用を扱うプログラムにも利用できます。

10.2 解決策

Haskellでは対話プログラムを、「ある状態の世界」を引数に取り「別の状態の世界」を結果として返す、純粋な関数とみなします。実行中にプログラムが引き起こした副作用は、「別の状態の世界」に反映されます。したがって、世界の現在の状態を表す適切な型Worldがあれば、World -> Worldという型を持つ関数で対話プログラムの概念を表現できます。この型にIO（input/outputの略称）という別名を付けましょう。

```
type IO = World -> World
```

一般的には、対話プログラムは副作用を引き起こすだけでなく、結果を返すかもしれません。たとえば、キーボードから文字を読み込むプログラムは、読み込んだ文字を返すでしょう。そこで、対話プログラム用に定義した上記の型を、結果も返すように一般化します。結果の型は、型IOの型変数とします。

```
type IO a = World -> (a,World)
```

型 IO a を持つ式を**アクション**と呼びます[†1]。たとえば、IO Char は文字を返すアクションであり、IO () は結果に意味がないことを示すユニット () を返すアクションです。IO () は、副作用を目的とした結果を返さないアクションであると考えられ、対話プログラムを書く際によく利用されます。たとえば、第9章で取り上げたカウントダウンのプログラムでは、IO () という型を持つ main を利用しました。

結果を返すことに加えて、対話プログラムは引数を取るかもしれません。ただ、引数を取れるようにするために IO 型を一般化する必要はありません。なぜなら、カリー化を活用すればよいからです。たとえば、引数として文字を取り整数を返す対話プログラムは、Char -> IO Int という型になるでしょう。これは、カリー化された関数の型 Char -> World -> (Int,World) の別名です。

ここまでの説明を読んで、「アクションを伴うプログラムを書くときに世界の全状態を渡すなんて、果たして実現可能なのか！」と心配になった方もいるでしょう。もちろん、これは現実的ではありません。実際には、Haskell では IO a 型は関数の型としてでなく、組み込み型として提供されています。それでも上記の説明は、アクションがどのように純粋な関数として解釈できるかを理解するのに有益です。Haskell におけるアクションの実装も、この解釈に添ったものです。以降では、IO a 型は組み込み型であり、実装の詳細は隠されているものとします。

```
data IO a = ...
```

10.3　基本アクション

Haskell が提供する基本的な IO アクションを三つ説明しましょう。最初のアクション getChar は、キーボードから文字を読み込み、その文字を画面に表示して、その文字を結果として返します（実際の getChar の定義は GHC に組み込まれています）。

```
getChar :: IO Char
getChar = ...
```

getChar は、キーボードからの文字入力がなければ、何かキーが押されるまで待ちます。getChar と対になるアクション putChar c は、文字 c を画面に表示し、何も結果を返しません（そのことはユニットによって表現されています）。

```
putChar :: Char -> IO ()
putChar c = ...
```

[†1]　[訳注] アクションは、（「命令」ではなく）「命令書」だと理解すればよいでしょう。アクションの型は、単なる IO a であって、「->」は含まれないことに注意してください。

126 第10章 対話プログラム

最後の基本アクション return v は、ユーザーとは対話せず、単に値 v を返します。

```
return :: a -> IO a
return v = ...
```

関数 return は、副作用のない純粋な式から副作用のある汚れたアクションへの橋です。ここで極めて重要なこととして、逆向きの橋は存在しません（初心者が扱えるレベルでは）。いったん汚れたら永遠に汚れたままであり、純粋さを取り戻せる可能性はありません！ それではプログラム全体があっという間に汚れてしまうと思うかもしれませんが、実際にはそうなりません。ほとんどの Haskell プログラムでは、関数の大部分は対話に巻き込まれず、外界に最も近いところで少数の対話関数が対話を扱います。

10.4 順序付け

Haskell では、do 表記により、一連の IO アクションを合成された一つの IO アクションへと結合できます。典型的な形を以下に示します。

```
do v1 <- a1
   v2 <- a2
   .
   .
   .
   vn <- an
   return (f v1 v2 ... vn)
```

この式の解釈の仕方は以下のとおりです。すなわち、まず最初のアクション a1 が実行され、その結果の値を v1 と名付けます。次にアクション a2 が実行され、その結果の値を v2 と名付けます。... それからアクション an が実行され、その結果の値を vn と名付けます。最後に、すべての結果を結合して一つの値にするために、関数 f が適用されます。その値が式全体の結果の値として返されます。

do 表記には留意点が三つあります。第一に、上記に示した典型的な形から読み取れるように、一連のアクションは完全に同じカラムから始まらなければならないという**レイアウト規則**があります。第二に、式 vi <- ai は変数 vi の値を生成するので、リスト内包表記と同様に**生成器**と呼ばれます。第三に、生成器 vi <- ai によって生成された値が不要であれば、生成器は単に ai と省略できます。この場合、_ <- ai と書くのと同じ意味になります。

たとえば、三文字読んで、二つめの文字を捨て、一つめと三つめの文字を組として

返すアクションは、以下のように定義できます。

```
act :: IO (Char,Char)
act = do x <- getChar
         getChar
         y <- getChar
         return (x,y)
```

この例で return を省略すると型エラーとなることに注意しましょう。なぜなら、式 (x,y) の型は (Char,Char) ですが、このアクションが要求する型は IO (Char,Char) だからです。

10.5 アクションの部品

前節で説明した順序付けの方法で、先に示した三つの基本的なアクションを使うと、プレリュードで提供されている他の便利なアクションの部品を定義できます。まず、改行文字 '\n' で終端された文字列をキーボードから読み込むアクション getLine を定義します。

```
getLine :: IO String
getLine = do x <- getChar
             if x == '\n' then
                return []
             else
                do xs <- getLine
                   return (x:xs)
```

最初の文字を読み込んだ後で残りの文字列を読み込むのに、再帰を使っていることに注意してください。

次は、画面に文字列を書き出す putStr と putStrLn を定義します。後者は文字列の後に改行します。

```
putStr :: String -> IO ()
putStr []     = return ()
putStr (x:xs) = do putChar x
                   putStr xs

putStrLn :: String -> IO ()
putStrLn xs = do putStr xs
                 putChar '\n'
```

いま定義した三つの部品を使って、たとえば「プロンプトを表示し、キーボードから文字列を読み込んで、その長さを表示する」というアクションを定義できます。

```
strlen :: IO ()
strlen = do putStr "Enter a string: "
            xs <- getLine
            putStr "The string has "
            putStr (show (length xs))
            putStrLn " characters"
```

以下に使用例を示します。

```
> strlen
Enter a string: Haskell
The string has 7 characters
```

10.6 ハングマン

この章の後半では、三つの複雑な例題を取り扱います。最初の例題では、「ハングマン」というゲームの亜種を使って、IOプログラミングの基礎を学びます。ゲームが始まると、最初のプレイヤーが秘密の単語を入力します。二人めのプレイヤーは、推測を繰り返しながら、秘密の単語を当てようと試みます。推測した単語を入力するたびに、秘密の単語の中で推測した単語に含まれている文字が表示されます。推測が正しければゲーム終了です。

ハングマンをトップダウンに作っていきましょう。まず、最初のプレイヤーに秘密の単語を入力させ、二人めのプレイヤーに推測を試みるように促すトップレベルのアクションを定義します。

```
hangman :: IO ()
hangman = do putStrLn "Think of a word:"
             word <- sgetLine
             putStrLn "Try to guess it:"
             play word
```

後はsgetLineとplayを定義するだけです。アクションsgetLineは、getLineと同様にキーボードから文字列を読み込みますが、何が打ち込まれたかを隠すためにダッシュ記号'-'をエコーバックします。

```
sgetLine :: IO String
sgetLine = do x <- getCh
              if x == '\n' then
                 do putChar x
                    return []
              else
                 do putChar '-'
                    xs <- sgetLine
                    return (x:xs)
```

次は、上記の定義に使われているアクションgetChです。このアクションは、キーボードから文字を読み取りますが、画面にはエコーバックしません。System.IOモジュールの組み込みアクションhSetEchoを使い、文字の読み込み前にエコーを止め、読み込み後にエコーを再開することで実現できます（組み込みアクションhSetEchoを利用可能にするには、ファイルの冒頭にimport System.IOという宣言を入れ

ます）。

```
getCh :: IO Char
getCh = do hSetEcho stdin False
           x <- getChar
           hSetEcho stdin True
           return x
```

続いて関数 play を定義しましょう。この関数は、二人めのプレイヤーに推測を入力させ、それを秘密の単語と一致するまで繰り返すという、ゲームのメインループを実現します。

```
play :: String -> IO ()
play word = do putStr "? "
               guess <- getLine
               if guess == word then
                  putStrLn "You got it!!"
               else
                  do putStrLn (match word guess)
                     play word
```

推測が正しくない場合には、秘密の単語のどの文字が推測した単語に含まれているかを示唆するために、リスト内包表記を使いましょう。

```
match :: String -> String -> String
match xs ys = [if elem x ys then x else '-' | x <- xs]
```

ゲームの実装が完了したので、試してみましょう。以下は、秘密の単語に nottingham を入力したときの進行例です。

```
> hangman
Think of a word:
----------
Try to guess it:
? glasgow
-o----g-a-
? utrecht
--tt---h--
? gothenburg
nott-ngh--
? nottingham
You got it!!
```

10.7 ニム

二つめの例題は、「ニム」というゲームの亜種です。このゲームでは、五列のボードを使い、最初は以下のように星を並べておきます。

```
1 : ★ ★ ★ ★ ★
2 : ★ ★ ★ ★
3 : ★ ★ ★
4 : ★ ★
5 : ★
```

二人のプレイヤーは、交互に、一つの列の端から一つ以上の星を取り除いていきま

す。ボードを空にしたほう、すなわち、ボードから最後の星を取り除いたほうが勝者です。前節ではハングマンをトップダウンに実装しましたが、ニムはボトムアップに実装してみましょう。まずは便利な関数をいくつか定義し、最後にそれらを使ってゲームを組み立てます。

10.7.1　ゲーム用の便利な関数

実装を容易にするために、プレイヤーは整数（1 または2）で表すことにします。以下の関数は、次の番のプレイヤーを返します。

```
next :: Int -> Int
next 1 = 2
next 2 = 1
```

次に、各列に残った星の個数のリストでボードを表現します。ボードの初期値は[5,4,3,2,1] です。すべての列の星がなくなったらゲームを終了します。

```
type Board = [Int]

initial :: Board
initial = [5,4,3,2,1]

finished :: Board -> Bool
finished = all (== 0)
```

ゲームの手は、列の番号と取り除く星の数で指示します。指定された列に、指定された数以上の星がある場合には、その手は有効です。

```
valid :: Board -> Int -> Int -> Bool
valid board row num = board !! (row-1) >= num
```

（リストのインデックスは0から始まるので、上記では引き算をしています。）

たとえば、valid initial 1 3 はTrue を返します。ボードの初期設定では、最初の列に三つ以上の星があるからです。一方、valid initial 4 3 はFalse を返します。なぜなら、四列めにある星は三つより少ないからです。ある状態のボードに有効な手を与えれば、次の状態のボードが得られます。それぞれの列に残る星の個数を更新するにはリスト内包表記が利用できます。

```
move :: Board -> Int -> Int -> Board
move board row num = [update r n | (r,n) <- zip [1..] board]
  where update r n = if r == row then n-num else n
```

たとえば、move initial 1 3 は、最初の列から三つの星が取り除かれた新しいボード[2,4,3,2,1] を返します。

10.7.2 IO用の便利な関数

まず、列の番号と星の数を与えるとボードの列を画面に表示する関数を定義します。

```
putRow :: Int -> Int -> IO ()
putRow row num = do putStr (show row)
                    putStr ": "
                    putStrLn (concat (replicate num "* "))
```

replicateは、同じ要素を与えられた数だけ含むリストを生成するプレリュード関数でした。以下にputRowの使用例を示します。

```
> putRow 1 5
1: * * * * *
```

putRowを使うと、ボード全体を表示する関数を定義できます。簡単にするために、ボードの列数は5に固定します。

```
putBoard :: Board -> IO ()
putBoard [a,b,c,d,e] = do putRow 1 a
                          putRow 2 b
                          putRow 3 c
                          putRow 4 d
                          putRow 5 e
```

以下に使用例を示します。

```
> putBoard initial
1: * * * * *
2: * * * *
3: * * *
4: * *
5: *
```

プロンプトを表示してキーボードから一文字を読み取る関数getDigitも定義します。もし、読み取った文字が数字であれば、対応する整数を返します。そうでなければ、エラーメッセージを表示し、プロンプトを再表示して数字の入力を促します。

```
getDigit :: String -> IO Int
getDigit prompt = do putStr prompt
                     x <- getChar
                     newline
                     if isDigit x then
                         return (digitToInt x)
                     else
                         do putStrLn "ERROR: Invalid digit"
                            getDigit prompt
```

(関数digitToInt :: Char -> Int は、数字を整数に変換します。ファイルの冒頭にimport Data.Charと書けば利用可能になります。)

最後に、カーソルを次の行に移動させるアクションを定義します。

```
newline :: IO ()
newline = putChar '\n'
```

132 第10章 対話プログラム

10.7.3 ニムゲーム

これまでに定義した関数を使ってゲームのメインループを実装します。メインループは、現在のボードとプレイヤーの番号を引数に取る関数とします。

```
play :: Board -> Int -> IO ()
play board player =
   do newline
      putBoard board
      if finished board then
         do newline
            putStr "Player "
            putStr (show (next player))
            putStrLn " wins!!"
      else
         do newline
            putStr "Player "
            putStrLn (show player)
            row <- getDigit "Enter a row number: "
            num <- getDigit "Stars to remove : "
            if valid board row num then
               play (move board row num) (next player)
            else
               do newline
                  putStrLn "ERROR: Invalid move"
                  play board player
```

すなわち、まずボードを表示し、ゲームが終了しているか確かめます。もし終了しているなら、他方のプレイヤーを勝者として表示します。そうでなければ、現在のプレイヤーに次の手を入力するように促します。もし、手が有効であれば、ボードを更新し、次のプレイヤーに手番を渡してゲームを続けます。手が有効でなければ、エラーを表示し、現在のプレイヤーに次の手の入力を再び促します。

最後に、メインループに初期のボードとプレイヤーの番号を渡せば、ニムの本体が実装できます。

```
nim :: IO ()
nim = play initial 1
```

ニムの実装について、二点指摘しておきます。一つめは、Haskell が純粋な言語なので、ゲームの状態を引き回す必要があったことです。この場合は、関数 play に対し、現在のボードとプレイヤーの番号を明示的な引数として渡す必要がありました。二つめは、プレイヤーやボードを扱うための便利な関数は純粋な部分であり、入出力を伴う汚れた部分から分離されていることです。Haskell プログラムでは、副作用の利用を最小かつ局所的にするために、このような分離が奨励されます。

10.8 ライフ

対話プログラミングの三つめの例題は「ライフゲーム」です。単純な進化システムをモデル化したゲームで、二次元のボード上で実行されます。ボード上のそれぞれの

四角は、死んでいるか、生きているか、いずれかの状態を取ります。以下に例を示します。

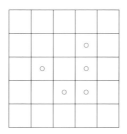

ボード上のセルは、それぞれ周囲に八つのセルがあります。

一貫性を持たせるため、ボードの上下と左右はそれぞれつながっているものとし、ボードの端のセルにも周囲に八つのセルがあると考えます。すなわち、ボードは実際にはトーラス、つまり三次元のドーナツ状の物体の表面とみなせます。

ボードの初期状態を与えると、以下のルールがすべてのセルに同時に適用され、次の**世代**が生み出されます。

- 生きているセルは、周囲に二つか三つ生きたセルがいる場合にのみ生き残る
- 死んでいるセルは、周囲に生きたセルが三つある場合にのみ、生きたセルになる。そうでなければ、死んだまま

たとえば、このルールを前出のボードに適用すると以下のようになります。

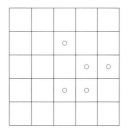

あるボードに対し、この手続きを繰り返すと、世代が無限に繰り返すことがあります。注意深く初期値を設計すると、そのような繰り返しの中に興味深い様式が現れま

134 第10章 対話プログラム

す。たとえば、上記のセルの配置は**グライダー**と呼ばれ、セルの塊がボードを斜めに
下降していきます。ライフゲームは、単純であるにもかかわらず、チューリング完全
です。すなわち、適切な符号化を用いれば、実行可能なすべての計算をライフゲーム
で実行できます。以降では、Haskell でライフゲームを実装する方法を説明します。

10.8.1 画面用の便利なアクション

まず、画面用の便利なアクションをいくつか定義しましょう。一つめは画面をクリ
アするアクションです。画面のクリアは、適切な制御文字列を出力することで実現で
きます。

```
cls :: IO ()
cls = putStr "\ESC[2J"
```

画面上の文字の位置は、正の整数の組 (x,y) で与えることにします。(1,1) は左
上の角とします。このような座標の位置を次の型で表現しましょう。

```
type Pos = (Int,Int)
```

指定された位置へカーソルを動かす制御文字を用いることで、その場所に文字列を
表示する関数を定義できます。

```
writeat :: Pos -> String -> IO ()
writeat p xs = do goto p
                  putStr xs

goto :: Pos -> IO ()
goto (x,y) = putStr ("\ESC[" ++ show y ++ ";" ++ show x ++ "H")
```

10.8.2 ライフゲーム

ニムのときは、問題を簡単にするため、ボードの大きさが固定であると仮定しまし
た。今回は、柔軟性を高めるため、ボードの大きさを変更可能にします。このため、
ボードの幅と高さを決める二つの整数を定義します。

```
width :: Int
width = 10

height :: Int
height = 10
```

セルの位置は、画面のカーソルの位置と同じく (x,y) で表します。そして、生きて
いるセルの位置のリストとしてボードを表すことにしましょう。

```
type Board = [Pos]
```

たとえば、最初の例は以下のように表せます。

```
glider :: Board
glider = [(4,2),(2,3),(4,3),(3,4),(4,4)]
```

このようにボードを表しておくと、生きているセルを画面に表示するのも、指定されたセルの生死を判断するのも簡単です。

```
showcells :: Board -> IO ()
showcells b = sequence_ [writeat p "O" | p <- b]

isAlive :: Board -> Pos -> Bool
isAlive b p = elem p b

isEmpty :: Board -> Pos -> Bool
isEmpty b p = not (isAlive b p)
```

（sequence_ :: [IO a] -> IO () は、アクションのリストの要素を順に実行し、結果の値を破棄してユニットを返すプレリュード関数です。）

次に、周囲のセルの位置を返す関数を定義します。

```
neighbs :: Pos -> [Pos]
neighbs (x,y) = map wrap [(x-1,y-1), (x,y-1),
                          (x+1,y-1), (x-1,y),
                          (x+1,y), (x-1,y+1),
                          (x,y+1), (x+1,y+1)]
```

補助関数wrapは、ボードの端をつなげる役割を果たします。すなわち、与えられた位置の各座標から1を引き、それぞれをボードの幅と高さで割った余りを取り、再び1を加えます。

```
wrap :: Pos -> Pos
wrap (x,y) = (((x-1) `mod` width) + 1,
              ((y-1) `mod` height) + 1)
```

与えられたセルの周りにある生きたセルの数を計算する関数は、関数合成を使って定義できます。周囲の位置のリストを作り、生きているセルを残して、個数を数えればよいのです。

```
liveneighbs :: Board -> Pos -> Int
liveneighbs b = length . filter (isAlive b) . neighbs
```

この関数を使えば、次の世代に生き残るセルを簡単に計算できます。生きたセルの数がちょうど二つか三つ周囲にある位置を調べればいいのです。

```
survivors :: Board -> [Pos]
survivors b = [p | p <- b, elem (liveneighbs b p) [2,3]]
```

新しく誕生するセルのリストは、ボード上の死んでいるセルのうち、生きたセルが周囲にちょうど三つある位置を残せばいいので、以下のように生成できます。

```
births :: Board -> [Pos]
births b = [(x,y) | x <- [1..width],
                    y <- [1..height],
                    isEmpty b (x,y),
                    liveneighbs b (x,y) == 3]
```

ただ、この定義ではボード上のすべてのセルを検査してしまっています。これを改

良して、大きなボードでもっと効率が良くなるようにしましょう。具体的には、新たにセルを生み出す可能性があるのは生きているセルの隣のみなので、そこだけを対象にします。この方針に従うと、関数birthsは以下のように書き換えられます。

```
births :: Board -> [Pos]
births b = [p | p <- rmdups (concat (map neighbs b)),
                isEmpty b p,
                liveneighbs b p == 3]
```

上記の定義で使っている関数rmdupsは、リストの要素から重複を取り除きます。新しく誕生する可能性のあるセルが一回だけ検査されることを保証するために、この関数を利用しています。

```
rmdups :: Eq a => [a] -> [a]
rmdups []     = []
rmdups (x:xs) = x : rmdups (filter (/= x) xs)
```

生き残ったセルと新たに誕生したセルを単に足し合わせれば、次の世代が生成できます。

```
nextgen :: Board -> Board
nextgen b = survivors b ++ births b
```

最後に、ライフゲームの本体を実装する関数lifeを定義します。この関数は、画面をクリアし、ボードに現在生きているセルを表示してしばらく待ち、次の世代を計算することを繰り返します。

```
life :: Board -> IO ()
life b = do cls
            showcells b
            wait 500000
            life (nextgen b)
```

関数waitは、表示を適切なスピードへ落とすために使っています。意味のないアクションを実行させればwaitを実装できます。

```
wait :: Int -> IO ()
wait n = sequence_ [return () | _ <- [1..n]]
```

関数lifeをgliderに対して実行してみましょう。また、自分で初期状態をいくつか作って試してみましょう。ライフゲームを実装する際に使った定義の大半は純粋な関数であり、入出力を伴う定義の数は少なかったことに注意してください。そして、そのような副作用を持つ定義は、IOという型によって、副作用を持たない定義から明確に分離されていました。

10.9 参考文献

ファイルの読み書きなども実現する副作用の型IOについては、Haskell Report [4]で議論されています。入出力やその他の副作用の形式的な意味は、文献[15]で与え

られています。実は、特殊な用途のために、純粋でないアクションから純粋な式を取り出すための裏口が用意されています。System.IO.Unsafe モジュールの関数 unsafePerformIO :: IO a -> a です。しかしながら、その名が示すように、この関数は安全ではなく、言語の純粋性を損なうため、通常の Haskell プログラムでは使用すべきではありません。

10.10 練習問題

1. リスト内包表記とプレリュード関数 sequence_ :: [IO a] -> IO () を用いて、putStr :: String -> IO () を再定義してください。

2. putBoard :: Board -> IO () が表示できるボードは列が五つに固定されていました。任意の大きさのボードを表示できるように、この関数を再帰を用いて拡張してください。ヒント：現在の列の番号も引数として取る補助関数を定義しましょう。

3. 最初の練習問題と同様に、リスト内包表記と sequence_ を使って、putBoard の拡張版を再実装してください。

4. 指定した数だけキーボードから数字を読み取り、それらの和を表示する adder :: IO () を定義してください。数字は行ごとに一つずつ入力するものとします。以下に使用例を示します。

```
> adder
How many numbers? 5
1
3
5
7
9
The total is 25
```

   ヒント：まず、「現在の合計」と「あといくつ数字を読み込むべきか」を引数として取る補助関数を定義しましょう。プレリュード関数 read と show を使う必要があるかもしれません。

5. 関数 sequence :: [IO a] -> IO [a] は、アクションのリストを実行した後、結果の値をリストとして返します。この関数を用いて adder を再実装してください。

6. getCh を用いて、アクション readLine :: IO String を定義してください。このアクションは、getLine に似ていますが、文字を消すために消去キーが利用できます。ヒント：消去文字は '\DEL'、一文字後退させる制御文字は '\b' です。

練習問題1から3の解答は付録Aにあります。

第11章

負けない三目並べ

　この章では、三目並べの対戦をする対話プログラムを開発することで、これまでに学んだ概念の実践例を示します。まず、人間のプレイヤーが二人で対戦するための版を作ります。それから、ゲームの木とミニマックス法を用いることで、負かすことのできない、すなわち、常に勝つか引き分けるコンピューターのプレイヤーを作ります。

11.1　導入

　三目並べ、あるいは「まるぺけ」は、3×3の格子で伝統的に遊ばれてきたゲームです。格子のどのマスにも最初は何も書かれていません。

　二人のプレイヤー○と×は、格子の中にある空のマスに自分の記号を順番に書いていきます。先に自分の記号を三つ、横か縦か斜めに並べたほうが勝者です。たとえば、以下の格子では一番下の行に三つの×が並んでいるので、×の勝ちです。

　以下のように、どちらも勝つことなく格子のすべてのマスが埋まったら、引き分けです。

どちらも最善の手を打ち続けると、先攻後攻に関係なく、必ず引き分けになります。本章では、三目並べに対して最善手を打つ対戦プログラムをHaskellで開発します。

11.2 基本的な宣言

この章の実装では、文字、リスト、入出力のアクションに関する関数を利用します。そこでまず、これらを提供するモジュールを読み込みましょう。

```
import Data.Char
import Data.List
import System.IO
```

格子の大きさは3×3に決め打ちせず、0より大きな整数に変更できるようにします。

```
size :: Int
size = 3
```

格子は、「プレイヤーの値のリスト」のリストで表します。内側の各リストも、外側のリストも、長さはすべて同じ`size`であると仮定します。

```
type Grid = [[Player]]
```

プレイヤーの値については、O、B、Xのいずれかであるとします。Bは空白（blank）を表します。

```
data Player = O | B | X
              deriving (Eq, Ord, Show)
```

前節で示した勝敗がついた格子の例は、`[[B,O,O],[O,X,O],[X,X,X]] :: Grid`と表現できます。上記の`deriving`節により、`Player`型の値には標準的な同等演算子と順序演算子が使え、さらに画面に表示可能です。`data`宣言では、構成子の順序が位置によって決まることを思い出してください。すなわち、`O < B < X`です。この順序は、後でミニマックス法を考えるときに重要となります。

次の手を打つプレイヤーは、OとXをひっくり返せば得られます。関数を定義するときは、場合分けをすべて網羅するために、利用されることはありませんが空白Bも

含めます。

```
next :: Player -> Player
next O = X
next B = B
next X = O
```

11.3 格子に関する便利な関数

　三目並べの格子を扱う便利な関数をいくつか定義します。まず、空白のプレイヤーの値を複製して空の行を作り、この行を複製して空の格子を作る関数です。

```
empty :: Grid
empty = replicate size (replicate size B)
```

　反対に、プレイヤーの値がすべて空白でなければ、格子は埋まっていると判断できます。

```
full :: Grid -> Bool
full = all (/= B) . concat
```

　上記の定義では、格子の中のプレイヤーの値を扱う前に、`concat`を適用して格子を一つのリストに平坦化しています。同じ考え方は、これから定義する他の関数でも利用します。たとえば、次の番を決めるには、平坦化された格子の中のOとXを数えて比較すればよいでしょう。

```
turn :: Grid -> Player
turn g = if os <= xs then O else X
         where
            os = length (filter (== O) ps)
            xs = length (filter (== X) ps)
            ps = concat g
```

　Oが先攻なら、`turn empty = O`です。最終的な実装では、人間のプレイヤーを先攻とします。

　次は、ゲームの勝敗決定に取り組みましょう。すなわち、同一プレイヤーが行、列、斜めのいずれかを占有しているか調べます。この検査を素直に実装し、読みやすさを考慮してローカル定義にすれば、与えられたプレイヤーの勝利を判定する関数を定義できます。

```
wins :: Player -> Grid -> Bool
wins p g = any line (rows ++ cols ++ dias)
           where
              line = all (== p)
              rows = g
              cols = transpose g
              dias = [diag g, diag (map reverse g)]
```

　上記で利用している関数`transpose :: [[a]] -> [[a]]`は、`Data.List`モジュールで提供されています。行のリストで表現される格子を`transpose`に渡すと、

格子の左上と右下を結ぶ対角線に沿って、列が行、行が列になるように格子がひっくり返されます。以下に使用例を示します。

```
> transpose [[1,2,3],[4,5,6],[7,8,9]]
[[1,4,7],[2,5,8],[3,6,9]]
```

関数 diag は、左上と右下を結ぶ対角線上にあるプレイヤーの値を返します。

```
diag :: Grid -> [Player]
diag g = [g !! n !! n | n <- [0..size-1]]
```

もう一方の対角線、すなわち格子の右上と左下を結ぶ対角線上にあるプレイヤーの値は、上記の wins の定義からわかるように、それぞれの行を反転してから diag を使うことで得られます。ここまでくると、片方のプレイヤーが勝利したかどうかを判定する関数を定義できます。

```
won :: Grid -> Bool
won g = wins O g || wins X g
```

11.4 格子を表示する

三目並べの格子を画面に表示できるように、以下に示すような振る舞いをする関数を定義してみましょう。

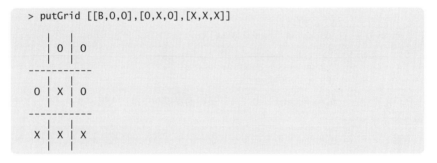

この振る舞いは関数合成で簡単に実現できます。

```
putGrid :: Grid -> IO ()
putGrid =
  putStrLn . unlines . concat . interleave bar . map showRow
  where bar = [replicate ((size*4)-1) '-']
```

すなわち、それぞれの行を showRow で文字列のリストに変換し、水平の線を interleave で行の間に挿入し、入れ子になったリストを concat で平坦化します。そしてすべての文字列を、プレリュード関数 unlines :: [String] -> String を使用して、末尾に改行文字を加えながら連結します。最後に、結果を putStrLn で画面に表示します。

次は関数 showRow を定義しましょう。行の中のそれぞれの要素が長さ 3 の縦線で区切られるように、行を文字列のリストに変換します。

```
showRow :: [Player] -> [String]
showRow = beside . interleave bar . map showPlayer
          where
              beside = foldr1 (zipWith (++))
              bar    = replicate 3 "|"
```

上記に出てくるプレリュード関数 foldr1 は、foldr に似ていますが、空でないリストのみに適用できます。また、zipWith は、zip のように二つのリストを綴じ合わせますが、新しい要素を作成する際に、引数に取った関数を二つの要素に適用します。たとえば、showRow [O,B,X] は以下のリストを返します。

```
["   |   |   ",
 " O |   | X ",
 "   |   |   "]
```

まだ実装していないのは、プレイヤーの値を文字列のリストに変換する関数 showPlayer と、リストの要素の間に値を差し込む関数 interleave です。

```
showPlayer :: Player -> [String]
showPlayer O = ["   ", " O ", "   "]
showPlayer B = ["   ", "   ", "   "]
showPlayer X = ["   ", " X ", "   "]

interleave :: a -> [a] -> [a]
interleave x []       = []
interleave x [y]      = [y]
interleave x (y:ys) = y : x : interleave x ys
```

11.5 手を決める

プレイヤーの指し手を示すため、格子に番号を振ります。格子の左上を 0 とし、その行の右端まで行ったら次の行に移るように番号を決めます。

0	1	2
3	4	5
6	7	8

指し手は、適切な範囲の番号で、かつ、その番号の位置が空白のときに有効です。

```
valid :: Grid -> Int -> Bool
valid g i = 0 <= i && i < size^2 && concat g !! i == B
```

次に、指し手を格子に適用する関数を定義します。結果は格子のリストとして返します。指し手が有効でない場合も考慮して、要素が一つのリストは成功、空リストは

144　第11章　負けない三目並べ

失敗を表すことにします。

```
move :: Grid -> Int -> Player -> [Grid]
move g i p =
    if valid g i then [chop size (xs ++ [p] ++ ys)] else []
    where (xs,B:ys) = splitAt i (concat g)
```

すなわち、指し手が有効であれば、格子の中のプレイヤーの値を指し手の位置で分割
し、その位置の空白を与えられたプレイヤーの値で置き換えて、格子を再構成しま
す。プレリュード関数 splitAt は、指定された場所でリストを二分割します。chop
は、指定した長さでリストを断片化する補助関数です（最後の要素となるリストは指
定した長さより短くなることもあります）。

```
chop :: Int -> [a] -> [[a]]
chop n [] = []
chop n xs = take n xs : chop n (drop n xs)
```

11.6　番号を読み込む

　プレイヤーの指し手を読み込むために、getNat を実装します。この関数は、プロ
ンプトを表示し、キーボードから打ち込まれた自然数を読み込みます。この関数は、
第10章のニムゲームで定義した getDigit に似ていますが、一桁ではなく複数桁の
番号も読み込めるところが異なります。

```
getNat :: String -> IO Int
getNat prompt = do putStr prompt
                   xs <- getLine
                   if xs /= [] && all isDigit xs then
                      return (read xs)
                   else
                      do putStrLn "ERROR: Invalid number"
                         getNat prompt
```

上記に出てくる関数 isDigit :: Char -> Bool は Data.Char モジュールで提供
されており、文字が数字であるかを判定します。

11.7　人間 vs 人間

　二人のプレイヤーが対戦する三目並べを実装します。現在の格子とプレイヤーを引
数に取って相互再帰する関数を二つ定義し、それらを用いる以下のようなアクション
としてゲームを実装します。

```
tictactoe :: IO ()
tictactoe = run empty O
```

　相互再帰する一つめの関数 run では、単に格子を表示し、二つめの関数 run' を呼
び出します（画面に関する関数 cls と goto は、第10章でライフゲームのために実装

済みです)。

```
run :: Grid -> Player -> IO ()
run g p = do cls
             goto (1,1)
             putGrid g
             run' g p
```

二つめの関数run'では、ゲームが終了しているかを一連のガードで判定します。ゲームが終了していなければ、次の手を指すようプレイヤーに促します。指し手が無効であればエラーメッセージを表示し、再び同じプレイヤーに入力を促します。指し手が有効であれば、更新した格子と次のプレイヤーを引数にして一つめの関数を呼び出します。

```
run' :: Grid -> Player -> IO ()
run' g p | wins O g  = putStrLn "Player O wins!\n"
         | wins X g  = putStrLn "Player X wins!\n"
         | full g    = putStrLn "It's a draw!\n"
         | otherwise =
             do i <- getNat (prompt p)
                case move g i p of
                    []   -> do putStrLn "ERROR: Invalid move"
                               run' g p
                    [g'] -> run g' (next p)
```

補助関数promptは以下のように定義します。

```
prompt :: Player -> String
prompt p = "Player " ++ show p ++ ", enter your move: "
```

これで誰かと一緒に三目並べで遊べるようになりました！ このコードは、他の例題と同様に、本書のサイトから入手できます。

11.8 ゲームの木

次は、**ゲームの木**に基づいて、三目並べの対戦プログラム（コンピューターのプレイヤー）を実装する方法を説明します。基本的な考え方は、現在の格子から進みうる局面をすべて網羅した木構造を組み立て、その木を利用して次の最善手を決めるというものです。

例として以下の局面を考えましょう。次に打つのはプレイヤーOです。

空のマスは1、2、8なので、次の局面には三つの候補があります。

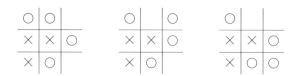

次は X の番です。三つの局面のそれぞれに同様の工程を繰り返し、勝負がつくか引き分けた時点で止めます。すると、最初の格子から以下のようなゲームの木が組み立てられます。

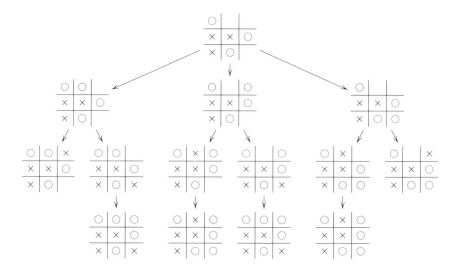

この例では、左端あるいは右端の枝を進めば X が勝者、それ以外では O が勝者となります。プレイヤー O の最善手は、木の根の直下にある三つの可能性のうち、真ん中です。なぜなら、この手は O の勝利を保証するからです。一方、他の手では X が勝利する可能性が残されています。

このような木を表現する適切な型は、以下のように宣言できます。

```
data Tree a = Node a [Tree a]
              deriving Show
```

すなわち、ある型の木は、その型の値一つと部分木のリストからなる節です。この宣言には留意点が三つあります。第一に、この木は三目並べ専用ではなく、どのような型の値でも格納できます。後でミニマックス法を考えるときには、ゲームの木の格子にそれぞれ付加情報を付け加えるので、この特徴が重要になります。第二に、この木には葉の構成子がありません。葉は、部分木のリストが空になっている節で代用でき

ます。仮に葉の構成子を定義すると、葉が二通りに表現できてしまい、木を扱う関数の定義が複雑になります。第三の特徴は、deriving節により木を表示可能にしていることです。

この木の型を使って、与えられた局面とプレイヤーからゲームの木を構築する関数を簡単に定義できます。与えられた局面を木の根として、現在のプレイヤーによる有効な指し手によって得られる格子を再帰的に生成すればよいのです。再帰的に関数を呼び出す際には次のプレイヤーを指定します。

```
gametree :: Grid -> Player -> Tree Grid
gametree g p = Node g [gametree g' (next p) | g' <- moves g p]
```

有効な手をリストとして返す関数movesを定義しましょう。この関数は、まずゲームが終わったかを検査し、そうであれば空リストを返します。空リストにはgametreeの再帰を止める役割があります。ゲームが終わっていなければ、空のマスの一つを埋めることで得られる局面すべてをリストとして返します。

```
moves :: Grid -> Player -> [Grid]
moves g p
   | won g     = []
   | full g    = []
   | otherwise = concat [move g i p | i <- [0..((size^2)-1)]]
```

11.9 枝を刈る

ゲームの木が巨大になることは想像に難くありません。木を組み立てる時間とメモリーを制限するには、適切な深さでゲームの木を枝刈りする必要が生じることもあります。そこで、与えられた深さで木の枝刈りをする関数を定義します。

```
prune :: Int -> Tree a -> Tree a
prune 0 (Node x _)  = Node x []
prune n (Node x ts) = Node x [prune (n-1) t | t <- ts]
```

たとえばprune 5 (gametree empty O)は、空の格子とプレイヤーOから開始して、深さが最大で5になるゲームの木を生成します。遅延評価の下では、関数pruneで実際に必要になった部分しか木が生成されないことに注意しましょう。つまり、この例では、ゲームの木の深さが5より大きいときにgametreeが格子を生成することはありません。

ゲームの木の深さの最大値も定数として定義しておきます。最近のコンピューターであれば、3×3の格子に対するゲームの木全体を現実的に生成できます。そこで、デフォルトの深さは、この大きさの格子に対する最大値とします。より大きな格子に対しては、この値を小さくする必要があるかもしれません。

```
depth :: Int
depth = 9
```

11.10 ミニマックス法

ゲームの木が生成できたので、**ミニマックス法**を利用して次の最善手を決められます。このアルゴリズムでは、まず木の中のすべての節に対し、以下の手順に従ってラベルを付けます。ラベルはプレイヤーの値です。

- 葉（部分木を持たない節）の場合、もしこの時点で勝者がいれば、その勝者をラベルにする。そうでなければ、空のプレイヤーBをラベルにする。

- 葉ではない節（部分木を持つ節）の場合、一つ下の階層にある子のラベルのうち、**最小値**あるいは**最大値**をラベルにする。最小値とするか最大値とするかは、その時点でどちらのプレイヤーが打つ番かに応じて決める。プレイヤーがOの場合は、子のラベルのうち最小値を選ぶ。プレイヤーがXの場合は、子のラベルのうち最大値を選ぶ。

前節のゲームの木に対してこのアルゴリズムを用いると、以下のようなラベルの木が得られます。

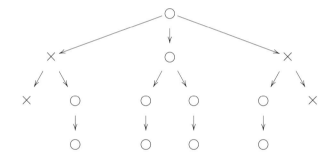

たとえば、一番左の葉は、その時点での勝者がXなので、Xがラベルとなります。一方、根はOの番なので、その下の階層のラベルX、O、Xのうち最小値であるOがラベルとなります（Player型の値にはO < B < Xという順位がついています）。

ガードを使ってミニマックス法をそのまま実装すれば、ゲームの木をラベル付けする関数が得られます。以下の実装では、ローカル定義の関数ts'により、アルゴリズムをそれぞれの部分木に再帰的に適用しています。また、やはりローカル定義の関数

psにより、得られた木々から根のラベルを選び出しています。

```
minimax :: Tree Grid -> Tree (Grid,Player)
minimax (Node g [])
    | wins O g  = Node (g,O) []
    | wins X g  = Node (g,X) []
    | otherwise = Node (g,B) []
minimax (Node g ts)
    | turn g == O = Node (g, minimum ps) ts'
    | turn g == X = Node (g, maximum ps) ts'
                    where
                        ts' = map minimax ts
                        ps = [p | Node (_,p) _ <- ts']
```

　この要領でゲームの木をラベル付けできたら、根と同じラベルを持つ格子がミニマックス法における最善手になります。したがって、いまの例では、三つの手のうち二つめが最善手です。なぜなら、二つめの子だけが根と同じラベルOを持つからです。プレイヤーOにとって、この手は勝利を保証します。一方、残りの二つの手では、プレイヤーXにも勝利の可能性が残されています。

　すべての部品をつなぎ合わせると、与えられた格子とプレイヤーに対して最善手を返す関数を定義できます。

```
bestmove :: Grid -> Player -> Grid
bestmove g p = head [g' | Node (g',p') _ <- ts, p' == best]
               where
                   tree = prune depth (gametree g p)
                   Node (_,best) ts = minimax tree
```

すなわち、指定された深さを上限としてゲームの木を生成し、ミニマックス法を適用して木にラベルを与え、根と同じラベルを持つ格子を選択します。最善手は、少なくとも一つ、必ず存在します。なぜなら、空でない（有限）リストからは常に最小値や最大値を選択できるからです。最善手が二つ以上存在する場合、上記の実装では単に先頭のものが選ばれます。

11.11　人間 vs コンピューター

　ここまでくると、三目並べのプログラムの二人のプレイヤーの片方をコンピューターへと簡単に変更できます。第9章でカウントダウンのプログラムを開発したときと同様に、性能面を考えてGHCを使います。トップレベルのアクションmainは以下のように定義できます。

```
main :: IO ()
main = do hSetBuffering stdout NoBuffering
          play empty O
```

デフォルトでは出力がバッファリングされるので、それを止めるために関数hSetBufferingを使っています。この関数はSystem.IOモジュールで提供されています。前の例と同様に、ゲーム自体は相互再帰する二つの関数を使って実装しま

す。前と異なるのは、プレイヤーXがコンピューターである点です。

```
play :: Grid -> Player -> IO ()
play g p = do cls
              goto (1,1)
              putGrid g
              play' g p

play' :: Grid -> Player -> IO ()
play' g p
   | wins O g = putStrLn "Player O wins!\n"
   | wins X g = putStrLn "Player X wins!\n"
   | full g   = putStrLn "It's a draw!\n"
   | p == O   = do i <- getNat (prompt p)
                   case move g i p of
                        [] -> do putStrLn "ERROR: Invalid move"
                                 play' g p
                        [g'] -> play g' (next p)
   | p == X   = do putStr "Player X is thinking... "
                   (play $! (bestmove g p)) (next p)
```

関数 play' の定義で利用している演算子 $! には、関数 play が再度呼ばれる前にコンピュータープレイヤーの最善手を強制的に評価する役割があります。この演算子がないと、関数 play で画面をクリアして格子を表示するまで、間が生じてしまいます。なぜなら、遅延評価の下では、最善手が計算されるのは必要になったときだからです。こうした評価の順番の制御については、遅延評価の詳細に触れる第 15 章で説明します。

すべての定義をファイル tictactoe.hs に書き込んでプログラムをコンパイルし、ゲームを起動します。

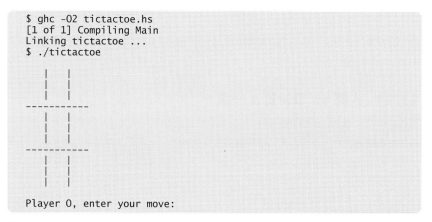

最近のコンピューターでは、1 秒程度かけて初手の最善手が決まるはずです。手が進めばゲームの木が小さくなるので、手の決定は次第に速くなります。なお、コンピューターは常に最善手のリストから最初の手を選ぶので、その手は最短で勝利に

至るものとは限りません。しかし、コンピューターが負けないことは保証されています！

11.12 参考文献

大きさ3×3の格子に対しては、ゲームの木全体を生成しても現実的な問題はありません。もっと大きな格子に対しては、木の深さの制限に加えて、**アルファベータ法**[16]を用いるのが有効かもしれません。アルファベータ法では、ミニマックス法の下では最善手を得られる可能性のない部分木が生成されないようにします。

11.13 練習問題

1. 3×3の三目並べを空の格子から始めると、完全なゲームの木の節の数が549,946になることを、関数gametreeを使って確かめましょう。また、木の最大の深さが9であることを確認してください。

2. 本文のプログラムでは、最善手のリストの先頭にある手しか選択していません。System.Randomモジュールが提供する関数randomRIO :: (Int,Int) -> IO Int を用いて、最善手を乱数的に選ぶように変更してください。関数randomRIOは、与えられた範囲の中でランダムな整数を生成します。

3. 勝利へ至る最短路を選ぶように最終的なプログラムを変更してください。ゲームの木の深さを測定して最小の深さを選ぶようにすればよいでしょう。

4. 最終的なプログラムを以下のように変更してください。

   a 先手か後手かをプレイヤーが選べるようにする
   b いくつ並べれば勝ちになるか、個数を変更できるようにする
   c 指し手ごとにゲームの木を生成せず、一度だけ生成するようにする
   d アルファベータ法を用いてゲームの木の大きさを減らす

練習問題1および2の解答は付録Aにあります。

第12章

モナドなど

　この章では、リスト、木、そして入出力のアクションといった型変数を持つ型に対して汎用的な関数を考えます。これにより、Haskell で実現できる汎用性のレベルが上がります。具体的には、関手、アプリカティブ、そしてモナドを紹介します。これらは、map 関数、関数適用、そして作用を持つプログラミングに共通する概念をさまざまな形で捉えたものです。

12.1　関手

　この章で紹介する三つの新しい概念は、プログラミングに共通する様式を定義としてどう抽象化するかを示す例になっています。以下に示す二つの単純な関数から始めましょう。

```
inc :: [Int] -> [Int]
inc []     = []
inc (n:ns) = n+1 : inc ns

sqr :: [Int] -> [Int]
sqr []     = []
sqr (n:ns) = n^2 : sqr ns
```

　両方の関数は同じ形で定義されています。すなわち、空リストは空リスト自身へ対応付けられます。空でないリストに対しては、リストの先頭の要素に関数が適用され、残りのリストは再帰的に処理されます。両者の違いは、リストの中の整数に適用される関数のみです。一つめでは1を加える関数 (+1)、二つめでは二乗する関数 (^2) が適用されています。この様式を抽象化すると、おなじみのプレリュード関数 map となります。

```
map :: (a -> b) -> [a] -> [b]
map f []     = []
map f (x:xs) = f x : map f xs
```

関数 map を使うと、上記の二つの例はもっと簡潔に定義できます。整数に適用される関数を map に指定するだけです。

```
inc = map (+1)
sqr = map (^2)
```

データ構造の中の各要素に関数を適用していくという map の考え方は、なにもリストに限った話ではありません。型変数を持つ型の多くにも通用します。このような map 関数を提供する型クラスは、**関手**（functor）と呼ばれます。Haskell のプレリュードでは、関手の型クラスが以下のように宣言されています。

```
class Functor f where
    fmap :: (a -> b) -> f a -> f b
```

つまり、型変数を持つ型 f が Functor クラスのインスタンスとなるためには、その型用の関数 fmap を提供しなければなりません。直観的な理解は、以下のとおりです。すなわち、fmap は「型 a -> b の関数」と「要素の型が a であり、f a という型を持つデータ構造」を引数として取ります。そして、それぞれの要素に関数を適用して、「要素の型が b であり、f b という型を持つデータ構造」を新しく生成します。f は型変数を取らなければなりません。クラス宣言の中の fmap では、f を型 a と b に適用しているので、型推論によりこの制約が自動的に課せられます。

12.1.1 例

リスト型は、単に fmap を関数 map と定義することで、期待どおり関手にできます。

```
instance Functor [] where
    -- fmap :: (a -> b) -> [a] -> [b]
    fmap = map
```

この宣言で使われている記号 [] は、型変数なしのリスト型を表しています。実は、型 [a] は、リスト型 [] を型変数 a に適用する [] a という根源的な形で書けます。上記では、fmap の型がコメントに書かれていることに注意しましょう。Haskell では、インスタンスを宣言するときに型注釈を書くことは許されていません。しかし、ドキュメントとして有益なので、本書では型注釈をコメントに書くことにします。

二つめの例は組み込みの Maybe a 型です。この型は、型 a の値を格納し、失敗か成功を表現します。

```
data Maybe a = Nothing | Just a
```

Maybe 型を関手にするのは簡単です。適切な型を持つ関数 fmap を以下のように定義すればよいでしょう（この節では、関手 f との混同を避けるため、引数の関数は g

と書きます)。

```
instance Functor Maybe where
    -- fmap :: (a -> b) -> Maybe a -> Maybe b
    fmap _ Nothing  = Nothing
    fmap g (Just x) = Just (g x)
```

すなわち、失敗の値に関数を適用しても失敗のままです。一方、成功の場合は、要素に関数を適用し、構成子で包みます。以下に使用例を示します。

```
> fmap (+1) Nothing
Nothing

> fmap (*2) (Just 3)
Just 6

> fmap not (Just False)
Just True
```

自分で定義した型も関手にできます。たとえば、葉に値を格納する二分木を定義したとしましょう。

```
data Tree a = Leaf a | Node (Tree a) (Tree a)
              deriving Show
```

deriving節により、木は画面に表示可能です。型変数を持つTree型は、木の中のそれぞれの葉に関数を適用する関数fmapを定義することで、関手にできます。

```
instance Functor Tree where
    -- fmap :: (a -> b) -> Tree a -> Tree b
    fmap g (Leaf x)   = Leaf (g x)
    fmap g (Node l r) = Node (fmap g l) (fmap g r)
```

以下に使用例を示します。

```
> fmap length (Leaf "abc")
Leaf 3

> fmap even (Node (Leaf 1) (Leaf 2))
Node (Leaf False) (Leaf True)
```

Haskellで使う多くの関手fは、「f aは型aの要素を持つデータ構造の型である」という意味において、上記の三つの例に似ています。これらは**コンテナ型**と呼ばれることもあり、この場合のfmapは、与えられた関数をそれぞれの要素に適用します。

ただ、Functorクラスのすべてのインスタンスがこの様式に従うわけではありません。たとえば、IO型は日常の言葉の感覚ではコンテナではありません。なぜなら、IO型の値は入出力のアクションを表し、内部構造は公開されていないからです。しかし、IO型は関手になれます。

```
instance Functor IO where
    -- fmap :: (a -> b) -> IO a -> IO b
    fmap g mx = do {x <- mx; return (g x)}
```

156 第12章 モナドなど

この場合、fmapは引数のアクションの結果に関数を適用します。そのため内部構造がわからなくてもかまいません。以下に使用例を示します。

```
> fmap show (return True)
"True"
```

関手を使う主な利点を二つ述べます。第一に、関手なら何でも、要素を処理するために関数fmapを利用できます。すなわち、本質的に同じ複数の関数に対してインスタンスごとに別の名前を考える必要がなく、同一の名前を使えるのです。第二に、どんな関手にでも使える汎用的な関数を定義できます。たとえば、リストの中の整数に1を加える関数は、mapをfmapに置き換えるだけで、あらゆる関手に利用できるように一般化できます。

```
inc :: Functor f => f Int -> f Int
inc = fmap (+1)
```

以下に使用例を示します。

```
> inc (Just 1)
Just 2

> inc [1,2,3,4,5]
[2,3,4,5,6]

> inc (Node (Leaf 1) (Leaf 2))
Node (Leaf 2) (Leaf 3)
```

12.1.2 関手則

型に応じて関数fmapを定義することに加えて、関手では以下の二つの等式が成り立たなければいけません。

$$\text{fmap id} \quad = \text{id}$$
$$\text{fmap (g . h)} = \text{fmap g . fmap h}$$

一つめの等式は、「fmapを恒等関数に適用すると同じ関数が返ってくるという意味において、fmapは恒等関数を保存すること」を示します。ただし、二つのidは異なる型を持ちます。左のidは型a -> aであり、したがってfmap idは型f a -> f aです。つまり、右のidの型はf a -> f aです。

二つめの等式は、「fmapが関数合成を保存すること」を示します。二つの関数を合成してからfmapを適用しても、それぞれの関数にfmapを適用してから合成しても、結果は同じであるという意味です。関数合成がうまくいくために、関数gとhの型は、それぞれb -> cとa -> bでなければいけません。

関手則は、fmapの型の多相性により、各要素に関数を適用することを保証します。たとえば、リスト型の場合は、引数のリストの構造はfmapによって保存されます。

つまり、要素は増えもせず、減りもせず、順番が変わることもありません。仮に、組み込みのリスト型に対して、以下のように**fmap**の定義を変えられたとしましょう。この**fmap**は要素の順番を逆転させます（この例をGHCiで試す場合は、組み込みのリスト型の関手宣言との衝突を避けるため、独自にリスト型を定義し[†1]、それに合わせて宣言を変更する必要があります）。

```
instance Functor [] where
    -- fmap :: (a -> b) -> f a -> f b
    fmap g []     = []
    fmap g (x:xs) = fmap g xs ++ [g x]
```

この宣言では、型は正しいですが、以下の使用例に示すように関手則を満たしません。

```
> fmap id [1,2]
[2,1]

> id [1,2]
[1,2]

> fmap (not . even) [1,2]
[False,True]

> (fmap not . fmap even) [1,2]
[True,False]
```

　前項で紹介したすべての関手は、関手則を満たします。プログラミングの論証を扱う第16章では、この性質を形式的に証明する方法を説明します。実を言うと、Haskellにおいて型変数を持つすべての型では、関手則を満たす**fmap**は高々一つしか存在しません。すなわち、型変数を持つ型を関手にできるのであれば、その方法は一つしかありません。したがって、リスト、**Maybe**、**Tree**、そして**IO**用に定義した**fmap**は、すべて一意に決定されます。

12.2　アプリカティブ

　関手は、「ある構造の中のそれぞれの要素に関数を適用する」という考え方の抽象化です。今度は、**map**関数の引数を一つに限るのではなく、複数の引数を取れるように拡張した抽象化を考えましょう。もっと正確に述べるなら、以下のような一連の型

[†1]　［訳注］独自に定義したリスト型については8.4節を参照してください。

158 第12章 モナドなど

でfmapの階層を定義したいとします。

```
fmap0 :: a -> f a

fmap1 :: (a -> b) -> f a -> f b

fmap2 :: (a -> b -> c) -> f a -> f b -> f c

fmap3 :: (a -> b -> c -> d) -> f a -> f b -> f c -> f d
  .
  .
  .
```

fmap1はfmapの別名です。fmap0は引数を取れない関数用です。このような抽象化を実現する方法の一つは、Functor0、Functor1、Functor2のように、専用の関手クラスをそれぞれ定義することです。そして、それを以下のように使います。

```
> fmap2 (+) (Just 1) (Just 2)
Just 3
```

しかし、いくつかの理由でこの方法には満足できません。第一に、いずれも同様の様式であるにもかかわらず、それぞれ専用のFunctorクラスを宣言しなければならないからです。第二に、型クラスをいくつ宣言すればいいか明らかでないからです。理論上は無限個の型クラスが必要ですが、実際に宣言できるのは有限個です。第三に、カリー化を使えばもっとよい方法がありそうだからです。組み込みで提供される関数適用の演算子[†2]の型は(a -> b) -> a -> bであり、型が(a -> b) -> f a -> f bであるfmapは、この関数適用演算子の一般化であるとみなせます。特に、引数の数ごとに専用の関数適用の仕組みを用意したくはありません。add x y = x + yのように、定義の際にはカリー化を活用したいのです。

実際、以下の二つの関数さえあれば、カリー化を利用することで任意の数の引数に対応できます。

```
pure :: a -> f a

(<*>) :: f (a -> b) -> f a -> f b
```

すなわち、pureは、「型aの値」を「型f aの構造」の中へ入れます。そして<*>は、関数適用の一般化です。その引数である関数と値、それに結果の値は、すべて構造fの中に格納されています。演算子<*>は、通常の関数適用の演算子と同じように、二

[†2] ［訳注］関数適用の演算子は($) :: (a -> b) -> a -> bです。よく丸括弧を少なくするために利用されます。たとえば、6.2節の例insert 3 (insert 2 (insert 1 (insert 4 [])))はinsert 3 $ insert 2 $ insert 1 $ insert 4 []のように記述できます。12.3.2節では($)の定義が、15.7節では正格版である($!)が紹介されています。

つの引数の間に書きます。この演算子は左結合です。たとえば、

```
g <*> x <*> y <*> z
```

は以下を意味します。

```
((g <*> x) <*> y) <*> z
```

pure と <*> の典型的な使い方を以下に示します。

```
pure g <*> x1 <*> x2 <*> ... <*> xn
```

このような書き方を、**アプリカティブスタイル**と呼びます。なぜなら、通常の関数適用の表記 g x1 x2 ... xn と似ているからです[3]。アプリカティブスタイルでも通常の関数適用でも、g はカリー化された関数であり、a1 ... an という n 個の引数を取って型 b の結果を返します。ただしアプリカティブスタイルでは、それぞれの引数 xi の型は、ai ではなく f ai です。結果の型は、b ではなく f b となります。この考え方を用いると、fmap の階層を以下のように定義できます。

```
fmap0 :: a -> f a
fmap0 = pure

fmap1 :: (a -> b) -> f a -> f b
fmap1 g x = pure g <*> x

fmap2 :: (a -> b -> c) -> f a -> f b -> f c
fmap2 g x y = pure g <*> x <*> y

fmap3 :: (a -> b -> c -> d) -> f a -> f b -> f c -> f d
fmap3 g x y z = pure g <*> x <*> y <*> z

.
.
.
```

それぞれの定義について自分で型検査をしてみると、よい練習になるでしょう。ただ、実際にこのような fmap を定義する必要はありません。後述の例からわかるように、このような構造は必要に応じて簡単に組み立てられるからです。pure と <*> を提供する型クラスは、**アプリカティブ関手**、あるいは単に**アプリカティブ**と呼ばれます。Haskell のアプリカティブは、以下の型クラス宣言で実現されています。

```
class Functor f => Applicative f where
  pure  :: a -> f a
  (<*>) :: f (a -> b) -> f a -> f b
```

---

[3] ［訳注］関数適用は、英語では apply といいます。

12.2.1 例

Maybe は関手であり、fmap が提供されていました。そのため、この型をアプリカティブにするのは簡単です。

```
instance Applicative Maybe where
  -- pure :: a -> Maybe a
  pure = Just

  -- (<*>) :: Maybe (a -> b) -> Maybe a -> Maybe b
  Nothing  <*> _  = Nothing
  (Just g) <*> mx = fmap g mx
```

すなわち、関数 pure は、ある値を「成功を表す値」に変換します。一方で、<*> は、「失敗するかもしれない関数」を「失敗するかもしれない引数」に適用し、「失敗するかもしれない結果」を生成します。以下に使用例を示します。

```
> pure (+1) <*> Just 1
Just 2

> pure (+) <*> Just 1 <*> Just 2
Just 3

> pure (+) <*> Nothing <*> Just 2
Nothing
```

このように、Maybe のアプリカティブスタイルは、**例外を伴う**プログラミングを提供します。純粋な関数を「失敗するかもしれない引数」に適用できますが、失敗自体を明示的に伝達させる必要はありません。伝達は、アプリカティブの仕組みが自動的に担います。

次は、リスト型に注目してみましょう。プレリュードでは、以下のようにインスタンスが宣言されています。

```
instance Applicative [] where
  -- pure :: a -> [a]
  pure x = [x]

  -- (<*>) :: [a -> b] -> [a] -> [b]
  gs <*> xs = [g x | g <- gs, x <- xs]
```

すなわち、pure は、値を「要素が一つのリスト」に変換します。一方、<*> は、「関数のリスト」と「引数のリスト」を取り、それぞれの関数をそれぞれの引数に適用して、すべての結果を一つのリストに格納して返します。以下に使用例を示します。

```
> pure (+1) <*> [1,2,3]
[2,3,4]

> pure (+) <*> [1] <*> [2]
[3]

> pure (*) <*> [1,2] <*> [3,4]
[3,4,6,8]
```

これらの例は、どう理解すればよいでしょう？ [a] のことを、成功の場合に複数の結果を許容するような Maybe a の一般化と考えるのが鍵です。もっと正確に言うと、空リストは失敗を表し、空でないリストは成功したすべての場合の値を表します。そのため、上記の最後の例では、最初の引数（1 と 2）に対して可能性が二通りあり、二つめの引数（3 と 4）に対しても可能性が二通りあるので、四通りの掛け算の結果（3、4、6、8）が生成されます。

ここで、リスト内包表記を使い、二つの整数のリストに対してすべての掛け算の結果を返す関数を考えてみましょう。

```
prods :: [Int] -> [Int] -> [Int]
prods xs ys = [x*y | x <- xs, y <- ys]
```

リストはアプリカティブなので、この関数をアプリカティブスタイルでも実装できます。この場合、中間の変数が不要となります。

```
prods :: [Int] -> [Int] -> [Int]
prods xs ys = pure (*) <*> xs <*> ys
```

まとめると、リストをアプリカティブスタイルで使うことで**非決定性**プログラミングの枠組みが提供されます。引数の選択や失敗の伝達はアプリカティブの仕組みが処理するので、それらを気にすることなく、「複数の純粋な関数」を「複数の引数」に適用できるのです。

この節の最後の例は IO 型です。IO 型は、以下の宣言によりアプリカティブとなっています。

```
instance Applicative IO where
    -- pure :: a -> IO a
    pure = return

    -- (<*>) :: IO (a -> b) -> IO a -> IO b
    mg <*> mx = do {g <- mg; x <- mx; return (g x)}
```

pure としては、IO 用の return が指定されています。<*> は、「副作用を持つ関数」を「副作用を持つ引数」に適用し、「副作用を持つ結果」を返します。たとえば、指定された回数だけキーボードから文字を読み込む関数は、アプリカティブスタイルを使うと以下のように定義できます。

```
getChars :: Int -> IO String
getChars 0 = return []
getChars n = pure (:) <*> getChar <*> getChars (n-1)
```

すなわち、基底部では単に空リストを返します。再帰部では、cons 演算子を「最初の文字を読み込んだ結果」と「残りの文字のリスト」に適用します。もしこの関数を do 表記を使って定義すれば、cons 演算子に渡すための中間の変数が必要になりますが、アプリカティブスタイルだとそれが必要ありません。

一般的に言えば、IO に対するアプリカティブスタイルは、**命令**プログラミングの枠

組みを提供します。アクションの逐次実行や結果の取り出しなどはアプリカティブの仕組みが自動的に処理するので、それらを気にすることなく、「純粋な関数」を「副作用を持つ引数」に適用できるのです。

12.2.2　作用を持つプログラミング

アプリカティブを導入したもともとの動機は、関数を複数の引数に適用する方法を一般化することでした。これは、アプリカティブの解釈としては正しいのですが、上記の三つの例題からはもっと抽象的な解釈も見えてきます。

これらに共通するのは、**作用を持つ**プログラミングに関係していることです。いずれの場合も、アプリカティブの仕組みが提供する演算子 <*> を使うことで、アプリカティブスタイルという、関数を引数に適用するおなじみのスタイルでプログラムを書けるようになります。しかし、アプリカティブスタイルには通常の関数適用とは決定的に異なる点が一つあります。それは、引数が普通の値ではなく、失敗する可能性があったり、成功する結果が複数あったり、入出力を実行したりといった、作用を持ちうるということです。この意味でアプリカティブは、「純粋な関数」を「作用を持つ引数」に適用することを抽象化した枠組みだとみなせます。作用が何であるかは、もとになる関手の性質によって決まります。

アプリカティブには、作用を持つプログラミングにとって統一的な記法を提供するだけでなく、どんなアプリカティブでも利用可能な汎用の関数を定義できるという重要な利点があります。たとえば、プレリュードでは以下の関数が提供されています[4]。

```
sequenceA :: Applicative f => [f a] -> f [a]
sequenceA []     = pure []
sequenceA (x:xs) = pure (:) <*> x <*> sequenceA xs
```

この関数は、「アプリカティブのアクションのリスト」を「結果のリストのアクション」に変換します。これは、アプリカティブでよく使われる様式です。この関数を使うと、たとえば前述の getChars をより簡単に定義できます。基本アクション getChar を必要な回数だけ複製し、それらを実行すればよいのです。

```
getChars :: Int -> IO String
getChars n = sequenceA (replicate n getChar)
```

---

[4]　[訳注] この例から、アプリカティブが逐次と繰り返しを実現できることがわかります。分岐は実現できません。分岐を実現するのがモナドです。

12.2.3 アプリカティブ則

関数 pure と <*> の定義に加えて、アプリカティブは以下の四つの等式を満たす必要があります。

```
pure id <*> x    = x
pure (g x)       = pure g <*> pure x
x <*> pure y     = pure (\g -> g y) <*> x
x <*> (y <*> z)  = (pure (.) <*> x <*> y) <*> z
```

一つめの等式は、pure が恒等関数を保存することを表します。これは、「pure を恒等関数に適用するとアプリカティブ版の恒等関数になる」という意味です。二つめの等式は、pure が関数適用も保存することを表します。これは、「普通の関数適用はアプリカティブ版の関数適用に分配される」という意味です。三つめの等式は、「作用を持つ関数」を「純粋な引数」に適用する際、それら二つに対する評価順序には意味がないことを表します。四つめの等式は、関数合成が出てくることを除くと、演算子 <*> が結合的であることを表します。それぞれの等式に現れる変数の型を調べてみると、よい練習になるでしょう。

アプリカティブ則により、関数 pure :: a -> f a に対する直観的な理解、すなわち、「型 a を持つ値」を「型 f a の作用を持つ世界」へ押し込むという考え方が形式化されます。またアプリカティブ則は、「関数 pure と <*> を使って作られている式で、型が正しいなら、すべて以下のアプリカティブスタイルで記述できる」ということも保証します。

```
pure g <*> x1 <*> x2 <*> ... <*> xn
```

具体的には、四つめの則により左結合へと再結合し、三つめの則により pure を左端に移動して、残りの二つの則により 0 個以上の連続した pure を一つにまとめます。

この節で紹介したすべてのアプリカティブは、四つの則を満たします。しかも、それらアプリカティブのインスタンスはすべて、fmap g x = pure g <*> x という等式を満たします。この等式は、アプリカティブの基礎的な関数から fmap を定義可能であることを意味します。この等式は、必ず成り立ちます。なぜなら型変数を持つ型を関手にする方法は一つしかなく（12.1 節の最後を参照）、それゆえ、fmap と同じ多相型を持つ関数はすべて fmap と必ず等価になるからです。

最後に、Haskell には fmap の中置演算子もあることを述べておきます。この演算子は、g <$> x = fmap g x のように定義されます。<$> を使うと、上記の則と組み合わせて、アプリカティブスタイルを以下のように書けます。

```
g <$> x1 <*> x2 <*> ... <*> xn
```

より簡潔ではありますが、本書では pure のほうを使います。これは、「アプリカ

ティブを使ったプログラミングとは、作用を持つ引数に純粋な関数を適用することである」ことを強調するためです。実際のプログラムでは、`<$>` がよく使われます。

12.3 モナド

この章で扱う最後の新概念は、作用を持つプログラミングに関するもう一つの様式を切り出したものです。例として、以下の型を考えましょう。この型は、整数の値と除算演算子から組み立てられた式を表します。

```
data Expr = Val Int | Div Expr Expr
```

この式は、以下のように評価できます。

```
eval :: Expr -> Int
eval (Val n)   = n
eval (Div x y) = eval x `div` eval y
```

しかし、この関数では 0 での割り算が考慮されていません。0 による割り算はエラーとなります。

```
> eval (Div (Val 1) (Val 0))
*** Exception: divide by zero
```

この問題には Maybe 型で対処できます。第二引数が 0 の場合は Nothing を返す安全な除算関数は以下のように定義できます。

```
safediv :: Int -> Int -> Maybe Int
safediv _ 0 = Nothing
safediv n m = Just (n `div` m)
```

ここで、先の評価器を変更し、失敗の場合を取り扱えるようにします。二つの式に対して、自分自身を再帰的に呼ぶときに、失敗を考慮します。

```
eval :: Expr -> Maybe Int
eval (Val n)   = Just n
eval (Div x y) = case eval x of
                    Nothing -> Nothing
                    Just n  -> case eval y of
                                  Nothing -> Nothing
                                  Just m  -> safediv n m
```

この変更のおかげで、たとえば、以下のように割り算が安全になります。

```
> eval (Div (Val 1) (Val 0))
Nothing
```

eval の新しい定義は、0 による割り算の問題は解決しますが、冗長です。Maybe はアプリカティブなので、以下のようにアプリカティブスタイルで eval を定義すれば

簡潔になりそうです。

```
eval :: Expr -> Maybe Int
eval (Val n)   = pure n
eval (Div x y) = pure safediv <*> eval x <*> eval y
```

しかしながら、この定義では型が間違っています。具体的には、関数safedivの本当の型はInt -> Int -> Maybe Intなのに、間違った定義では型がInt -> Int -> Intであるかのように使われています。この問題は、pure safedivを置き換えて独自に定義した関数にしても解決しません。なぜなら、その独自に定義した関数の型はMaybe (Int -> Int -> Int)である必要がありますが、これだと第二引数が0の場合に失敗であることを表す方法がないからです。

結論として、アプリカティブの捉え方では、この関数evalは作用を持つプログラミングの様式に合いません。アプリカティブスタイルでは、「純粋な関数」を「作用を持つ引数」に適用することしかできません。この様式にevalは当てはまらないのです。なぜなら、結果の値を扱うsafedivが純粋な関数でなく、それ自身が失敗するかもしれない関数だからです。

eval :: Expr -> Maybe Int を簡潔に定義し直すには、どうすればよいでしょう？ 鍵となるのは、この関数の定義に二回現れる共通の様式です。すなわち、Maybeの値について場合分けをし、Nothingであればそれ自身に、Just xであればxに応じた結果に変換するという様式です。この様式を抽象化すると、以下のような新しい演算子>>=が定義できます。

```
(>>=) :: Maybe a -> (a -> Maybe b) -> Maybe b
mx >>= f = case mx of
              Nothing -> Nothing
              Just x  -> f x
```

すなわち、>>=は引数として、「失敗するかもしれない型aの値」と「結果が失敗するかもしれない型a -> bの関数」を取り、「失敗するかもしれない型bの値」を返します。もし第一引数が失敗するなら、その失敗を伝播させます。そうでなければ、「第二引数の関数」を「第一引数の結果」に適用します。このようにして、>>=は、Maybe型の値を逐次的に結合させます。>>=は**bind演算子**と呼ばれることがあります。なぜなら、「第二引数」が「第一引数の結果」を束縛（bind）するからです。

bind演算子とラムダ表記を用いると、以下のように関数evalを簡潔に再定義できます。

```
eval :: Expr -> Maybe Int
eval (Val n)   = Just n
eval (Div x y) = eval x >>= \n ->
                 eval y >>= \m ->
                 safediv n m
```

割り算についての場合分けでは、まずxを評価し、その結果の値をnと呼びます。次

にyを評価し、その結果の値をmと呼びます。これら二つの値にsafedivを適用して結合させます。すべてを一行で書いてもいいのですが、動作が読み取りやすいように、ここでは複数行に分割して書きました。

この例を一般化すると、演算子>>=を用いて組み立てられる典型的な式は、以下のようになります。

```
m1 >>= \x1 ->
m2 >>= \x2 ->
   .
   .
   .
mn >>= \xn ->
f x1 x2 ... xn
```

すなわち、`m1 ... mn`のそれぞれを順に評価し、それらの結果である`x1 ... xn`に関数`f`を適用して結合します。`>>=`の定義は、すべての`mi`が順に成功した場合に限り、全体が成功することを保証します。さらに、その列のどこかで失敗が起きる可能性にプログラマーが対処する必要もありません。なぜなら、演算子`>>=`が自動的に処理してくれるからです。

上記の形式が簡潔に書けるように、Haskellでは以下のような特殊な表記が用意されています。

```
do x1 <- m1
   x2 <- m2
   .
   .
   .
   xn <- mn
   f x1 x2 ... xn
```

これは、第10章の対話プログラムで使用したのと同じ**レイアウト規則**です。上記の例からわかるように、`mi`のそれぞれに対応する項目の先頭をすべて同じカラムにしなければなりません。なお、もし`xi`を利用しない場合には、`xi <- mi`でなく単に`mi`と書けます。この表記を使うと、**eval**は以下のように簡潔に再定義できます。

```
eval :: Expr -> Maybe Int
eval (Val n)   = Just n
eval (Div x y) = do n <- eval x
                    m <- eval y
                    safediv n m
```

do表記は、IOやMaybeだけでなく、さらに一般化できます。具体的には、**モナド**になれるあらゆるアプリカティブに対して利用可能です。Haskellにおけるモナドと

は、以下のような組み込みの宣言によって示される概念です。

```
class Applicative m => Monad m where
    return :: a -> m a
    (>>=)  :: m a -> (a -> m b) -> m b

    return = pure
```

すなわち、アプリカティブ m は、その型用に関数 return と >>= を提供すればモナドとなります。return = pure というデフォルトの定義は、return が単にアプリカティブで利用される pure の別名であることを意味します。この定義は必要であれば上書きできます。

関数 return が Monad クラスに含まれているのは、歴史的な理由からで、既存のプログラムや、return と >>= の両方が型クラス宣言に書かれていることを前提とした記事や教科書に対する後方互換性を維持するためです。将来、return は Monad クラスから削除され、以下のようなプレリュード関数となるでしょう。

```
return :: Applicative f => a -> f a
return = pure
```

このように変更された後は、インスタンスごとに return を定義できなくなります。本書ではデフォルトの定義 return = pure を用いるので、ほとんどの例には影響はないでしょう。万が一修正が必要となる場合は、本書の Web サイトで説明します。

12.3.1 例

先ほどの説明では bind 演算子を case で定義しましたが、プレリュードでは、トップレベルのパターンマッチを用いて Maybe に対する bind 演算子が定義されています。

```
instance Monad Maybe where
    -- (>>=) :: Maybe a -> (a -> Maybe b) -> Maybe b
    Nothing  >>= _ = Nothing
    (Just x) >>= f = f x
```

この定義のおかげで、前節の eval のように、Maybe 型の値に対して do 表記が利用できます。さらに、リスト型も以下のようにしてモナドにできます。

```
instance Monad [] where
    -- (>>=) :: [a] -> (a -> [b]) -> [b]
    xs >>= f = [y | x <- xs, y <- f x]
```

すなわち、xs >>= f は、関数 f をリスト xs のそれぞれの要素に適用し、すべての結果を一つのリストに収めて返します。リストに対する bind 演算子は、これにより、複数の結果を生成するかもしれない式を逐次処理する手段になります。たとえば、二つのリストに対して、要素のすべての組み合わせを返す関数は、do 表記を用いて以下の

168　第12章　モナドなど

ように定義できます。

```
pairs :: [a] -> [b] -> [(a,b)]
pairs xs ys = do x <- xs
                 y <- ys
                 return (x,y)
```

以下に使用例を示します。

```
> pairs [1,2] [3,4]
[(1,3),(1,4),(2,3),(2,4)]
```

デフォルトの定義 return = pure を利用しているので、pairs の最後の行は pure (x,y) とも書けます。しかし、モナドを使ったプログラミングでは return を使うのが慣例です。

　面白いことに、do表記を使った定義は、リスト内包表記を使った以下の定義と酷似しています。

```
pairs :: [a] -> [b] -> [(a,b)]
pairs xs ys = [(x,y) | x <- xs, y <- ys]
```

内包表記はリスト型専用ですが、do表記は任意のモナドに利用できます。

　プレリュードでは、IO型も Monad クラスのインスタンスとなっていて、対話プログラミングに do 表記が利用できます。ここまでの例は Haskell 内で定義されていましたが、IO型の return と >>= は組み込みで実装されています。

```
instance Monad IO where
   -- return :: a -> IO a
   return x = ...

   -- (>>=) :: IO a -> (a -> IO b) -> IO b
   mx >>= f = ...
```

12.3.2　State モナド

　ここで、変化しうる状態を何らかの形で保つ関数を書く方法について考えます。単純化のために、状態は一つの整数だとします。この整数は、必要なときに書き換えられます。

```
type State = Int
```

　これから書くような関数は**状態変換器**（state transformer）と呼ばれることが多いので、その型を ST で表しましょう。ST は、引数として状態を取り、「次の状態」を生成して返します。この「次の状態」には、関数が実行されたことで状態に発生した更新内容が反映されています。

```
type ST = State -> State
```

　しかし、一般的には、状態の更新だけでなく何らかの結果も返したいでしょう。た

とえば、状態がカウンターを表すものだとして、カウンターの値を1増やす関数では現在のカウンターの値も返したいでしょう。そのため、状態変換器の型を一般化して結果も返せるようにします。結果はSTに対する型変数で表します。

```
type ST a = State -> (a,State)
```

このような関数は以下のように図示できます。sは入力の状態、s'は出力の状態、vは結果の値です。

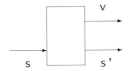

反対に、状態変換器に引数の値を取らせたい場合もあるでしょう。しかし、そのためにST型をさらに一般化する必要はありません。なぜなら、カリー化を利用すれば実現できるからです。たとえば、文字を引数に取り、整数を返す状態変換器の型は、Char -> ST Int とすればよいでしょう。これは、以下に図示するように、Char -> State -> (Int,State) の省略形です。

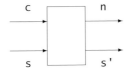

STは型変数を持つので、Monadクラスのインスタンスにできるか試してみるのが自然な流れです。そうすれば、do表記を使って状態を保つプログラムを書けます。しかし、typeを使って宣言した型はクラスのインスタンスにはできません。そこで、まずnewtypeを用いてSTを再定義します。その際には型を区別するための構成子が必要です。ここでは、Sと呼ぶことにします。

```
newtype ST a = S (State -> (a,State))
```

この型に特化した関数適用のための関数も用意しておくと便利です。型を区別するための構成子を取り除くだけの関数です。

```
app :: ST a -> State -> (a,State)
app (S st) x = st x
```

型変数を持つST型をモナドにするための第一歩として、STを関手にします。これ

は簡単です。

```
instance Functor ST where
    -- fmap :: (a -> b) -> ST a -> ST b
    fmap g st = S (\s -> let (x,s') = app st s in (g x, s'))
```

すなわち **fmap** は、以下に図示するように、状態変換器の結果の値に関数を適用できるようにします。

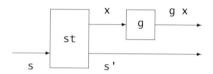

この定義に使われている **let** は、式の中でローカルの定義を記述するための仕組みです。**where** に似ていますが、**where** は関数のレベルでローカルの定義を記述するときに使います。

次は ST をアプリカティブにしましょう。

```
instance Applicative ST where
    -- pure :: a -> ST a
    pure x = S (\s -> (x,s))

    -- (<*>) :: ST (a -> b) -> ST a -> ST b
    stf <*> stx = S (\s ->
        let (f,s')  = app stf s
            (x,s'') = app stx s' in (f x, s''))
```

pure は、ある値から状態変換器を作ります。この状態変換器は、状態を変更せず、単にその値を返します。

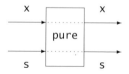

一方、<*> 演算子は、「関数を返す状態変換器」を「値を返す状態変換器」に適用し、「関数を適用した結果を返す状態変換器」を作り出します。

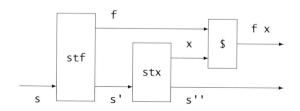

記号 $ は、f $ x = f x と定義され、通常の関数適用を表します。

最後に、以下の宣言により、ST を Monad クラスのインスタンスにできます。

```
instance Monad ST where
    -- (>>=) :: ST a -> (a -> ST b) -> ST b
    st >>= f = S (\s -> let (x,s') = app st s in app (f x) s')
```

すなわち、st >>= f は、状態変換器 st を初期状態 s に適用し、次に関数 f を結果の値 x に提供することで新しい状態変換器を作り出します。この新しい状態変換器に、新しい状態 s' が渡され、最終結果が得られます。

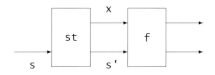

このようにして、State モナドの bind 演算子は、一連の状態変換器を内部で結果を処理しながら連結します。>>= の定義の中で、新しい状態変換器 f x が生成されていることに注意しましょう。この状態変換器の振る舞いは、最初の引数 x に依存しています。一方、<*> で使われる状態変換器は、引数として与えられたものに限定されます。この違いが、>>= の柔軟性を生み出しています。

12.3.3 木構造のラベル付け

状態を保つプログラミングの例として、木構造にラベルを付ける関数を開発します。そのために以下の型を定義します。

```
data Tree a = Leaf a | Node (Tree a) (Tree a)
              deriving Show
```

たとえば、以下のような木を作成できます。

```
tree :: Tree Char
tree = Node (Node (Leaf 'a') (Leaf 'b')) (Leaf 'c')
```

ここで、このような木の葉を**未使用**の（一意な）整数でラベル付けする関数を考えます。Haskell のような純粋な言語でこれを実装するには、未使用の整数を付加引数として取り、結果に加えて、次の未使用の整数を返すようにします。

```
rlabel :: Tree a -> Int -> (Tree Int, Int)
rlabel (Leaf _)   n = (Leaf n, n+1)
rlabel (Node l r) n = (Node l' r', n'')
                      where
                         (l',n')  = rlabel l n
                         (r',n'') = rlabel r n'
```

172 第12章 モナドなど

以下に使用例を示します。

```
> fst (rlabel tree 0)
Node (Node (Leaf 0) (Leaf 1)) (Leaf 2)
```

残念なことに、整数の状態を引き回す必要があるので、rlabelの定義は複雑です。実装を簡潔にすることを考えましょう。型Tree a -> Int -> (Tree Int, Int)は、状態変換器を用いると、Tree a -> ST (Tree Int)と書き換えられます。この例における状態は、次に使われる未使用の整数です。未使用の整数を得るために、現在の状態を返し、次の整数が次の状態となる状態変換器を定義します。

```
fresh :: ST Int
fresh = S (\n -> (n, n+1))
```

STはアプリカティブなので、ラベル付けの関数は、以下のようにアプリカティブスタイルで実現できます。

```
alabel :: Tree a -> ST (Tree Int)
alabel (Leaf _)  = Leaf <$> fresh
alabel (Node l r) = Node <$> alabel l <*> alabel r
```

(g <$> xは、pure g <*> xのように振る舞うことを思い出しましょう。)

新しい定義も、以前と同じ結果を生成します。

```
> fst (app (alabel tree) 0)
Node (Node (Leaf 0) (Leaf 1)) (Leaf 2)
```

この定義は、とても簡潔です。基底部では、Leaf構成子をfreshに適用します。一方、再帰部では、ラベル付けが終わった二つの部分木にNode構成子を適用します。特筆すべきなのは、アプリカティブの仕組みのおかげで、退屈でミスをしやすい状態管理からプログラマーが解放されていることです。

STはモナドでもあるので、do表記を使った同等な定義も可能です。

```
mlabel :: Tree a -> ST (Tree Int)
mlabel (Leaf _)  = do n <- fresh
                      return (Leaf n)
mlabel (Node l r) = do l' <- mlabel l
                       r' <- mlabel r
                       return (Node l' r')
```

この定義は、アプリカティブスタイルに似てはいますが、途中の結果に名前を付ける必要があります。rlabelのように、関数がアプリカティブスタイルでもモナドとしても定義可能なときにどちらを選ぶかは、趣味の問題です。

12.3.4 汎用的な関数

モナドとして抽象化することから得られる恩恵の一つは、どんなモナドにも利用できる汎用的な関数を定義できることです。Control.Monadモジュールには、そのよ

うな関数がたくさん用意されています。たとえば、モナド版のmap関数は、以下のように定義できます。

```
mapM :: Monad m => (a -> m b) -> [a] -> m [b]
mapM f []     = return []
mapM f (x:xs) = do y  <- f x
                   ys <- mapM f xs
                   return (y:ys)
```

mapMの型は、mapの型とほぼ同じです。ただし、引数の関数が返す型と、mapM自体が返す型が、Monadクラスのインスタンスであるところが異なります。mapMの使い方を知るために、まず次の関数を定義しましょう。文字が数字であれば対応する整数に変換するという関数です（isDigitとdigitToIntはData.Charで提供されています）。

```
conv :: Char -> Maybe Int
conv c | isDigit c = Just (digitToInt c)
       | otherwise = Nothing
```

mapMをconvに適用すると、「数字からなる文字列」を「整数のリスト」へ変換する関数が得られます。この関数は、すべての文字が数字なら成功し、それ以外では失敗します。

```
> mapM conv "1234"
Just [1,2,3,4]

> mapM conv "123a"
Nothing
```

次は、リストに対するfilter関数のモナド版を作ります。mapMの場合と同様に、型と定義を一般化すれば実装できます。

```
filterM :: Monad m => (a -> m Bool) -> [a] -> m [a]
filterM p []     = return []
filterM p (x:xs) = do b  <- p x
                      ys <- filterM p xs
                      return (if b then x:ys else ys)
```

たとえば、リストモナドに対してfilterMを用いると、**冪集合**を極めて簡潔に計算できます。それぞれの要素を含める場合と含めない場合、すべての可能性を網羅すればいいのです。

```
> filterM (\x -> [True,False]) [1,2,3]
[[1,2,3],[1,2],[1,3],[1],[2,3],[2],[3],[]]
```

最後の例は、プレリュード関数concat :: [[a]] -> [a]を任意のモナドへ一般

174　第12章　モナドなど

化した関数です。

```
join :: Monad m => m (m a) -> m a
join mmx = do mx <- mmx
              x  <- mx
              return x
```

　この関数は、入れ子になったモナドを平坦にします。リストモナドに関しては、concatと同じように振る舞います。一方、Maybeモナドに対しては、内側と外側がともに成功の場合に限り、成功となります。

```
> join [[1,2],[3,4],[5,6]]
[1,2,3,4,5,6]

> join (Just (Just 1))
Just 1

> join (Just Nothing)
Nothing

> join Nothing
Nothing
```

12.3.5　モナド則

　関手やアプリカティブのときと同じように、モナドのための二つの関数にも満たすべき則があります。

$$
\begin{aligned}
&\texttt{return x >>= f\ \ \ = f x} \\
&\texttt{mx >>= return\ \ \ \ = mx} \\
&\texttt{(mx >>= f) >>= g = mx >>= (\textbackslash x -> (f x >>= g))}
\end{aligned}
$$

最初の二つの等式は、returnと>>=の関係について述べています。一つめの等式は、「ある値をreturnして、それをモナドの関数に与えた」場合、「その関数を単にその値に適用した」場合と同じ結果となるという意味です。それに対して、二つめの等式は、「モナドの計算をreturn関数に与えた」場合、「単にそのモナドの計算を実行した」場合と同じ結果となるという意味です[5]。>>=の第二引数が引数を取ることを差し引くと、これら二つの等式は、returnが>>=の単位元であることを示しています。

　三つめの等式は、>>=同士の関係について述べており、ラムダ式の部分を差し引くと、>>=が結合的であるという意味です[6]。右辺を単にmx >>= (f >>= g)と書くと、型が合わないことに注意しましょう。この章に登場したすべてのモナドは、これらのモナド則を満たします。

---

　[5]　［訳注］　一つめと二つめの等式は、左辺から右辺のように変換すれば、冗長なreturnを不要にできるという意味です。

　[6]　［訳注］　三つめの等式をdoで考えると、右辺から左辺のように変換すれば、入れ子のdoを一つのdoに平坦化できるという意味です。

12.4 参考文献

関手やモナドは、代数的な構造を調べるための数学的手法である**圏論**[17]に由来します。型変数を持つ型を関手にする方法がHaskellでは高々一つであると説明しましたが、これは、評価を強制する特殊な機能（seqや$!など）が用いられていないことが前提です。関数プログラミングにモナドを持ち込んだのはWadler [18]であり、アプリカティブを広めたのは文献[19]です。IOモナドに関する詳しい説明は文献[15]を参照してください。木のラベル付けの例題は、文献[20]から借用しました。

12.5 練習問題

1. 節にデータを格納する以下の二分木をFunctorクラスのインスタンスにしてください。

   ```
   data Tree a = Leaf | Node (Tree a) a (Tree a)
                 deriving Show
   ```

2. 以下の定義を完成させて部分適用された関数の型 (a ->) を関手にしてください。

   ```
   instance Functor ((->) a) where
       ...
   ```

   ヒント：まずfmapの具体的な型を書き、既知のプレリュード関数の中から同じ型を持つものを探しましょう。

3. 型 (a ->) をApplicativeクラスのインスタンスにしてください。もしコンビネーター論理を知っているなら、pureと<*>はそれぞれKコンビネーターとSコンビネーターであることがわかるでしょう。

4. 型変数を持つ型をアプリカティブにする方法は、複数ある場合があります。たとえば、Control.Applicativeでは、リストに対する別のアプリカティブとして、綴じ合わせ可能なインスタンスが提供されています。このインスタンスでは、pureは引数の無限リストを作り、<*>演算子は「第一引数であるリスト中のそれぞれの関数」を「第二引数のあるリストの同じ位置の要素」に適用します。以下の定義を完成させて、そのようなインスタンスを作成してくだ

さい。

```
newtype ZipList a = Z [a] deriving Show

instance Functor ZipList where
    -- fmap :: (a -> b) -> ZipList a -> ZipList b
    fmap g (Z xs) = ...

instance Applicative ZipList where
    -- pure :: a -> ZipList a
    pure x = ...

    -- (<*>) :: ZipList (a -> b) -> ZipList a -> ZipList b
    (Z gs) <*> (Z xs) = ...
```

ある型はある型クラスに対し、高々一つのインスタンスしか持てません。そこ
で、リスト型に対してZipListのようなラッパーが必要となります。

5. 四つのアプリカティブ則の中に出てくる変数の型を調べてみましょう。

6. 型 (a ->) をMonadクラスのインスタンスにしてください。

7. 数式を表す型が、型変数aを含む形で以下のように与えられたとします。

```
data Expr a = Var a | Val Int | Add (Expr a) (Expr a)
              deriving Show
```

上記の型をFunctor、Applicative、およびMonadのインスタンスにしてく
ださい。また、この型の>>=が何をするのか説明してください。

8. 型変数を持つ型をFunctor、Applicative、Monadという順番でインスタン
スにしていくよりも、Monadクラスのインスタンスを使って関手やアプリカ
ティブのインスタンスを定義するほうが簡単なことがあります。Haskellでは、
定義の順番は重要ではないことに注意してください。do表記を用いて、ST型
に関する以下の宣言を完成させましょう。

```
instance Functor ST where
    -- fmap :: (a -> b) -> ST a -> ST b
    fmap g st = do ...

instance Applicative ST where
    -- pure :: a -> ST a
    pure x = S (\s -> (x,s))

    -- (<*>) :: ST (a -> b) -> ST a -> ST b
    stf <*> stx = do ...

instance Monad ST where
    -- (>>=) :: ST a -> (a -> ST b) -> ST b
    st >>= f = S (\s ->
        let (x,s') = app st s in app (f x) s')
```

練習問題1から4の解答は付録Aにあります。

第13章

モナドパーサー

この章では、モナドを使ってパーサーを実現する方法について説明します。まず、パーサーとは何か、なぜ有益なのかを説明します。そして、どうすればパーサーを関数とみなせるかを示し、パーサーを書くための基礎的な関数と派生関数をいくつか定義します。最後に本章の締めくくりとして、数式のパーサーと対話的な計算器を実装します。

13.1 パーサーとは何か？

パーサーとは、入力として文字列を取り、文字列の文法構造を表現する曖昧さのない構文木を返すプログラムです。たとえば、文字列"2*3+4"から以下のような構文木を生成する、数式のパーサーが考えられます。この構文木では、数値が葉の部分に、演算子が節の部分に置かれています。

この構文木の構造から、演算子+と*は二つの引数を取ること、+よりも*の結合順位のほうが高いことがわかります。

パーサーはコンピュータープログラムにおける重要な話題の一つです。なぜなら、ほとんどの実用的なプログラムでは、入力を事前に処理するためにパーサーを使うからです。たとえば、電卓プログラムでは数式を評価する前に構文を解析します。GHCでは、Haskellのプログラムを実行する前に構文を解析します。どの場合でも、入力の構造を明確にしておけば、以降の処理が格段に簡単になります。たとえば、数式を上記の例のような木構造へ変換してしまえば、その式の評価はたやすくなります。

13.2 関数としてのパーサー

Haskellでは、パーサーを「文字列を取って構文木を生成する関数」とみなすのが自然です。そこで、適切な構文木の型 Tree があれば、型 String -> Tree を持つ関数としてパーサーの概念を表現できます。この型に Parser という別名を付けましょう。

```
type Parser = String -> Tree
```

パーサーがすべての文字列を使い切るとは限りません。たとえば、数値の後ろに単語が続く文字列に対して、数値パーサーが適用されるかもしれません。そこでパーサーの型を一般化して、消費しなかった文字列も返すようにします。

```
type Parser = String -> (Tree,String)
```

また、構文の解析が常に成功するとも限りません。たとえば、単語からなる文字列に対して、数値パーサーが適用されるかもしれません。そこでパーサーの型をさらに一般化して、失敗を扱えるように結果をリストで返すようにします。空リストが失敗を表し、要素が一つのリストが成功を表すものとします。

```
type Parser = String -> [(Tree,String)]
```

リストを返すようにしたので、文字列が複数の方法で解析できた場合に複数の結果を返す余地もできました。しかし、問題を単純にするために、ここでは高々一個の結果を返すパーサーを考えます。

最後に、パーサーが異なれば返したい構文木の種類も異なるでしょう。さらに言えば、構文木以外の値を返したいかもしれません。たとえば、数値パーサーが整数を返してもよいでしょう。そこで、返り値の型を Tree に限定せず、型 Parser の型変数にして抽象化します。

```
type Parser a = String -> [(a,String)]
```

この宣言は、型 a のパーサーは関数であり、入力として文字列を取り、リストを返すことを表しています。返されるリストの要素は、型 a の結果と、消費されなかった文字列との組です。パーサーの型がややこしくて頭に入らなければ、Dr. Seuss の詩のように読んでみてもいいでしょう[1]。

A parser for things	パーサーは関数
Is a function from strings	文字列をもらって
To lists of pairs	結果と文字列をもどす
Of things and strings	組のリストでもどす

パーサーの型 String -> [(a,String)] は、前章の状態変換器の型 State ->

---

[1] ［訳注］ドクタースースは児童文学の巨匠です。

(a,State) に似ていることに注意しましょう。パーサーの場合、操作される状態は文字列です。決定的に違うのは、状態変換器は常に結果を一つ返すのに対し、パーサーは結果のリストを返すので失敗も表現できることです。この点からいうと、パーサーは状態変換器の一般化とみなせます。

13.3 基礎的な定義

まず、これから利用することになるアプリカティブと文字に関するモジュールを読み込む宣言を書きましょう。

```
import Control.Applicative
import Data.Char
```

次に、Parser型を型クラスのインスタンスにできるように、newtype を使って再定義します。型を区別するための構成子はPと呼ぶことにします。

```
newtype Parser a = P (String -> [(a,String)])
```

この型を持つパーサーを入力文字列に適用するときは、型を区別するための構成子を単純に取り除く関数を用います。

```
parse :: Parser a -> String -> [(a,String)]
parse (P p) inp = p inp
```

最初に作るのは、itemという基礎的なパーサーです。itemは、入力文字列が空のときは失敗し、それ以外では最初の文字を消費して返します。

```
item :: Parser Char
item = P (\inp -> case inp of
                    []     -> []
                    (x:xs) -> [(x,xs)])
```

入力から文字を消費する他のすべてのパーサーは、このitemパーサーを基礎として、そこから最終的に構成されます。itemパーサーの振る舞いの例を以下に示します。

```
> parse item ""
[]

> parse item "abc"
[('a',"bc")]
```

13.4 パーサーの連接

パーサーの型を、関手、アプリカティブ、モナドのインスタンスにしましょう。これにより、パーサーを**連接**するときにdo表記が使えるようになります。そのための宣言は状態変換器の場合と似ていますが、パーサーは失敗する可能性がある点にも考

慮が必要です。

```
instance Functor Parser where
   -- fmap :: (a -> b) -> Parser a -> Parser b
   fmap g p = P (\inp -> case parse p inp of
                            []        -> []
                            [(v,out)] -> [(g v, out)])
```

すなわち、fmapはパーサーが成功した場合は結果に関数を適用し、失敗した場合は失敗を伝搬します。以下に使用例を示します（toUpper関数はData.Charモジュールから提供されています）。

```
> parse (fmap toUpper item) "abc"
[('A',"bc")]

> parse (fmap toUpper item) ""
[]
```

次はParser型をアプリカティブにできます。

```
instance Applicative Parser where
   -- pure :: a -> Parser a
   pure v = P (\inp -> [(v,inp)])

   -- (<*>) :: Parser (a -> b) -> Parser a -> Parser b
   pg <*> px = P (\inp -> case parse pg inp of
                            []        -> []
                            [(g,out)] -> parse (fmap g px) out)
```

この場合のpureは、引数で与えられた値をパーサーに変換します。そのパーサーは入力を消費せずに必ず成功し、その値を返します。

```
> parse (pure 1) "abc"
[(1,"abc")]
```

<*>は、「関数を返すパーサー」を「引数を返すパーサー」に適用し、「その関数をその引数に適用した結果を返すパーサー」を生成します。すべてが成功した場合に限り、全体が成功します。たとえば、三文字を消費し、二つめの文字を捨てて、一つめと二つめを組にして返すパーサーは、アプリカティブスタイルで以下のように定義できます。

```
three :: Parser (Char,Char)
three = pure g <*> item <*> item <*> item
        where g x y z = (x,z)
```

以下に使用例を示します。

```
> parse three "abcdef"
[(('a','c'),"def")]

> parse three "ab"
[]
```

入力文字列が短すぎる場合は、アプリカティブの仕組みにより、パーサーが自動的に失敗します。失敗の検知や管理を自分でする必要はありません。

最後に Parser 型をモナドにしましょう。

```
instance Monad Parser where
    -- (>>=) :: Parser a -> (a -> Parser b) -> Parser b
    p >>= f = P (\inp -> case parse p inp of
                            []        -> []
                            [(v,out)] -> parse (f v) out)
```

すなわち、パーサー p の入力文字列 inp への適用が失敗する場合、p >>= f は失敗します。そうでなければ、関数 f を結果の値 v に適用して、別のパーサー f v を生成します。そして、最初のパーサーの出力文字列に対して、そのパーサーを適用し、最終的な結果を得ます。

Parser はモナドなので、パーサーを連接して結果の値を処理するために do 表記が使えます。たとえば、three パーサーは以下のように再定義できます。

```
three :: Parser (Char,Char)
three = do x <- item
           item
           z <- item
           return (x,z)
```

モナドの関数 return は pure の別名であることを思い出しましょう。return は必ず成功するパーサーを生成します。

以降では、パーサーを書く場合には do 表記を用い、fmap や <*> はなるべく利用しないようにします。しかしながら、パーサーを書く際にアプリカティブスタイルを好む人もいます。アプリカティブスタイルがパーサーの性能向上に有効な場合もあります。

13.5 選択

do 表記は、あるパーサーの出力文字列が次のパーサーの入力文字列となるように、パーサーを逐次的に連接させます。パーサーの組み合わせ方としては、この連接のほかに、**選択**もあります。つまり、複数のパーサーの組み合わせ方としては、あるパーサーを入力文字列に適用し、もし失敗したら代わりに別のパーサーを同じ文字列に適用するという方法もあります。このようなパーサーの選択を実現する方法について考えてみましょう。

二つの選択肢から選ぶという操作は、なにもパーサーに特有ではなく、アプリカティブのインスタンスである多くの型へと一般化できます。この「アプリカティブに一般化された**選択肢**（alternative）」という概念は、Alternative という型クラスと

182 第13章 モナドパーサー

して、`Control.Applicative`モジュールで次のように宣言されています。

```
class Applicative f => Alternative f where
    empty :: f a
    (<|>) :: f a -> f a -> f a
```

すなわち、アプリカティブが`Alternative`クラスのインスタンスになるためには、その型に対するメソッド`empty`と`<|>`を提供しなければなりません。直観的な理解としては、`empty`は失敗する選択肢を表し、`<|>`は選択を表します。この二つの関数は、単位元と結合に関する以下の則を満たす必要があります。

```
empty <|> x      = x
x <|> empty      = x
x <|> (y <|> z) = (x <|> y) <|> z
```

`Alternative`クラスのインスタンスにすることが魅力的な型の例として、`Maybe`があります。`Maybe`では、`empty`は失敗を表す`Nothing`で定義されます。`<|>`は、第一引数が成功ならそれを返し、そうでなければ第二引数を返します。

```
instance Alternative Maybe where
    -- empty :: Maybe a
    empty = Nothing

    -- (<|>) :: Maybe a -> Maybe a -> Maybe a
    Nothing  <|> my = my
    (Just x) <|> _  = Just x
```

`Parser`を`Alternative`クラスのインスタンスにするには、この考えを自然に拡張します。`Parser`における`empty`は、入力文字列に関係なく常に失敗するパーサーです。`<|>`はパーサーを選択します。すなわち、最初のパーサーが成功するならその結果を返し、そうでなければ二つめのパーサーを同じ入力文字列に適用します。

```
instance Alternative Parser where
    -- empty :: Parser a
    empty = P (\inp -> [])

    -- (<|>) :: Parser a -> Parser a -> Parser a
    p <|> q = P (\inp -> case parse p inp of
                            []        -> parse q inp
                            [(v,out)] -> [(v,out)])
```

以下に使用例を示します。

```
> parse empty "abc"
[]

> parse (item <|> return 'd') "abc"
[('a',"bc")]

> parse (empty <|> return 'd') "abc"
[('d',"abc")]
```

`Alternative`クラスと同じ役割ですが、モナドの制約を持つ`MonadPlus`クラス

をControl.Monadモジュールが提供していることに注意しましょう。その型クラスのメソッドは、mzeroとmplusです。しかし、本書ではパーサーを実装する際には、emptyと<|>を利用します。なぜなら、後ほど説明する文法で用いられる記号と親和性が高いからです。

13.6 派生関数

ここまでで基本的なパーサーが三つ手に入りました。itemは、入力が空文字列でないなら、一文字を消費します。return vは、常に成功し、値vを返します。そしてemptyは、常に失敗します。これらのパーサーを使い、連接および選択を組み合わせると、ほかにも便利なパーサーを定義できます。まず、**述語**pを満たす一文字用のパーサーsat pを定義します。

```
sat :: (Char -> Bool) -> Parser Char
sat p = do x <- item
           if p x then return x else empty
```

パーサーsatと、Data.Charモジュールにある適切な述語を使うと、数字、小文字、大文字、任意のアルファベット文字、アルファベット文字あるいは数字、特定の文字に対するパーサーをそれぞれ定義できます。

```
digit :: Parser Char
digit = sat isDigit

lower :: Parser Char
lower = sat isLower

upper :: Parser Char
upper = sat isUpper

letter :: Parser Char
letter = sat isAlpha

alphanum :: Parser Char
alphanum = sat isAlphaNum

char :: Char -> Parser Char
char x = sat (== x)
```

以下に使用例を示します。

```
> parse (char 'a') "abc"
[('a',"bc")]
```

次に、パーサーcharを使ってパーサーstring xsを定義できます。このパーサー

は、文字列 xs に合致し、それ自身を結果として返します。

```
string :: String -> Parser String
string []     = return []
string (x:xs) = do char x
                   string xs
                   return (x:xs)
```

すなわち、空文字列は常にパースに成功します。空でない文字列に対しては、最初の
文字をパースし、残りの文字列を再帰的にパースし、全体の文字列を結果として返し
ます。string は、入力文字列から引数の文字列全体が利用された場合にのみ成功す
ることに注意しましょう。以下に使用例を示します。

```
> parse (string "abc") "abcdef"
[("abc","def")]

> parse (string "abc") "ab1234"
[]
```

　次は、many p と some p という、**繰り返し**を実現する二つのパーサーです。これ
らは、パーサー p を失敗するまでできるだけ多く適用し、適用が成功した結果をリス
トにして返します。両者の違いは、パーサー many がパーサー p を 0 回以上適用する
のに対し、パーサー some は適用の成功を少なくとも一回は要求することです。以下
に使用例を示します。

```
> parse (many digit) "123abc"
[("123","abc")]

> parse (many digit) "abc"
[("","abc")]

> parse (some digit) "abc"
[]
```

　実は、many と some はわざわざ定義する必要がありません。適切な実装が
Alternative クラスで提供されているからです。

```
class Applicative f => Alternative f where
   empty :: f a
   (<|>) :: f a -> f a -> f a
   many :: f a -> f [a]
   some :: f a -> f [a]

   many x = some x <|> pure []
   some x = pure (:) <*> x <*> many x
```

この二つの関数は相互再帰を用いて定義されていることに注意しましょう。many x
の定義は、x が一つ以上適用される、あるいは、まったく適用されないという意味で
す。一方、some x の定義は、x が一回適用され、続いて 0 回以上適用され、結果がリ
ストとして返されることを表しています。これらの関数は、他のアプリカティブのイ

ンスタンスにも使用できますが、パーサーでの利用が念頭に置かれています。

パーサーmany と some を使うと、**識別子**（変数名）のパーサーを定義できます。識別子は、小文字で始まり、0個以上のアルファベット文字か数字が続きます。また、数字が一つ以上繰り返される「自然数」のパーサーや、空白文字やタブ文字、あるいは改行文字が一つ以上繰り返される「空白」のパーサーも定義できます。

```
ident :: Parser String
ident = do x  <- lower
           xs <- many alphanum
           return (x:xs)

nat :: Parser Int
nat = do xs <- some digit
         return (read xs)

space :: Parser ()
space = do many (sat isSpace)
           return ()
```

以下に使用例を示します。

```
> parse ident "abc def"
[("abc"," def")]

> parse nat "123 abc"
[(123," abc")]

> parse space "   abc"
[((),"abc")]
```

natは、読み込んだ数字を整数に変換します。spaceは、空白の詳細は重要でないことが多いので、ユニットを返して結果に意味がないことを表します。

natを用いると、整数のパーサーを簡単に実装できます。

```
int :: Parser Int
int = do char '-'
         n <- nat
         return (-n)
      <|> nat
```

以下に使用例を示します。

```
> parse int "-123 abc"
[(-123," abc")]
```

13.7 空白の扱い

実用的なパーサーの多くでは、入力文字列に含まれるトークン[†2]の前後に、任意の空白を許します。たとえば、GHCは文字列"1+2"と"1 + 2"を同じように解析します。このような空白に対処できるように、前後の空白を無視してトークンのパーサーを適用する部品を定義します。

```
token :: Parser a -> Parser a
token p = do space
             v <- p
             space
             return v
```

tokenを利用すれば、前後の空白を無視するパーサーを定義できます。以下は、前後の空白を無視する識別子、自然数、そして、特定の文字列のパーサーです。

```
identifier :: Parser String
identifier = token ident

natural :: Parser Int
natural = token nat

integer :: Parser Int
integer = token int

symbol :: String -> Parser String
symbol xs = token (string xs)
```

たとえば、空でない自然数のリストを解析するパーサーで、前後の空白を無視するものは、基礎的なパーサーを用いて以下のように定義できます。

```
nats :: Parser [Int]
nats = do symbol "["
          n  <- natural
          ns <- many (do symbol ","
                         natural)
          symbol "]"
          return (n:ns)
```

そのようなリストは、開き角括弧と自然数で始まり、0個以上のカンマと自然数が続き、閉じ角括弧で終わることをこの定義は表します。パーサーnatsは、完全にこの形を取るリストに対してのみ成功することに注意しましょう。

```
> parse nats " [1, 2, 3] "
[([1,2,3],"")]

> parse nats "[1,2,]"
[]
```

[†2] ［訳注］文法の解析は、字句解析と構文解析に分けられます。字句解析で生成されるデータの単位がトークンと呼ばれます。Haskellでは高階関数が利用できるので、本書の例のように、字句解析と構文解析を合成する方法を取ることが多くあります。

13.8 数式

　この章の締めくくりとして、数式を扱う例題を二つ取り上げます。一つめの例題として考えるのは、自然数、加算演算子、乗算演算子、括弧からなる数式です。加算演算子と乗算演算子は右結合とし[3]、乗算演算子は加算演算子よりも高い結合順位を持つと仮定します。たとえば、「2+3+4」は「2+(3+4)」であり、「2*3+4」は「(2*3)+4」です。

　言語の構文規則を形式化するには、**文法**に関する数学的な概念[4]を使います。この表記は、言語の文字列がどのように作られるかを表す規則を列挙したものです。たとえば、この例題の数式に対する文法は、以下の二つの規則で定義できます[5]。

$$expr \ ::= \ expr + expr \ | \ expr * expr \ | \ (\, expr \,) \ | \ nat$$
$$nat \ \ ::= \ 0 \ | \ 1 \ | \ 2 \ | \ \cdots$$

一つめの規則は、式が二つの式の和または積、あるいは括弧で囲まれた式、もしくは自然数のいずれかであることを表します。二つめの規則は、自然数が 0、1、2 などであることを表します。

　たとえば、式「2*3+4」を上記の文法を使って解析すると、以下のような**構文木**になります。式のトークンは葉に現れます。規則を適用して生成された式は、枝の構造を作ります。

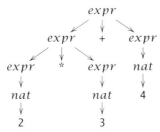

この構文木からは、式「2*3+4」が二つの式の和であり、その一つめの式は 2 と 3 という二つの別の式の積、二つめの式は 4 であることを表現しています。しかし、先ほ

---

[3] ［訳注］加算演算子と乗算演算子は本来は左結合ですが、左結合を単純に表現すると左再帰となり、無限ループに陥るという問題が発生します。本書では、この問題を避けるために右結合としているようです。練習問題 8 も参照。

[4] ［訳注］構文規則を表現するこの書式は BNF（Backus-Naur Form）と呼ばれています。

[5] ［訳注］「::=」は定義、「|」は選択を表すメタ記号です。

どの構文規則だと、この例に対して「2*(3+4)」という誤った解釈も許されます。

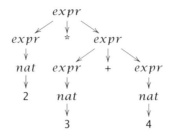

この構文規則の問題点は、加算演算子よりも乗算演算子のほうが結合順位が高いことを表現できていないことです。この問題は、結合順位ごとに規則を用意することで、簡単に解決できます。すなわち、結合順位が最も低い加算演算子、結合順位が中間の乗算演算子、結合順位が最も高い括弧と自然数のそれぞれに規則を設けます。

$$
\begin{aligned}
expr &::= expr + expr \mid term \\
term &::= term * term \mid factor \\
factor &::= (\,expr\,) \mid nat \\
nat &::= 0 \mid 1 \mid 2 \mid \cdots
\end{aligned}
$$

この新しい構文規則を用いると、式「2*3+4」は、「(2*3)+4」を意味する構文木のみを生成します。

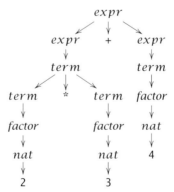

これで結合順位は表現できましたが、加算演算子と乗算演算子が右結合であることは表現できていません。たとえば、式「2+3+4」は、「(2+3)+4」と「2+(3+4)」を意味する二つの構文木として解釈できます。この問題も解決は簡単です。加算演算子と

乗算演算子の両方の引数で再帰するのをやめて、右側の引数のみで再帰するように規則を変更すればよいのです。

$$expr \quad ::= \quad term + expr \mid term$$
$$term \quad ::= \quad factor * term \mid factor$$

　この新しい構文規則を使うと、式「2+3+4」は、「2+(3+4)」を意味する構文木のみを生成します。

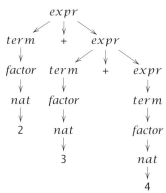

この構文規則は、正しい式に対して唯一の構文木を与えるという意味において、**曖昧さはありません**。

　構文規則に対する最後の改良は、簡略化です。たとえば、規則「$expr ::= term + expr \mid term$」は、「式は、項と式の和、または、項である」という意味です。言い換えれば、式は必ず項から始まり、加算演算子と式が続くか、何も続きません。したがって、式の構文規則を $expr ::= term\ (+\ expr \mid \epsilon)$ のように簡略化できます。ここで、記号 ϵ は空文字列を意味します。同様に項の規則も簡略化すると、数式の最終的な構文規則ができ上がります。

$$
\begin{aligned}
expr \quad &::= \quad term\ (+\ expr \mid \epsilon) \\
term \quad &::= \quad factor\ (*\ term \mid \epsilon) \\
factor \quad &::= \quad (\ expr\ ) \mid nat \\
nat \quad &::= \quad 0 \mid 1 \mid 2 \mid \cdots
\end{aligned}
$$

　この構文規則を書き換えれば、これまでに作成してきたパーサーの基本的な部品を使って、簡単にこの構文規則を数式のパーサーに変換できます。文法における連接はdo表記へ、選択 | は選択演算子 <|> へ、空文字列 ϵ は empty パーサーへ、+ や * といっ

た特別な記号は`symbol`関数へ、そして自然数は`natural`パーサーへ、それぞれ置き換えればよいのです。

```
expr :: Parser Int
expr = do t <- term
          do symbol "+"
             e <- expr
             return (t + e)
           <|> return t


term :: Parser Int
term = do f <- factor
          do symbol "*"
             t <- term
             return (f * t)
           <|> return f


factor :: Parser Int
factor = do symbol "("
            e <- expr
            symbol ")"
            return e
          <|> natural
```

上記のパーサーは、パースの結果として、構文木ではなく整数の値を返すことに注意しましょう。この章で学んできた方法であれば、この例のようにパースと評価を同時にするのは簡単です。たとえば、`expr`は最初に項をパースして整数`t`を得ます。次に記号があれば、後続の式をパースして`e`を得た後、値`t + e`を返します。そうでなければ、これ以上パースせずに、単に値`t`を返します。

最後に、数式をパースして評価した結果を返す関数を、`expr`を用いて定義します。入力が完全に消費されない場合と、入力が不適切な場合に対処するため、プレリュード関数`error :: String -> a`を使います。`error`は、エラーを表示してからプログラムを終了する関数です。

```
eval :: String -> Int
eval xs = case (parse expr xs) of
             [(n,[])]  -> n
             [(_,out)] -> error ("Unused input " ++ out)
             []        -> error "Invalid input"
```

以下に使用例を示します。

```
> eval "2*3+4"
10

> eval "2*(3+4)"
14

> eval "2*3^4"
*** Exception: Unused input ^4

> eval "one plus two"
*** Exception: Invalid input
```

13.9 計算器

前節では数式のパーサーを開発しました。この節では、数式のパーサーを簡単な計算器へと拡張します。計算器は、キーボードから対話的に数式を読み取り、計算結果を画面に表示します。数式では、加算、減算、乗算、除算、括弧が利用できます。そのような数式のためのパーサー expr :: Parser Int を書くことは章末問題とします。

計算器のユーザーインターフェイスを考えることから始めましょう。第10章で実装した入出力の関数 cls、writeat、goto、getCh が利用できます。まず、（どの文字が利用できるかを示すための）計算器のイメージを文字列のリストとして定義します。

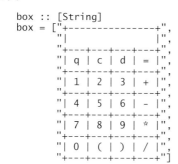

四つのボタン q、c、d、= は、それぞれ、「中止」、「クリア」、「一文字消去」、「計算」を表します。残りの16個のボタンは数式の入力に使います。

次に、計算器のボタンを文字列のリストとして定義します。このリストには、上記の20個のボタンに加えて、念のため Q、C、D、空白、エスケープ、バックスペース、

消去、改行も含めておきましょう。

```
buttons :: String
buttons = standard ++ extra
          where
              standard = "qcd=123+456-789*0()/"
              extra    = "QCD \ESC\BS\DEL\n"
```

リスト内包表記と、入出力のアクションを逐次実行するプレリュード関数を利用すれば、計算器のイメージを画面の左上に表示するアクションを定義できます。

```
showbox :: IO ()
showbox = sequence_ [writeat (1,y) b | (y,b) <- zip [1..] box]
```

次に、計算器のイメージの内側に文字列を表示する関数を定義します。最初に文字列をクリアし、次に文字列の最後の13文字を表示します。

```
display :: String -> IO ()
display xs = do writeat (3,2) (replicate 13 ' ')
                writeat (3,2) (reverse (take 13 (reverse xs)))
```

このようにすれば、ユーザーが文字を消去した場合に画面から自動的に文字が取り除かれます。また、ユーザーが13文字以上入力した場合には入力文字列が左へ移動します。

計算器の中心はcalcという関数です。この関数は現在の文字列を表示し、エコーなしでキーボードから文字を読み込みます。もし、その文字が有効なボタンであれば、処理を進めます。そうでなければ、エラーを伝えるためにビープ音を出し、同じ文字列で再び繰り返します。

```
calc :: String -> IO ()
calc xs = do display xs
             c <- getCh
             if elem c buttons then
                 process c xs
             else
                 do beep
                    calc xs
```

上記のアクションbeep :: IO ()は、beep = putStr "\BEL"と定義できます。関数processは、「有効な一文字」と「現在の文字列」を受け取り、その文字に応じて適切な処理を施します。

```
process :: Char -> String -> IO ()
process c xs | elem c "qQ\ESC"     = quit
             | elem c "dD\BS\DEL" = delete xs
             | elem c "=\n"        = eval xs
             | elem c "cC"         = clear
             | otherwise           = press c xs
```

処理は5種類に分かれます。

• 中止は、カーソルを計算器の下に移動させて、プログラムを停止します。

```
quit :: IO ()
quit = goto (1,14)
```

• 一文字消去は、現在の文字列から最後の文字を取り除きます。現在の文字列が空
の場合は何もしません。

```
delete :: String -> IO ()
delete [] = calc []
delete xs = calc (init xs)
```

• 計算は、現在の文字列をパースし、計算結果を表示します。パースに失敗した場
合はビープ音を鳴らします。

```
eval :: String -> IO ()
eval xs = case parse expr xs of
            [(n,[])] -> calc (show n)
            _        -> do beep
                           calc xs
```

• クリアは、表示をクリアし、現在の文字列を空にします。

```
clear :: IO ()
clear = calc []
```

• 他の文字は、文字列の最後に追加されます。

```
press :: Char -> String -> IO ()
press c xs = calc (xs ++ [c])
```

最後に計算器を走らせる関数を定義します。この関数は画面をクリアし、計算器を
表示した後、現在の文字列を空に指定し、計算器としての動作を始めます。

```
run :: IO ()
run = do cls
         showbox
         clear
```

13.10 参考文献

本章で定義したパーサーの部品のソースコードは、この本のWebサイトから入手で
きます。モナドを利用するパーサーの詳細は、文献[21, 22]を参照してください。本
章の内容は、これらの文献に基づいています。文法についてさらに知りたい場合は、
文献[23]を読むとよいでしょう。文献[24, 25]には、Haskellでより高度なパーサー
を作る方法が示されています。パーサーの詩はFritz Ruehrによるものです。

13.11 練習問題

1. Haskellの一行のコメントを解析するパーサー comment :: Parser () を定義してください。記号「--」から制御文字 '\n' で表現される行末までが、Haskellの一行のコメントです。

2. 数式の二番めの構文規則を用いて、式「2+3+4」に対する構文木を二つ描いてください。

3. 数式の三番めの構文規則を用いて、式「2+3」、「2*3*4」、および、「(2+3)+4」に対する構文木を描いてください。

4. 数式の構文規則に対して最後になされた簡略化は、パーサーの性能に劇的な効果をもたらします。なぜでしょうか。
   ヒント：この簡略化の工程がない場合、数値一つからなる数式がどのように解析されるか考えてみましょう。

5. 数式の型 Expr を適切に定義し、数式のパーサーが型 expr :: Parser Expr を持つように改造してください。

6. パーサー expr :: Parser Int を以下のように拡張し、減算と除算を加え、自然数の代わりに整数を扱えるようにしてください。

$$
\begin{aligned}
expr &::= term \, (+ expr \mid - expr \mid \epsilon) \\
term &::= factor \, (* term \mid / term \mid \epsilon) \\
factor &::= (expr) \mid int \\
int &::= \cdots \mid -1 \mid 0 \mid 1 \mid \cdots
\end{aligned}
$$

7. 構文規則をさらに拡張して、冪乗 ∧ を扱えるようにしてください。冪乗は右結合であり、乗算や除算よりも高い結合順位を持ちますが、括弧や数値よりは低い結合順位を持ちます。たとえば、2∧3*4 は (2∧3)*4 を意味します。
   ヒント：構文規則に新たな結合順位が必要です。

8. 自然数と左結合の減算演算子を使った数式について考えてください。

   a 上記の説明を構文規則へ変換しましょう。

   b その構文規則をパーサー expr :: Parser Int に変換しましょう。

   c このパーサーの問題点は何でしょうか。

   d 問題点の解決策を示してください。
   ヒント：繰り返しの部品 many とプレリュード関数 foldl を使って、パーサーを書き直しましょう。

9. パーサーが消費しなかった文字列を返す性質を利用して、パースに失敗した場

合にビープ音を出すのではなく、エラーが起こった付近を示すように計算器を改良してください。

練習問題1から4の解答は付録Aにあります。

第 **14** 章

Foldable と Traversable

　この章では、データ構造の値を処理する様式を三つ紹介します。最初はモノイドです。モノイドは、結合的な演算子を使って値を結びつけるという考え方を一般化します。次に、Foldable について説明します。これは、リストに対する畳込関数の考え方を、型変数を持つ型へと拡張します。最後に、map 関数の概念をさらに一般化した Traversable を紹介します。

14.1 モノイド

　数学では、集合が「集合の二つの要素を結びつける結合的な演算子」と「その演算子に対する単位元」を持つとき、その代数的構造を**モノイド**と呼びます。たとえば、整数の集合は、加算演算子と単位元 0 に対してモノイドを形成します。Haskell では、次の標準的な型クラス宣言によって、モノイドの概念を抽象化しています。

```
class Monoid a where
  mempty  :: a
  mappend :: a -> a -> a

  mconcat :: [a] -> a
  mconcat = foldr mappend mempty
```

すなわち、型 a が Monoid クラスのインスタンスになるためには、その型に対する値 mempty と関数 mappend を用意する必要があります。これらが、そのモノイドの単位元と演算子になります。mappend 関数は、実際に使うときは x `mappend` y のようにバッククォートで囲み、中置演算子として書くことが多くあります。

　これら二つのメソッドに加えて、上記の Monoid クラスでは mconcat 関数も提供されています。mconcat 関数は、その型の値からなるリストの要素をすべて連結します。リストの cons 演算子を mappend に、空リストを mempty に置き換えるというのが、mconcat 関数のデフォルトの定義です。たとえば、リスト [x,y,z] に mconcat

を適用すると、以下のようになります。

```
x `mappend` (y `mappend` (z `mappend` mempty))
```

Monoidクラスの二つのメソッドは、数学におけるモノイドと同じく、単位元と結合に関する則を満たす必要があります。

```
mempty `mappend` x            = x
x `mappend` mempty            = x
x `mappend` (y `mappend` z) = (x `mappend` y) `mappend` z
```

これらの則を用いると、たとえばmconcat [x,y,z]の結果は、以下のように括弧やmemptyを使わない簡潔な形に直せます。なぜなら、モノイド則によって、結果に影響を与えないことが保証されるからです。

```
x `mappend` y `mappend` z
```

14.1.1 例

モノイドの標準的なインスタンスは、Data.Monoidモジュールで提供されています。最も簡単な例はリストです。リストの場合、memptyとmappendは、それぞれ空リストと連結演算子です。

```
instance Monoid [a] where
  -- mempty :: [a]
  mempty = []

  -- mappend :: [a] -> [a] -> [a]
  mappend = (++)
```

memptyとmappendというメソッド名は、このインスタンスに由来しているのですが、残念ながら一般的なモノイドのメソッドの名前としては不適切です。なぜなら、一般的なモノイドで二つのメソッドが空の値や連結を意味するとは限らないからです。二つのメソッドは、あくまでもモノイド則を満たしさえすればいいのです。

二つめの例はMaybe a型です。型aがモノイドであれば、Maybe aもモノイドになれます。

```
instance Monoid a => Monoid (Maybe a) where
  -- mempty :: Maybe a
  mempty = Nothing

  -- mappend :: Maybe a -> Maybe a -> Maybe a
  Nothing  `mappend` my      = my
  mx       `mappend` Nothing  = mx
  Just x   `mappend` Just y  = Just (x `mappend` y)
```

すなわち、この場合のmemptyは失敗を表すNothingです。mappendは、失敗するかもしれない結果を連結します。連結に際しては、引数のどちらかが失敗であれば他

方を返します。両方が成功であれば、型変数 a のモノイドインスタンスの mappend を使って、二つの値を連結します。

型によっては、モノイドにする方法が複数あります。たとえば、すでに述べたように、整数は加算に対してモノイドを形成します。したがって、以下のような単純なインスタンスを宣言できます。

```
instance Monoid Int where
    -- mempty :: Int
    mempty = 0

    -- mappend :: Int -> Int -> Int
    mappend = (+)
```

整数は、乗算に対してもモノイドになります。この場合、単位元は 1 です。そこで、以下のような宣言も可能です。

```
instance Monoid Int where
    -- mempty :: Int
    mempty = 1

    -- mappend :: Int -> Int -> Int
    mappend = (*)
```

しかしながら、Haskell では、ある一つの型が同じ型クラスに対して複数のインスタンスを持つことが許されていません。そのため、Monoid Int として上記のような二つの異なるインスタンスを定義しようとすると、エラーになります。解決策は、それぞれのインスタンス用に別の型を用意することです。

加算については、Sum a という新しい型が Data.Monoid モジュールに定義されています。型を区別するための構成子の名前も Sum であり、引数として一つの型 a を取ります。この構成子を取り除く関数も用意されています。

```
newtype Sum a = Sum a
    deriving (Eq, Ord, Show, Read)

getSum :: Sum a -> a
getSum (Sum x) = x
```

deriving 節があるので、Sum a 型の値には標準的な同等性と順序比較のための演算子が使えます。また、Sum a 型の値は文字列と相互に変換が可能です。a が Int のような数値の型であれば、mempty として値 Sum 0 を、mappend として Sum a 型に対する加算を指定することで、Sum a 型をモノイドにできます。

```
instance Num a => Monoid (Sum a) where
    -- mempty :: Sum a
    mempty = Sum 0

    -- mappend :: Sum a -> Sum a -> Sum a
    Sum x `mappend` Sum y = Sum (x+y)
```

このインスタンスは、たとえば以下のように利用できます（GHCi で試すときは、

Data.Monoidモジュールを読み込むために、まずimport Data.Monoidと入力してください)。

```
> mconcat [Sum 2, Sum 3, Sum 4]
Sum 9
```

リスト中のそれぞれの数にSumが適用されているおかげで、mconcatがモノイドの機能を使って総和を計算してくれます。次節では、Sum aのようなラッパーをもっと簡潔にする方法を説明します。

次は乗算です。加算の場合と同じように、Data.MonoidモジュールにはProduct aという新しい型が宣言されています。

```
newtype Product a = Product a
    deriving (Eq, Ord, Show, Read)

getProduct :: Product a -> a
getProduct (Product x) = x
```

二つのメソッドを乗算向けに適切に定義すれば、Product a型をMonoidクラスのインスタンスにできます。

```
instance Num a => Monoid (Product a) where
    -- mempty :: Product a
    mempty = Product 1

    -- mappend :: Product a -> Product a -> Product a
    Product x `mappend` Product y = Product (x*y)
```

以下に使用例を示します。

```
> mconcat [Product 2, Product 3, Product 4]
Product 24
```

同じ方法で、真理値の型も、論理積と論理和に対してモノイドになれます。Boolのために Data.Monoidモジュールで提供されているのは、AllとAnyという型です(詳細は付録Bを参照)。たとえば、Allに対するmconcat関数は、リストのすべての要素がTrueであるかを判定します。一方、Anyに対しては、いずれかの要素がTrueであるかを判定します。

```
> mconcat [All True, All True, All True]
All True

> mconcat [Any False, Any False, Any False]
Any False
```

GHC 8.4 以降では、Semigroupクラスが Monoidクラスの親の型クラスとなっています。Semigroupは、数学でいう**半群**を表しており、メソッドとして結合演算子 <> が使えます。<> は、mappendの中置演算子版と考えてよいでしょう。この演算子を使うことで、モノイドに関する式はより簡潔に書けます。実際、この演算子はよく

利用されるのですが、説明の都合上、本章ではmappendメソッドを用います。

14.2 Foldable

Haskellにおけるモノイドの主要な利用例は、あるデータ構造の中にあるすべての値を一つの値にまとめることです。たとえば、リストに対しては、そのような役割を果たす関数foldを以下のように定義できます。

```
fold :: Monoid a => [a] -> a
fold []     = mempty
fold (x:xs) = x `mappend` fold xs
```

すなわち、空リストにfoldを適用すると、モノイドの単位元memptyとなります。空でないリストでは、「リストの先頭」と「残りのリストを再帰的に処理した結果」をmappendで連結します。たとえば、リスト[x,y,z]にfoldを適用すると以下のようになります。

```
x `mappend` (y `mappend` (z `mappend` mempty))
```

つまりfoldは、「畳む」という意味が示すとおり、モノイドを使ってリストを畳み込む簡単な方法です。foldは、Monoidクラスのmconcatと同じように振る舞いますが、ここではfoldrではなく再帰を用いて定義しました。

葉に値を格納する二分木の型に対しても、同様の方法でfoldを定義できます。

```
data Tree a = Leaf a | Node (Tree a) (Tree a)
              deriving Show

fold :: Monoid a => Tree a -> a
fold (Leaf x)   = x
fold (Node l r) = fold l `mappend` fold r
```

すなわち、葉の場合は格納されている値を返します。節の場合は、二つの部分木をそれぞれ再帰的に畳み込み、結果をmappendで連結します。この型の木は空になることがないので、この定義ではmemptyは不要です。

データ構造の中の値をモノイドを使って畳み込む操作は、リストや二分木といった型だけでなく、型引数を持つ型全般に対して抽象化できます。この抽象化はFoldableと呼ばれ、HaskellではData.Foldableモジュールにおける以下の型クラス宣言で実現されています。

```
class Foldable t where
    fold    :: Monoid a => t a -> a
    foldMap :: Monoid b => (a -> b) -> t a -> b
    foldr   :: (a -> b -> b) -> b -> t a -> b
    foldl   :: (a -> b -> a) -> a -> t b -> a
```

すなわち、型引数を持つ型がFoldableクラスのインスタンスになるためには、その型に対して上記のような畳み込みのための関数が必要です。Foldableは、上記の宣言

202 第14章 Foldableと Traversable

のように、tで表す慣習があります。

直観的に言うと、Foldableクラスで一般化されたfoldは、要素の型がaであるような型t aのデータ構造を取り、モノイドのメソッドを用いて要素を連結し、型aの一つの値へと集約します。foldMapは、そのfoldの一般化です。引数としてa -> bの関数を追加で取り、この関数をそれぞれの要素に適用したうえで、その結果を型bのモノイドのメソッドを使って連結します。

残りの二つのメソッドであるfoldrとfoldlは、第7章で説明したリスト用の高階関数を他のデータ構造へ一般化した版です。これら二つのメソッドには、初期値と二つの値を連結する関数を引数として明示的に渡すので、モノイドに関する制約はないことに注意してください。

完全なFoldableクラスでは、このほかにもいくつか、有益なメソッドとそのデフォルトの実装が提供されています。しかし、まずは上記の簡略版について説明していきます。

14.2.1 例

リスト型は、メソッドを適切に定義することで、期待どおりFoldableになります。

```
instance Foldable [] where
    -- fold :: Monoid a => [a] -> a
    fold []     = mempty
    fold (x:xs) = x `mappend` fold xs

    -- foldMap :: Monoid b => (a -> b) -> [a] -> b
    foldMap _ []     = mempty
    foldMap f (x:xs) = f x `mappend` foldMap f xs

    -- foldr :: (a -> b -> b) -> b -> [a] -> b
    foldr _ v []     = v
    foldr f v (x:xs) = f x (foldr f v xs)

    -- foldl :: (a -> b -> a) -> a -> [b] -> a
    foldl _ v []     = v
    foldl f v (x:xs) = foldl f (f v x) xs
```

たとえば、前節の数値に関するモノイドを用いると、foldMapを使って数値のリストの和や積を計算できます（この例を試すときはData.MonoidとData.Foldableを読み込んでください）。

```
> getSum (foldMap Sum [1..10])
55

> getProduct (foldMap Product [1..10])
3628800
```

同様に、二分木もFoldableにできます。その際には、foldrとfoldlがそれぞれ

右から左、左から右へと要素を連結することに注意が必要です。

```
instance Foldable Tree where
  -- fold :: Monoid a => Tree a -> a
  fold (Leaf x)   = x
  fold (Node l r) = fold l `mappend` fold r

  -- foldMap :: Monoid b => (a -> b) -> Tree a -> b
  foldMap f (Leaf x)   = f x
  foldMap f (Node l r) = foldMap f l `mappend` foldMap f r

  -- foldr :: (a -> b -> b) -> b -> Tree a -> b
  foldr f v (Leaf x)   = f x v
  foldr f v (Node l r) = foldr f (foldr f v r) l

  -- foldl :: (a -> b -> a) -> a -> Tree b -> a
  foldl f v (Leaf x)   = f v x
  foldl f v (Node l r) = foldl f (foldl f v l) r
```

例として、以下のような整数の木について考えましょう。

```
tree :: Tree Int
tree = Node (Node (Leaf 1) (Leaf 2)) (Leaf 3)
```

foldr (+) 0 tree を評価すると、加算が右から左へ実行されるので、1+(2+(3+0)) となります。一方、foldl (+) 0 tree を評価すると、加算が左から右へ実行されるので、((0+1)+2)+3 となります。もちろん、加算は結合的なので、最終結果は同じです。しかし、第15章で説明するように、foldl のほうが効率が良い場合があります。

14.2.2 他のメソッドとデフォルト実装

Foldable クラスでは、四つの畳込関数に加えて、データ構造の中の値を連結するための有益なメソッドがいくつか提供されています。まずは、リストに関係するおなじみの関数を一般化するメソッドがあります。

```
null    :: t a -> Bool
length  :: t a -> Int
elem    :: Eq a => a -> t a -> Bool
maximum :: Ord a => t a -> a
minimum :: Ord a => t a -> a
sum     :: Num a => t a -> a
product :: Num a => t a -> a
```

たとえば、null はデータ構造が空である（要素がない）かを判定します。length は、型 t a のデータ構造の中に型 a の要素がいくつあるかを数えます。もちろん、これら

204 第14章 Foldable と Traversable

の関数はリストや木に適用できます。

```
> null []
True

> null (Leaf 1)
False

> length [1..10]
10

> length (Node (Leaf 'a') (Leaf 'b'))
2
```

foldr と foldl の変種で、少なくとも一つの要素を格納したデータ構造を対象とするものもあります。要素が一つ以上あることが前提なので、初期値を渡す必要はありません。

```
foldr1 :: (a -> a -> a) -> t a -> a
foldl1 :: (a -> a -> a) -> t a -> a
```

以下に使用例を示します。

```
> foldr1 (+) [1..10]
55

> foldl1 (+) (Node (Leaf 1) (Leaf 2))
3
```

最後に紹介する Foldable クラスのメソッドは、木 Node (Leaf 1) (Leaf 2) をリスト [1,2] へ変換するように、データ構造を平坦化しリストへと変換するものです。

```
toList :: t a -> [a]
```

toList には、Foldable クラスの宣言において特別な役割があります。Foldable クラスのメソッドの多くはリストに関係しているので、リスト向けのメソッドを流用してデフォルトの実装を与えるために toList を使えるからです。具体的には、以下のようなデフォルトの定義になっています。

```
foldr f v = foldr f v . toList
foldl f v = foldl f v . toList
foldr1 f  = foldr1 f . toList
foldl1 f  = foldl1 f . toList

null    = null . toList
length  = length . toList
elem x  = elem x . toList
maximum = maximum . toList
minimum = minimum . toList
sum     = sum . toList
product = product . toList
```

たとえば null = null . toList という定義は、「データ構造が空であるかを調べ

るためにはそのデータ構造をいったんリストに変換し、リスト用の **null** を使ってそのリストが空であるか調べることでも実現できる」という意味です。他の定義も同様に解釈できます。

fold、**foldMap**、**toList** のデフォルト実装は、これらの関数の重要な関係を示唆しています。

```
fold       = foldMap id
foldMap f  = foldr (mappend . f) mempty
toList     = foldMap (\x -> [x])
```

すなわち、**fold** は、**foldMap** で各要素を連結する前に恒等関数が適用される特殊版だとみなせます。**foldMap** は、各要素に関数 **f** を適用した後、モノイドのメソッドを用いて **foldr** で連結することにより定義できます。最後に **toList** は、各要素を一つの要素からなるリストに変換した後で、それら複数のリストモノイドを **foldMap** で結合することにより定義できます。

まとめると、**Foldable** クラスでは、データ構造の中の値を処理するための便利な関数がたくさん提供されています。それらの関数の多くには、インスタンスの一つであるリストのメソッドを利用したデフォルト実装が用意されています。また、それらの関数以外にも、**Foldable** クラスのインスタンスにとって汎用的な関数が提供されています。

ここまでの説明を踏まえると、以下のような三つの疑問がわきます。

1. なぜ、**Foldable** クラスには、こんなにたくさんのメソッドが提供されているのでしょうか？ 特に、**null** や **length** がモジュールの便利な関数でなく、**Foldable** クラスのメソッドとして提供されているのはなぜでしょうか？ その理由は、必要なときにデフォルト実装を上書き可能にするためです。もしモジュールの関数であれば、そうした上書きはできません。

2. 最低限、どのメソッドを自分で定義すればよいのでしょうか？ **Foldable** クラスのインスタンスに必要な最低限の定義は、**foldMap** もしくは **foldr** です[†1]。どちらか一方を定義すれば、他のメソッドの定義にはデフォルト実装が利用されます。リストや木の例からわかるように、多くの場合は **foldMap** の定義がいちばん簡単です。

3. 性能は良いのでしょうか？ 多くの用途では、**Foldable** クラスが提供するデフォルト実装で十分な性能です。しかし、もし性能を向上させる必要があるなら、前述のようにデフォルト実装を上書きできます。実際には、GHC では本書に示したような単純なデフォルト実装ではなく、機能は同等で性能はより高い

[†1] ［訳注］本書では紹介されていませんが、**foldr** のデフォルト実装では **foldMap** が使われています。一方を定義すれば、他方の実装はデフォルトの実装から与えられます。

206 第14章 Foldable と Traversable

デフォルト実装が利用されています。

GHC は、`Data.Foldable` モジュールを自動的に読み込みますが、現時点では `Foldable` クラスの `fold` と `toList` メソッドは読み込みません。このため、`Foldable` を使ってプログラミングをするときは、自動的に読み込まれる版に頼るのではなく、`Data.Foldable` を明示的に読み込みましょう。付録 B に `Foldable` クラスの完全な定義を掲載しています。

14.2.3 汎用的な関数

`Foldable` に抽象化したことの利点は、`Foldable` クラスのメソッドを使って、Foldable であれば何にでも使える汎用的な関数を定義可能になったことです。例として、第 2 章で定義した整数のリストの平均を計算する関数を取り上げます。

```
average :: [Int] -> Int
average ns = sum ns `div` length ns
```

すでに説明したように、関数 `sum` と `length` はリストに特有ではなく、Foldable であれば何に対しても利用できます。したがって、`average` の型は、本体の定義を変更することなく一般化できます。

```
average :: Foldable t => t Int -> Int
average ns = sum ns `div` length ns
```

こうしてできた関数は、リストと木の両方に適用できます。

```
> average [1..10]
5

> average (Node (Leaf 1) (Leaf 3))
2
```

同様に、`Data.Foldable` モジュールは、真理値のリストを操作する関数を一般化した関数も提供しています。

```
and :: Foldable t => t Bool -> Bool
and = getAll . foldMap All

or :: Foldable t => t Bool -> Bool
or = getAny . foldMap Any

all :: Foldable t => (a -> Bool) -> t a -> Bool
all p = getAll . foldMap (All . p)

any :: Foldable t => (a -> Bool) -> t a -> Bool
any p = getAny . foldMap (Any . p)
```

いずれも、`foldMap` と適切なモノイドの関数を組み合わせることで、期待どおりの汎

用的な挙動が得られています。

```
> and [True,False,True]
False

> or (Node (Leaf True) (Leaf False))
True

> all even [1,2,3]
False

> any even (Node (Leaf 1) (Leaf 2))
True
```

最後の例は、リストの中のリストを連結する関数 concat :: [[a]] -> [a] です。この関数は、要素がリストである Foldable へ一般化できます。

```
concat :: Foldable t => t [a] -> [a]
concat = fold
```

以下に使用例を示します。

```
> concat ["ab","cd","ef"]
"abcdef"

> concat (Node (Leaf [1,2]) (Leaf [3]))
[1,2,3]
```

まとめると、Haskell で新しい型を定義するときは、Foldable にできるか考えるとよいでしょう。そのためには、foldMap か foldr のどちらかを定義すれば十分です。Foldable クラスのデフォルト実装やさまざまな汎用的な関数のおかげで、たくさんの便利な関数が「実質無料」で手に入ります。

14.3 Traversable

第 12 章で説明したように、データ構造の中の各要素に関数を適用していくという考え方は、関手として抽象化できます。

```
class Functor f where
    fmap :: (a -> b) -> f a -> f b
```

たとえば、リストの場合、fmap メソッドはプレリュード関数 map として定義されています。この関数は以下のように再帰を使って実装できます。

```
map :: (a -> b) -> [a] -> [b]
map g []     = []
map g (x:xs) = g x : map g xs
```

リストの中の各要素に関数を適用していくという考え方は、さらに一般化できます。たとえば、各要素に適用する関数 g は失敗するかもしれないと仮定してみましょう。すると、関数 g の型は、単なる a -> b ではなく a -> Maybe b となります。全

208 第14章 Foldable と Traversable

体が成功するのは、すべての関数適用が成功するときだけです。第12章で説明したように、**Maybe**はアプリカティブでもあるので、そのような振る舞いの関数を簡単に定義できます。

```
traverse :: (a -> Maybe b) -> [a] -> Maybe [b]
traverse g []     = pure []
traverse g (x:xs) = pure (:) <*> g x <*> traverse g xs
```

この定義の再帰的な様式は、**map**の定義の様式と本質的に同じです。異なるのは、アプリカティブのおかげで、失敗の可能性が自動的に処理されるところです。失敗するかもしれない関数を使ってリストの中の各要素を走査（traverse）する方法を提供することから、この関数には**traverse**という名前を付けました。例として、正の整数から1を引く関数を考えましょう。正の整数であることを厳密に管理するために**Maybe**型を使います。

```
dec :: Int -> Maybe Int
dec n = if n > 0 then Just (n-1) else Nothing
```

以下に使用例を示します

```
> traverse dec [1,2,3]
Just [0,1,2]

> traverse dec [2,1,0]
Nothing
```

（この例をGHCiで試す場合、次節で説明するように**traverse**はプレリュードですでに提供されていることに注意してください）。

　このようにデータ構造を走査するという考え方は、やはり「リスト型」や「失敗するかもしれない関数」に特有というわけではありません。この考え方を抽象化すると、Traversableと呼ばれる概念が得られます。Haskellでは、この概念は**Traversable**クラスにより抽象化されており、以下のような宣言が提供されています。

```
class (Functor t, Foldable t) => Traversable t where
    traverse :: Applicative f => (a -> f b) -> t a -> f (t b)
```

すなわち、関手かつFoldableである型**t**がTraversableになるためには、その型用の**traverse**が必要です。**t**が関手であるという制約は、Traversableが変換の概念を一般化したものであり、**fmap**が提供されているはずという事実を反映しています。また、**t**がFoldableであるという制約から、Traversableの値は必要に応じて畳み込めることが保証されています。

14.3.1 例

　リストは関手かつFoldableなので、Traversableにもなれます。そのためには、**Maybe**に特化した上記の**traverse**をアプリカティブへと一般化します。つまり、本

体の定義は同じままで、型だけを一般化します。

```
instance Traversable [] where
  -- traverse :: Applicative f => (a -> f b) -> [a] -> f [b]
  traverse g []     = pure []
  traverse g (x:xs) = pure (:) <*> g x <*> traverse g xs
```

同じ方法で木も Traversable にできます。ただしリストのときと違い、基底部では
要素に関数を適用する必要があります。

```
instance Traversable Tree where
  -- traverse :: Applicative f =>
  --    (a -> f b) -> Tree a -> f (Tree b)
  traverse g (Leaf x)   = pure Leaf <*> g x
  traverse g (Node l r) =
    pure Node <*> traverse g l <*> traverse g r
```

ここまでくると、traverse を使って、失敗するかもしれない関数をリストや木の
両方に適用できるようになります。前節の dec を利用する例を以下に示します。

```
> traverse dec [1,2,3]
Just [0,1,2]

> traverse dec [2,1,0]
Nothing

> traverse dec (Node (Leaf 1) (Leaf 2))
Just (Node (Leaf 0) (Leaf 1))

> traverse dec (Node (Leaf 0) (Leaf 1))
Nothing
```

14.3.2 他のメソッドとデフォルト実装

Traversable クラスでは、traverse メソッドだけでなく、以下に示す関数とそ
のデフォルト実装が提供されています。

```
sequenceA :: Applicative f => t (f a) -> f (t a)
sequenceA = traverse id
```

sequenceA の型を見ると、アプリカティブのアクションを要素として持つデータ構
造が、そのデータ構造を返すアプリカティブのアクション一つへと変換されることが
わかります[2]。一方、sequenceA の定義を見ると、その振る舞いを実装するには、恒
等関数（この場合の型は f a -> f a）を使ってデータ構造の要素を走査すればよい
ことがわかります。sequenceA を使うと、たとえば、「失敗するかもしれない値を要

---

[2]　［訳注］外側と内側のコンテナが入れ替わることに注目してください。

210 第14章 Foldable と Traversable

素に持つリスト」を「全体が失敗するかもしれない値」に変換できます。

```
> sequenceA [Just 1, Just 2, Just 3]
Just [1,2,3]

> sequenceA [Just 1, Nothing, Just 3]
Nothing

> sequenceA (Node (Leaf (Just 1)) (Leaf (Just 2)))
Just (Node (Leaf 1) (Leaf 2))

> sequenceA (Node (Leaf (Just 1)) (Leaf Nothing))
Nothing
```

Traversableクラスでは、逆に、sequenceAを使ったtraverseのデフォルト実装も提供されています。その実装からは、作用を持つ関数でデータ構造を走査するには、まずfmapで関数を各要素に適用し、sequenceAを使ってすべての作用を連結すればよいことがわかります。

```
-- traverse :: Applicative f => (a -> f b) -> t a -> f (t b)
traverse g = sequenceA . fmap g
```

このように、Traversableクラスのインスタンスを定義するときは、traverseかsequenceAのいずれか一方を実装するので十分です。もう一方ではデフォルトの実装が利用されます。とはいえ、traverseのデフォルト実装では、fmapとsequenceAがそれぞれデータ構造を一回ずつ走査します。そのため、通常はsequenceAではなくtraverseのデフォルトの実装を上書きするほうがよいでしょう。

これらTraversableクラスの二つのメソッドには、利用される作用がアプリカティブではなくモナドの場合、下記のような別の名前も用意されています。Traversableクラスの定義全体は、付録Bを参照してください。

```
mapM     :: Monad m => (a -> m b) -> t a -> m (t b)
sequence :: Monad m => t (m a) -> m (t a)

mapM     = traverse
sequence = sequenceA
```

まとめると、新しい型を定義するときは、traverseかsequenceAのいずれかを実装することでTraversableにできるか考えるとよいでしょう。Traversableにできれば、Traversableクラスが提供するデフォルト実装のおかげで、作用を持つプログラミングに関する便利な関数がたくさん手に入ります。

14.4 参考文献

Haskellでモノイドを利用する方法については文献[26]を参照してください。foldrの対象をリストから他のデータ構造へ一般化する方法としては、標準的なものが二つ知られています。**Catamorphism**[27]と**crush演算子**[28]です。Foldable

クラスで利用されている方法はcrush演算子に相当します。そのため、Foldableクラスは本来であればCrushableクラスという名前にすべきであり、foldメソッドもcrushと名付けるべきだったという主張も可能でしょう。Traversableについては文献[19]で初めて紹介されました。

14.5 練習問題

1. 以下はData.Monoidにある定義の一部です。組の両方の要素がモノイドである場合に、組をモノイドにするため、この定義を完成させてください。

```
instance (Monoid a, Monoid b) => Monoid (a,b) where
    -- mempty :: (a,b)
    mempty = ...

    -- mappend :: (a,b) -> (a,b) -> (a,b)
    (x1,y1) `mappend` (x2,y2) = ...
```

2. 同様に型a -> bを持つ関数をモノイドにする方法を示してください。ただし、結果の型bはモノイドであるとします。

3. MaybeをFoldableおよびTraversableのインスタンスにしてください。ただし、デフォルトの定義に頼らずに、fold、foldMap、foldr、foldlおよびtraverseを定義してください。

4. 同様に、節にデータを格納する以下の二分木をFoldableおよびTraversableのインスタンスにしてください。

```
data Tree a = Leaf | Node (Tree a) a (Tree a)
                deriving Show
```

5. foldMapを用いて、リストに対する高階関数filterを一般化し、どんなFoldableでも使えるようにしてください。

```
filterF :: Foldable t => (a -> Bool) -> t a -> [a]
```

練習問題1および2の解答は付録Aにあります。

第15章

遅延評価

　この章では、Haskell で式を評価する際に使われる遅延評価という機能について述べます。まず、評価という概念を復習し、二つの評価戦略とそれらの性質について考察します。次に、無限のデータ構造と部品プログラミングについて議論します。最後に本章の締めくくりとして、プログラムの作業空間の効率を向上させる特殊な関数適用について触れます。

15.1　導入

　これまで、Haskell での計算方法の基本は、関数を引数に適用することだと学んできました。例として、整数に 1 を加える関数を定義しましょう。

```
inc :: Int -> Int
inc n = n + 1
```

この定義のもとで、式 inc (2*3) は以下のように簡約できます。

```
    inc (2*3)
=       { * を適用 }
    inc 6
=       { inc を適用 }
    6 + 1
=       { + を適用 }
    7
```

最初の二つの関数適用を逆順で実行しても、最終的には同じ結果となります。

```
    inc (2*3)
=       { inc を適用 }
    (2*3) + 1
=       { * を適用 }
    6 + 1
=       { + を適用 }
    7
```

214 第15章 遅延評価

関数適用の順番を変えても最終的な結果に影響がないという事実は、なにもこの簡単な例に限った話ではなく、Haskellの関数適用が一般的に持つ重要な性質です。より形式的に言うと、Haskellでは、同じ式に対する二つの異なった評価方法は、停止するのであれば必ず同じ結果を算出します。停止性の問題には後ほど立ち戻ります。

なお、命令型言語のほとんどは、蓄えられている値を変えることが計算方法の基本であり、このような性質を持ちません。たとえば、命令的な式n + (n = 1)を考えましょう。この式では、変数nの現在の値と、nの値を1に変更した結果とを足し合わせます。変数nの初期値は0だとします。この式は、左の加算を先に実行すると以下のようになります。

```
    n + (n = 1)
=      { nを適用 }
    0 + (n = 1)
=      { = を適用 }
    0 + 1
=      { + を適用 }
    1
```

逆に、右の代入を先に実行すると以下のようになります。

```
    n + (n = 1)
=      { = を適用 }
    n + 1
=      { nを適用 }
    1 + 1
=      { + を適用 }
    2
```

評価の順番によって最終的な結果が異なります。この例が示唆しているのは、命令型言語では代入のタイミングが計算結果に影響を及ぼすという、一般的な問題です。対照的に、Haskellにおける引数への関数適用のタイミングは、決して計算結果に影響を及ぼしません。それでもなお、評価の順番は、実用上は重大な問題になります。それをこれから説明していきます。

15.2 評価戦略

一つ以上の引数へ適用されている関数が含まれていて、その適用を実行することで「簡約」が可能な式は、**簡約可能式**（リデックス）と呼ばれます。「簡約」といっても、式の大きさが常に小さくなるとは限りません。

例として、引数に整数の組を取り、両者の積を計算して返す関数multを定義しま

しょう[†1]。

```
mult :: (Int,Int) -> Int
mult (x,y) = x * y
```

　ここで、式 mult (1+2, 2+3) を考えます。この式には簡約可能式が三つあります。すなわち、二つの引数に演算子 + を適用した形の 1+2 と 2+3、そして式 mult (1+2, 2+3) 全体です。式全体では、関数 mult が引数の組に適用されています。それぞれを簡約すると、式 mult (3,2+3)、mult (1+2,5)、および (1+2)*(2+3) となります。

　どういう順番で式を簡約すべきでしょうか？　一般的なのは**最内簡約**と呼ばれる戦略です。最内簡約では、最も内側にある簡約可能式を常に選択します。ここで、最も内側にあるというのは、他の簡約可能式を含まないという意味です。最も内側の簡約可能式が複数ある場合は、そのうち最も左にある簡約可能式を選びます。

　いまの例では、簡約可能式 1+2 と 2+3 は他の簡約可能式を含まないので、式 mult (1+2,2+3) の最も内側に位置しています。そのうち、最も左にあるのは 1+2 です。したがって最内簡約では以下のように評価されます。

```
      mult (1+2, 2+3)
  =      { 最初の + を適用 }
      mult (3, 2+3)
  =      { + を適用 }
      mult (3, 5)
  =      { mult を適用 }
      3 * 5
  =      { * を適用 }
      15
```

　評価戦略は、関数に引数をどう渡すかによっても特徴づけられます。具体的に言うと、最内簡約を用いた場合、引数は関数に適用される前に完全に評価される、すなわち、引数が**値**として渡されることが保証されています。たとえば、上記の例で式 mult (1+2,2+3) を評価する際には、まず引数である式 1+2 と 2+3 が評価され、それから関数 mult が適用されます。常に最も内側で最も左の簡約可能式を選べば、一つめの引数が二つめの引数よりも先に評価されることが保証されます。

　最内簡約と双璧をなす評価戦略は、最も外側に位置する簡約可能式を常に選ぶ方法です。ここで、最も外側にあるとは、他の簡約可能式に含まれていないという意味です。そのような簡約可能式が複数あれば、最も左に位置する簡約可能式を選びます。この評価戦略は**最外簡約**と呼ばれます。

　いまの例では、簡約可能式 mult (1+2,2+3) は他の簡約可能式に含まれていないので、最も外側に位置しています。この式を最外簡約を用いて評価すると、以下のよ

[†1]　［訳注］整数を二つ取るのではなく、整数の組を一つ取ることに注意してください。

216　第15章　遅延評価

うになります。

```
      mult (1+2, 2+3)
  =       { mult を適用 }
      (1+2) * (2+3)
  =       { 最初の + を適用 }
      3 * (2+3)
  =       { + を適用 }
      3 * 5
  =       { * を適用 }
      15
```

　引数が関数にどう渡されるかに関しては、最外簡約では引数が評価されるよりも前に関数が適用されます。そのため、引数は**名前**で渡されているといえます。たとえば、式 mult (1+2,2+3) を最外簡約で評価すると、まず評価されてない引数 1+2 と 2+3 に関数 mult が適用されてから、この二つの式が評価されます。

　最外簡約を使う場合でも、組み込み関数の多くは、自身が適用される前に引数が評価されるのを要求します。たとえば、上記の計算が示唆するように、* や + といった組み込み演算子は、引数二つが先に評価されて数値にならないと適用不可能です。このような性質を持つ関数は**正格**であると呼ばれます。この性質については本章の最後で詳しく説明します。

15.2.1　ラムダ式

　ここで、関数 mult をカリー化しましょう。カリー化の概念が用いられていることを強調するために、ラムダ式で定義します。

```
  mult :: Int -> Int -> Int
  mult x = \y -> x * y
```

最内簡約では以下のように簡約されます。

```
      mult (1+2) (2+3)
  =       { 最初の + を適用 }
      mult 3 (2+3)
  =       { mult を適用 }
      (\y -> 3 * y) (2+3)
  =       { + を適用 }
      (\y -> 3 * y) 5
  =       { ラムダ式を適用 }
      3 * 5
  =       { * を適用 }
      15
```

前述の例とは違って、二つの引数が同時にではなく、一度に一つずつ関数 mult の本体に取り込まれます。これは、カリー化で期待されるとおりの挙動です。最も内側で最も左側の簡約可能式が、式 mult (3,2+3) では 2+3 だったものが、式 mult 3 (2+3) では mult 3 になっています。上記の2段階めで mult 3 を簡約して得られる

ラムダ式「\y -> 3 * y」は、二つめの引数の評価を待っている状態です。

Haskellでは、ラムダ式内の簡約可能式の選択が禁止されています。ラムダ式内を簡約しない根拠は、関数はブラックボックスであり、中身を覗けないからです。より形式的に言うと、関数に対して許される唯一の操作は、関数を引数に適用することです。そのため、関数の本体における簡約が許されるのは、関数の適用後に限られます。

たとえば、関数「\x -> 1 + 2」は、本体に簡約可能式 1 + 2 があっても、完全に評価済みであるとみなされます。しかし、この簡約可能式は、いったん関数が引数に適用されると評価されます。

```
    (\x -> 1 + 2) 0
  =    { ラムダ式を適用 }
    1 + 2
  =    { +を適用 }
    3
```

一般的に、ラムダ式の内部を除く最内簡約と最外簡約は、それぞれ**値渡し**および**名前渡し**と呼ばれます。以降の二つの節で、これら二つの評価戦略を比較します。比較の基準は重要な二つの性質、具体的には、停止性と簡約の回数です。

15.3 停止性

以下の再帰的な定義を考えましょう。

```
inf :: Int
inf = 1 + inf
```

すなわち、整数 inf を、自分自身に1を加えるものとして定義します。inf は infinity（無限）の略語です。整数 inf を評価しようとすると、評価戦略の種類によらず巨大な式が生成されてしまい、評価は停止しません。

```
    inf
  =    { infを適用 }
    1 + inf
  =    { infを適用 }
    1 + (1 + inf)
  =    { infを適用 }
    1 + (1 + (1 + inf))
  =    { infを適用 }
    ⋮
```

ここで、式 fst (0, inf) について考えましょう。関数 fst は、組の最初の要素を返すプレリュード関数であり、fst (x,y) = x と定義されています。値渡しでは、inf そのものを評価する場合と同じく、この式の評価は停止しません。

218 第15章 遅延評価

```
    fst (0, inf)
=      { infを適用 }
    fst (0, 1 + inf)
=      { infを適用 }
    fst (0, 1 + (1 + inf))
=      { infを適用 }
    fst (0, 1 + (1 + (1 + inf)))
=      { infを適用 }
    ⋮
```

対照的に、名前渡しでは、関数 fst を適用する一段階めで停止して 0 を返します。そのため、整数 inf が停止しない式を生成するのを回避できます。

```
    fst (0, inf)
=      { fstを適用 }
    0
```

この簡単な例から、値渡しでは停止しない場合でも、名前渡しであれば結果を得られる場合があるとわかります。一般的に言うと、名前渡しには、「ある式に対し停止する評価の手順が存在するなら、名前渡しはこの式の評価を必ず停止させ、同じ結果を返す」という重要な性質があります。

以上をまとめると、評価をなるべく多く停止させたいなら、値渡しより名前渡しのほうが適しているといえます。

15.4 簡約の回数

ここで、以下の定義について考えましょう。

```
    square :: Int -> Int
    square n = n * n
```

たとえば、値渡しを用いると、式 square (1+2) の評価は以下のようになります。

```
    square (1+2)
=      { +を適用 }
    square 3
=      { squareを適用 }
    3 * 3
=      { *を適用 }
    9
```

対照的に、同じ式を名前渡しで評価すると、簡約の回数が増えます。なぜなら、square を適用すると、引数である式 1+2 が複製されるので、この式を二回評価する必要があるからです。

```
    square (1+2)
=      { squareを適用 }
    (1+2) * (1+2)
```

```
    =       { 最初の + を適用 }
        3 * (1+2)
    =       { + を適用 }
        3 * 3
    =       { * を適用 }
        9
```

この例から、引数が関数の本体で二回以上使われると、値渡しよりも名前渡しのほうが簡約の回数が増えることがあるとわかります。一般的な性質として、値渡しを使うと引数は正確に一回のみ評価されますが、名前渡しを使うと複数回評価される可能性があります。

幸運にも、名前渡しは効率が悪いという問題は、共有される式をポインターで指すという方法で簡単に解決できます。すなわち、関数本体の中で引数が複数回使われる場合には、複製するのではなく、引数の実体に対し複数のポインターを張ればよいのです。このようにすれば、引数に対して実行された簡約は、それぞれのポインターで自動的に共有されます。たとえば、この評価戦略を用いると次のようになります。

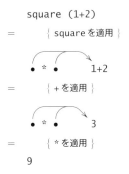

すなわち、一段階めで定義 `square n = n * n` を適用する際に、引数の式 `1+2` は複製せずにポインターを二つ作ります。二段階めで式 `1+2` を簡約すると、両方のポインターが結果を共有します。

ポインターによる共有を用いた名前渡しは、**遅延評価**と呼ばれます。Haskell で使われているのは、この評価戦略です。そのため、Haskell は遅延プログラミング言語と呼ばれます。遅延評価は名前渡しに基づいているので、停止しうるなら評価を必ず停止できるという性質があります。また、ポインターによる共有を用いているので、簡約の回数が値渡しよりも多くなることはありません。遅延という用語については次節で解説します。

220 第15章 遅延評価

15.5 無限のデータ構造

　名前渡し、すなわち遅延評価には、一見不可能に思えることが可能になるという側面もあります。それは、無限のデータ構造が許容されることです。すでに簡単な実例を見たように、式fst (0,inf)を評価しても、整数infが定義する無限のデータ構造1 + (1 + (1 + ...))は生成されません。

　無限リストを考えると、もっと面白い振る舞いが見られます。例として、以下の再帰的な定義を考えましょう。

```
ones :: [Int]
ones = 1 : ones
```

すなわち、リストonesは、1の後に自分自身が続くように定義されています。整数infと同様に、評価戦略の種類にかかわらず、リストonesの評価は停止しません。

```
    ones
=       { onesを適用 }
    1 : ones
=       { onesを適用 }
    1 : (1 : ones)
=       { onesを適用 }
    1 : (1 : (1 : ones))
=       { onesを適用 }
    ⋮
```

実際、GHCiでリストonesを評価すると、ユーザーが停止させるまでリスト中に1が生成され続けます。

```
> ones
[1,1,1,1,1,1,1,1,1,1,1,...
```

　ここで、式head onesについて考えましょう。headはプレリュード関数であり、リストの先頭の要素を返します。その定義はhead (x:_) = xです。式head onesの評価は、値渡しを使うと停止しません。

```
    head ones
=       { onesを適用 }
    head (1 : ones)
=       { onesを適用 }
    head (1 : (1 : ones))
=       { onesを適用 }
    head (1 : (1 : (1 : ones)))
=       { onesを適用 }
    ⋮
```

対照的に、遅延評価では評価が二段階で停止します。

```
      head ones
  =       { ones を適用 }
      head (1 : ones)
  =       { head を適用 }
      1
```

このような振る舞いとなるのは、その名前が示唆するように、遅延評価は処理を遅延させるからです。すなわち、引数は本当に必要になって初めて評価されます。たとえば、リストの最初の要素を取り出すときは、残りのリストは必要がありません。したがって、**head (1 : ones)** の中の無限リスト **ones** は評価されません。一般的に、遅延評価には、「式が利用される文脈が要求する回数だけしか、その式は評価されない」という性質があります。

遅延評価の下では、**ones** は本当の無限リストではなく、むしろ文脈が要求する回数だけ評価される**潜在的な無限リスト**だとわかります。この性質は、リストに限らず、Haskell のすべてのデータ構造に適用されます。たとえば、この章の練習問題では、潜在的に無限の大きさを持つ木を取り扱います。

15.6　部品プログラミング

遅延評価は、計算の際に**データ**から**制御**を切り離すことを可能にします。たとえば、1 を三つ格納するリストは、1 の無限リスト（データ）から最初の三つの要素を取り出す（制御）ことで生成できます。

```
> take 3 ones
[1,1,1]
```

関数 take は、プレリュードで以下のように定義されています。

```
   take 0 _      = []
   take _ []     = []
   take n (x:xs) = x : take (n-1) xs
```

遅延評価のもとでは以下のように簡約が進みます。

```
      take 3 ones
  =       { ones を適用 }
      take 3 (1 : ones)
  =       { take を適用 }
      1 : take 2 ones
  =       { ones を適用 }
      1 : take 2 (1 : ones)
  =       { take を適用 }
      1 : 1 : take 1 ones
  =       { ones を適用 }
      1 : 1 : take 1 (1 : ones)
  =       { take を適用 }
      1 : 1 : 1 : take 0 ones
  =       { take を適用 }
      1 : 1 : 1 : []
  =       { リスト表記 }
      [1,1,1]
```

222 第15章 遅延評価

つまり、データは制御にとって必要な回数しか評価されません。そして、データ **ones** と制御 **take** が交互に簡約を実行します。遅延評価なしで n 個の同じ要素からなるリストを生成するには、制御とデータを単一の関数として組み合わせて、以下のように定義する必要があるでしょう[†2]。

```
replicate :: Int -> a -> [a]
replicate 0 _ = []
replicate n x = x : replicate (n-1) x
```

　プログラムをできるだけ論理的に異なる部品に分けることはプログラミングの重要な目標であり、データから制御を分離できることは遅延評価の最も重要な利点の一つです。

　ただし、遅延評価があるからといって、無限リストを扱う際に注意を怠ると、評価が停止しなくなります。たとえば、以下の式を考えましょう。

```
filter (<= 5) [1..]
```

ここで、**[n..]** は n から始まる整数の無限リストを生成します。上記の式は、整数 1、2、3、4、5 を生成した後、無限ループに陥ります。なぜなら、関数 **filter (<= 5)** は、5 以下の整数を探そうと無限リストを走査し続けるからです。これとは対照的な以下の式を考えましょう。

```
takeWhile (<= 5) [1..]
```

この式は、同じ整数を生成した後停止します。なぜなら、**takeWhile (<= 5)** は 5 より大きな要素を発見すると直ちに止まるからです。

　この節の締めくくりとして、素数に関する例題を取り上げます。第5章では、与えられた上限まで素数を生成する関数を実装しました。ここでは、すべての素数からなる無限リストを生成する簡潔な方法を考えます。以前に実装したのは、その無限リストの有限な先頭部分を生成する関数だったといえます。

- 無限リスト 2、3、4、5、6、... を生成する
- リストの先頭の整数 p に、素数であるという印を付ける
- p の倍数をリストから取り除く
- 手順2に戻る

　手順1と手順3はいずれも無限回に及ぶ作業なので、それぞれ交互に実行する必要があります。この手順の最初の数回の繰り返しは以下のようになります。

[†2] ［訳注］遅延評価をいかして関数 **replicate** を定義すると、**replicate n x = take n (repeat x)** となります。関数 **take** と **repeat** が完全に独立した部品であることに注意しましょう。遅延評価は、ループから終了条件を切り離すことを可能にすると考えてもかまいません。

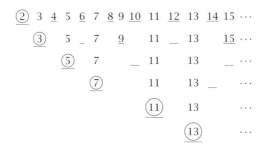

各行が、上記の手順の1回の繰り返しに対応しています。最初の行は、初期のリストです（手順1に相当）。各行の先頭の数を丸で囲んであるのは、それが素数であることを示す印です（手順2に相当）。そして、その数の倍数すべてに下線を引いてあります。これは次の繰り返しの前に削除されます（手順3に相当）。最初の無限リストから繰り返しのたびに下線を引いた数が振るい落とされ、丸で囲まれた数により素数の無限リストが形成されていきます。

$$2, 3, 5, 7, 11, 13, \cdots$$

上記の素数を生成する手続きは、最初に記述を残したギリシアの数学者にちなんで、**エラトステネスのふるい**と呼ばれています。この手続きは、Haskellで直接書き下せます。

```
primes :: [Int]
primes = sieve [2..]

sieve :: [Int] -> [Int]
sieve (p:xs) = p : sieve [x | x <- xs, x `mod` p /= 0]
```

すなわち、まず無限リスト[2..]を生成し（手順1）、そこに関数sieveを適用します。この関数は、先頭の数pを素数として残し（手順2）、pの倍数を取り除くことで生成したリストとともに自分自身を呼び出します（手順3と4）。このプログラムがすべての素数からなる無限リストを実際に生成することは、遅延評価により保証されます。

```
> primes
[2,3,5,7,11,13,17,19,23,29,31,37,41,43,47,53,59,61,67,...
```

有限の上限という制約から素数の生成を解放したおかげで、独立した部品が手に入りました。この部品は、制御のための他の部品と組み合わせて利用できます。たとえば、最初の10個の素数や、10より小さい素数は、それぞれ以下のようにして生成で

224 第15章 遅延評価

```
> take 10 primes
[2,3,5,7,11,13,17,19,23,29]

> takeWhile (< 10) primes
[2,3,5,7]
```

15.7 正格適用

Haskellは、通常は遅延評価を用いますが、関数適用を**正格評価**で実行する演算子 $!も用意されています。正格適用にも便利な場面があります。正確な説明ではありませんが、f $! xという形の式は、関数fが適用される前に引数の式xの最上位が評価される点を除いて、通常の関数適用f xと同じように振る舞います。

たとえば、引数の型がIntやBoolのような基本型であれば、最上位の評価は単に全体の評価です。一方、(Int,Bool)のような組であれば、式の組が得られるまでは評価が続けられますが、それ以上は進みません。同様に、リストに対しては、空リストか先頭の要素が得られるまで評価が続けられます。

より正確に言うと、次のようになります。すなわち、式f $! xを評価する際は、まず通常の遅延評価を用いて引数xを評価していき、結果が未定義の値でないことがわかるところまで達したら、通常の関数適用f xへと簡約します。たとえば、式square $! (1+2)の評価は、値渡しで実行されます。最初に引数1 + 2が評価されて3となり、次に関数squareが適用されます。squareの定義がsquare n = n * nであれば、評価手順の全体は以下のようになります。

```
    square $! (1+2)
  =   { +を適用 }
    square $! 3
  =   { $!を適用 }
    square 3
  =   { squareを適用 }
    3 * 3
  =   { *を適用 }
    9
```

複数の引数を取るカリー化された関数で正格評価を利用する場合には、引数の任意の組み合わせに対して最上位が評価されるようにできます。たとえば、fが二つの引数を取るカリー化された関数である場合、関数適用f x yに対し、引数の評価順を変更する方法としては、以下の三つが考えられます。

```
(f $! x) y          xの最上位を評価
(f x) $! y          yの最上位を評価
(f $! x) $! y       xとyの最上位を評価
```

15.7 正格適用 *225*

Haskell では、正格適用は主にプログラムの作業空間を効率化するために使われます。例として、蓄積変数を使って整数のリストの和を求める関数 sumwith を考えましょう。

```
sumwith :: Int -> [Int] -> Int
sumwith v []     = v
sumwith v (x:xs) = sumwith (v+x) xs
```

関数 sumwith は、遅延評価では以下のように動作します。

```
    sumwith 0 [1,2,3]
=      { sumwith を適用 }
    sumwith (0+1) [2,3]
=      { sumwith を適用 }
    sumwith ((0+1)+2) [3]
=      { sumwith を適用 }
    sumwith (((0+1)+2)+3) []
=      { sumwith を適用 }
    ((0+1)+2)+3
=      { 最初の + を適用 }
    (1+2)+3
=      { 最初の + を適用 }
    3+3
=      { + を適用 }
    6
```

加算が実行される前に、全体の和の式 ((0+1)+2)+3 が構築されていることに注意しましょう。関数 sumwith が構築する和の式の長さは、一般的に、引数のリストの長さに比例します。リストが長ければ、必要となるメモリーの量も多くなります。メモリーの枯渇を避けるために、加算がすぐに実行されるほうが実用的なこともあるでしょう。

このような動作は、正格適用を用いて蓄積変数を評価することで実現できます。

```
sumwith v []     = v
sumwith v (x:xs) = (sumwith $! (v+x)) xs
```

正格適用の sumwith は以下のように動作します。

```
    sumwith 0 [1,2,3]
=      { sumwith を適用 }
    (sumwith $! (0+1)) [2,3]
=      { + を適用 }
    (sumwith $! 1) [2,3]
=      { $! を適用 }
    sumwith 1 [2,3]
=      { sumwith を適用 }
    (sumwith $! (1+2)) [3]
=      { + を適用 }
    (sumwith $! 3) [3]
=      { $! を適用 }
    sumwith 3 [3]
=      { sumwith を適用 }
    (sumwith $! (3+3)) []
```

226 第15章 遅延評価

```
=       { + を適用 }
   (sumwith $! 6) []
=       { $! を適用 }
   sumwith 6 []
=       { sumwithを適用 }
   6
```

この評価では、正格適用にかかる手間のぶん、遅延評価よりも簡約の手順が増えています。しかし、加算はすぐに実行され、大きな和の式は構築されていません。

Data.Foldableモジュールには、この例題の様式を一般化する形で、正格版の高階関数foldl'が提供されています。foldl'は、リストを遅延評価でたどりながら、蓄積変数を正格適用で評価します。

```
foldl' :: (a -> b -> a) -> a -> [b] -> a
foldl' f v []     = v
foldl' f v (x:xs) = ((foldl' f) $! (f v x)) xs
```

関数foldl'を使えば、関数sumwithをsumwith = foldl' (+)のように定義できます。ただ、正格適用はHaskellプログラムの作業空間の効率を自動的に向上させる銀の弾丸ではないことに十分注意してください。正格な関数の利用は、比較的簡単なプログラムに対してでさえ専門的な話題であり、遅延評価の振る舞いに対する注意深い考察を必要とします。

15.8 参考文献

評価の順序とその性質についての詳細は、文献[29]を参照してください。遅延評価を部品プログラミングに利用する他の例は、古典的な記事 *"Why Functional Programming Matters"* [30] に載っています。遅延評価の形式的な意味は、文献[31]で示されています。また、文献[32]には、遅延評価を効率良く実装する方法が解説されています。

15.9 練習問題

1. 以下の式の簡約可能式はどこでしょう。また、選び出した簡約可能式が最も内側か、最も外側か、両方か、いずれでもないか、考えてください。

   ```
   1 + (2*3)

   (1+2) * (2+3)

   fst (1+2, 2+3)

   (\x -> 1 + x) (2*3)
   ```

2. 式fst (1+2,2+3)を評価する際、最内簡約よりも最外簡約のほうが適している理由を説明してください。

3. 定義 mult = \x -> (\y -> x * y) に対し、式 mult 3 4 の評価が四段階の手順になることを示してください。

4. リスト内包表記を使って、以下に示すフィボナッチ数の無限リストを生成する関数 fibs :: [Integer] を実装してください（フィボナッチ数は急激に大きくなるので、多倍長整数 Integer を使っていることに注意しましょう）。

$$0, 1, 1, 2, 3, 5, 8, 13, 21, 34, \cdots$$

以下の手順で実装しましょう。

- 最初の二つの数を 0 と 1 とする
- 次の数は、前の二つの数を足して算出する
- 二番めに戻る

ヒント：プレリュード関数 zip と tail を利用しましょう。

5. 以下のプレリュード関数を変更して、

```
repeat :: a -> [a]
repeat x = xs where xs = x:xs

take :: Int -> [a] -> [a]
take 0 _     = []
take _ []    = []
take n (x:xs) = x : take (n-1) xs

replicate :: Int -> a -> [a]
replicate n = take n . repeat
```

以下の二分木に対して動くようにしてください。

```
data Tree a = Leaf | Node (Tree a) a (Tree a)
              deriving Show
```

訳者からのヒント：n は木の深さを表します。

6. （非負である）浮動小数点数 n に対する平方根を求める**ニュートン法**は、以下のように説明できます。

- 結果の適当な近似値を初期値とする
- 現在の近似値を a として、次の近似値を関数 next a = (a + n/a) / 2 を使って求める
- 最後の二つ値の差が望みの範囲に収まるように上記の手順を繰り返し、最後の値を結果として返す

この手続きを実現する関数 sqroot :: Double -> Double を定義してください。

ヒント：まず、近似値の無限リストをプレリュード関数 iterate を使って生成

しましょう。問題を簡単にするために、最初の近似値は1.0、望みの差の範囲を0.00001としてください。

練習問題1から3の解答は付録Aにあります。

第16章

プログラムの論証

　この章では、Haskell プログラミングを論証する方法を紹介します。まず、等式の変形について復習します。それから、それを Haskell に応用した等式推論を考えます。そして、数学的帰納法という重要な技法を説明し、連結演算子を数学的帰納法に似た手法で除去できることを示します。最後に本章の締めくくりとして、簡単なコンパイラーの正しさを証明します。

16.1　等式変形

　学校では、数が持つ代数的性質を学んだことでしょう。たとえば、乗算は可換則を、加算は結合則を、乗算は加算に対する左右の分配則を満たします。

$$
\begin{aligned}
x\,y &= y\,x \\
x + (y + z) &= (x + y) + z \\
x\,(y + z) &= x\,y + x\,z \\
(x + y)\,z &= x\,z + y\,z
\end{aligned}
$$

この三つの性質を使うと、たとえば、$(x + a)(x + b)$ という形の積を展開して $x^2 + (a + b)\,x + a\,b$ という形の和に変形できることが示せます。

$$
\begin{aligned}
&\quad (x + a)(x + b) \\
=&\quad \{\ 左分配則\ \} \\
&\quad (x + a)\,x + (x + a)\,b \\
=&\quad \{\ 右分配則\ \} \\
&\quad x\,x + a\,x + x\,b + a\,b \\
=&\quad \{\ 乗算\ \} \\
&\quad x^2 + a\,x + x\,b + a\,b \\
=&\quad \{\ 可換則\ \} \\
&\quad x^2 + a\,x + b\,x + a\,b \\
=&\quad \{\ 右分配則\ \} \\
&\quad x^2 + (a + b)\,x + a\,b
\end{aligned}
$$

この計算では、結合則を暗黙に使っていることに注意してください。すなわち、複数

230 第16章 プログラムの論証

の加算に対して括弧を省略しています。

代数的性質には、理論としての面白さに加えて、計算上も重要な意味があります。たとえば、式 $x(y+z)$ には二つの操作（乗算一つと加算一つ）が必要ですが、式 $xy + xz$ には三つの操作（乗算二つと加算一つ）が要求されます。そのため、これら二つの式は代数的に等しいですが、効率面では後者よりも前者のほうが望ましいといえます。

16.2　Haskellの等式推論

Haskellでも、代数的性質を利用した等式の変形と同様のことが考えられます。これは等式推論（equational reasoning）と呼ばれています。たとえば、Haskellの等式 x * y = y * x は、同じ型の数値を表す任意の式 x と y に対し、x * y と y * x の評価が常に同じ値を生成することを意味します。このような性質について述べるときは、Haskellが提供する同等演算子 == は利用せず、数学の等号 = を用いることに注意してください。なぜなら、Haskellを論証するための言語として、ここでは数学を使おうとしているからです。もし、Haskellを論証するための言語としてHaskellを使うと、少しわかりにくくなってしまうでしょう。

Haskellのプログラムを等式推論するときは、加算や乗算といった組み込み演算子の性質だけでなく、ユーザーが関数の定義に用いた等式も利用します。たとえば、整数を二倍する以下の関数を考えましょう。

```
double :: Int -> Int
double x = x + x
```

これは関数の**定義**ですが、これを等式と見れば、この関数について等式推論する際に使える**性質**ともみなせます。具体的には、任意の式 x について double x を x + x へ置き換えることも、逆に x + x を double x へ置き換えることも、いつでも可能です。プログラムに対する等式推論の際は、関数の定義を左辺から右辺へ**適用**しても、右辺から左辺へ**逆適用**してもかまいません。

ただし、複数の等式を用いて定義された関数について等式推論するときは注意が必要です。たとえば、引数が0であるかを検査する関数が、次のような複数の等式で定義されているとします。

```
isZero :: Int -> Bool
isZero 0 = True
isZero n = False
```

最初の等式 isZero 0 = True は、常に適用できる論理的な性質とみなせます。しかし、二つめの等式 isZero n = False はそうはいきません。Haskellでは等式が書かれた順番に意味があるからです。n = 0 の場合は最初の等式が適用されるので、

isZero nをFalseに置き換えられるのは、n ≠ 0の場合だけです。同じ理由で、式
isZero n = Falseの逆適用は、n ≠ 0 のときに限って有効です。その場合に限り、
FalseをisZero nで置き換えてかまいません。

　一般的に、関数が複数の等式を用いて定義されている場合、それぞれの等式を他と
独立した論理的な性質とはみなせません。等式のパターンが合致する順番を考慮する
必要があります。このため、関数の定義では、できるだけ書かれた順番に依存しない
等式を使うことが理想です。たとえば、上記の定義は、ガードを用いて以下のように
書き直せます。

```
isZero 0         = True
isZero n | n /= 0 = False
```

こう定義すれば、ガードn /= 0が満たされるときに限り、isZero nのFalseへの
置き換え、および、逆方向であるFalseのisZero nへの置き換えが可能であること
が明確になります。合致する値が順番に依存しないパターンは、**重複なし**とも呼ばれ
ます。プログラムに対する等式推論の過程を簡潔にするためには、関数定義の際にで
きるだけ重複のないパターンを書くとよいでしょう。付録Bに示した関数の多くもこ
の方法で定義されています。

16.3　簡単な例題

　Haskellにおける等式推論の簡単な例として、まずはリストを逆順にするプレリュー
ド関数を取り上げましょう。

```
reverse :: [a] -> [a]
reverse []     = []
reverse (x:xs) = reverse xs ++ [x]
```

上記の定義を用いると、任意の値xに対しreverse [x] = [x]が成り立つことか
ら、関数reverseは要素が一つのリストに対しては何の効果も持たないことがわか
ります。

```
    reverse [x]
  =    { リスト表記 }
    reverse (x : [])
  =    { reverseを適用 }
    reverse [] ++ [x]
  =    { reverseを適用 }
    [] ++ [x]
  =    { ++ を適用 }
    [x]
```

したがって、プログラム中の式reverse [x]を[x]へと置き換えても意味は変わり
ません。しかし、関数reverseの適用がなくなるので、そのぶんだけ効率的になり
ます。

232 第16章 プログラムの論証

場合分けと一緒に等式推論を使うこともよくあります。たとえば、否定演算子を考えてみましょう。

```
not :: Bool -> Bool
not False = True
not True  = False
```

この関数はパターンマッチを用いて定義されているので、否定演算子**not**の性質は、通常は引数についての場合分けにより証明できます。たとえば、任意の真理値**b**に対して**not (not b) = b**であることは、**b**が真の場合と偽の場合とに分けて導けます。**b = False**の場合は、以下のように検証できます。**b = True**の場合も同様です。

```
    not (not False)
=      { 内側の not を適用 }
    not True
=      { not を適用 }
    False
```

16.4 自然数に対する数学的帰納法

面白みのある Haskell プログラムのほとんどは、何らかの形で再帰を使っています。通常、このようなプログラムに対する論証では、単純かつ強力な技法である**数学的帰納法**を用います。自然数を表す簡単な再帰型の例を思い出しましょう。

```
data Nat = Zero | Succ Nat
```

この宣言は、次のことを示します。すなわち、**Zero**は型**Nat**の値であり（基底部）、もし**n**が型**Nat**の値であれば**Succ n**も型**Nat**の値です（再帰部）。また、型**Nat**の構成子が**Zero**と**Succ**のみであることも読み取れます。型**Nat**の値を列挙すると以下のようになります。

```
Zero
Succ Zero
Succ (Succ Zero)
Succ (Succ (Succ Zero))
 .
 .
 .
```

問題を単純にするため、**Zero**に有限の回数**Succ**を適用して得られる**有限**の自然数のみを考えます。つまり、無限の値**Succ (Succ (Succ ...))**は取り扱いません（**inf = Succ inf**という再帰により定義はできます）。この章で考えるすべての再帰型では、同様にして無限の値は考えないものとします。

ここで、すべての有限な自然数に対して成り立つ性質を証明したいとしましょう。その性質を**p**とします。数学的帰納法の原理に従えば、性質**p**が**基底部**である**Zero**のとき成り立ち、かつ、性質**p**が**再帰部**である**Succ**によって保存されることを示せ

ば、性質pを証明できます。再帰部についてより正確に言うと、任意の自然数nのとき性質が成り立つと**仮定**したうえで、その性質がSucc nのときも成り立つことを示さなければいけません。

すべての自然数に対して性質pが成り立つことを示すのに、数学的帰納法で十分なのでしょうか。たとえば、Succ (Succ Zero) に対して性質pが成り立つかどうか、数学的帰納法と同じやり方で導いてみましょう。まずは基底部です。性質pは、Zeroに対して成り立ちます。そこでn = Zeroとすることで、再帰部を一回適用できます。これにより、性質pがSucc Zeroで成り立つことがわかります。そこで、今度はn = Succ Zeroとすることで、再帰部をもう一回適用できます。これにより、性質pがSucc (Succ Zero) に対しても成り立つことがわかります。どんな自然数であっても、同様の方法で、性質pが成り立つことを確かめられます。

ドミノ倒しを比喩にして考えるとわかりやすいでしょう。ドミノが一列に並んでいるとします。先頭のドミノが倒れること、また、ドミノが倒れるときは必ず隣にあるドミノも倒れるとわかっています。最初の事実から、ドミノ倒しを開始できることがわかります。二つめの事実を繰り返し適用すれば、ドミノは倒れ続けます。したがって、明らかにすべてのドミノは倒れます。数学的帰納法でも、同様の連鎖反応が起きるのです。すなわち、求めるべき性質がZeroに対して成り立つかを調べ（先頭のドミノが倒れる）、その性質がSuccに対しても保たれるかを検査すれば（任意のドミノが倒れると隣のドミノも倒れる）、すべての自然数に対して性質が成り立つと結論づけられます（すべてのドミノが倒れる）。

具体的な例題で考えてみましょう。二つの自然数を取り、それらを足し合わせる再帰的な関数が、以下のように定義されているとします。

```
add :: Nat -> Nat -> Nat
add Zero     m = m
add (Succ n) m = Succ (add n m)
```

最初の等式は、すべての自然数mに対してadd Zero m = mが成り立つことを意味します。ここで、すべての自然数nに対して加算の単位元の性質「add n Zero = n」が成り立つことを示しましょう。この性質をpとおきます。証明にはnについての数学的帰納法を使います。まず、基底部においてp Zeroが成り立つこと、すなわち、add Zero Zero = Zeroが成り立つことを示します。これは以下のように簡単に示せます。

```
      add Zero Zero
  =     { add を適用 }
      Zero
```

次は再帰部です。「すべての自然数nに対してpが成り立つならばp (Succ n) も成

234 第16章 プログラムの論証

り立つ」ことを示さなければいけません。すなわち、add n Zero = n が成り立つと
仮定し、等式 add (Succ n) Zero = Succ n が成り立つことを示します。これは以
下のように確かめられます。

```
    add (Succ n) Zero
=     { add を適用 }
    Succ (add n Zero)
=     { 仮定より }
    Succ n
```

□

数学的帰納法による証明では複数の計算式を扱うことが多いので、証明の終わりを明
示するほうがよいでしょう。本書では、上記のような正方形 □ を使って証明の終わ
りを表します。

　別の例として、自然数の加算に対する結合則を考えましょう。すなわち、任意の自
然数 x、y、z に対し、「add x (add y z) = add (add x y) z」が成り立ちます。
三つの変数のうち、どれに対して数学的帰納法を用いればよいでしょうか？ 関数 add
は、一つめの引数に対するパターンマッチを用いて定義されていることに注目してく
ださい。また、上記の等式では、関数 add の一つめの引数として x が二回、y が一回
使われています。z は使われていません。そこで、add の結合則を証明するには、x に
ついて数学的帰納法を使うのが自然です。

　基底部：

```
    add Zero (add y z)
=     { 外側の add を適用 }
    add y z
=     { add を逆適用 }
    add (add Zero y) z
```

　再帰部：

```
    add (Succ x) (add y z)
=     { 外側の add を適用 }
    Succ (add x (add y z))
=     { 仮定より }
    Succ (add (add x y) z)
=     { 外側の add を逆適用 }
    add (Succ (add x y)) z
=     { 内側の add を逆適用 }
    add (add (Succ x) y) z
```

□

注目してほしいのは、どちらの場合の証明も、定義の適用から始まって逆適用で終
わっていることです。数学的帰納法による証明は、この様式になることが多いのです
が、最初のうちは後半部分がいくぶん謎めいていると感じるかもしれません。特に、
どの定義を逆適用すればよいかを見極めるには、ある種の洞察が必要に思えるでしょ

う。しかし実際には、どこかの時点で行き詰まった場合、最終的な目標から行き詰まった場所へ、逆向きに進むよう試みると打開できることが多くあります。

たとえば上記の証明では、再帰部において帰納法の仮定を使ってSucc（add（add x y）z）を得た後は、それ以上適用できる定義がありません。そのため、どう進めていいかわからなくなるかもしれません。しかし、最終的な目標である add（add（Succ x）y）z に着目し、内側と外側のaddを順番に適用してみると、行き詰まった式が生成できます。その手順を逆に並べ替えて、適用を逆適用にすれば、証明が完成します。

ここまではNat型を使って数学的帰納法を説明してきましたが、同じ原理はHaskellの組み込み型である整数に対しても利用できます。具体的には、ある性質 p が $n \geqslant 0$ の整数すべてに対して成り立つと証明するには、p が基底部0に対して成り立ち、p が再帰部において $n \geqslant 0$ に対して成り立つと仮定したうえで、n+1のときも成り立つことを示せばよいのです。

たとえば、指定された要素を n 個持つリストを生成するプレリュード関数 replicate の定義が与えられたとします。

```
replicate :: Int -> a -> [a]
replicate 0 _ = []
replicate n x = x : replicate (n-1) x
```

$n \geqslant 0$ に対し、関数 replicate が本当に n 個の要素を持つリストを生成すること、すなわち「length (replicate n x) = n」であることは、簡単に証明できます。

基底部：

```
    length (replicate 0 x)
=      { replicateを適用 }
    length []
=      { lengthを適用 }
    0
```

再帰部：

```
    length (replicate (n+1) x)
=      { replicateを適用 }
    length (x : replicate n x)
=      { lengthを適用 }
    1 + length (replicate n x)
=      { 仮定より }
    1 + n
=      { +の可換則 }
    n + 1
```

□

236　第16章　プログラムの論証

16.5　リストに対する構造的帰納法

　自然数だけでなく、リストのような他の再帰的な型の論証にも、数学的帰納法に似た構造的帰納法が利用できます。自然数が1増やす関数を0から再帰的に適用して作られるのと同様に、リストはcons演算子を空リストに適用することで構築されます。

　すべてのリストに対し、ある性質pが成り立つことを証明したいとしましょう。構造的帰納法の原理に従えば、性質pが基底部である空リスト [] のとき成り立ち、性質pがリスト xs で成り立つと仮定したうえでリスト x:xs に対しても成り立つことを示せば、証明できます。もちろん、要素 x とリスト xs は適切な型を持つとします。

　最初の例として、この章で先に定義した reverse に対して性質「reverse (reverse xs) = xs」が成り立つことを、リスト xs に対する構造的帰納法で証明します。基底部は、単に定義を適用するだけで確認できます。

```
      reverse (reverse [])
  =       { 内側の reverse を適用 }
      reverse []
  =       { reverse を適用 }
      []
```

再帰部については、「reverse (reverse xs) = xs」が成り立つと仮定したうえで、reverse (reverse (x:xs)) = x:xs が成り立つことを以下のように示します。

```
      reverse (reverse (x:xs))
  =       { 内側の reverse を適用 }
      reverse (reverse xs ++ [x])
  =       { 分配則 - 以下を参照 }
      reverse [x] ++ reverse (reverse xs)
  =       { 要素が一つのリスト - 以下を参照 }
      [x] ++ reverse (reverse xs)
  =       { 仮定より }
      [x] ++ xs
  =       { ++ を適用 }
      x : xs
```

□

　上記の計算は、関数 reverse が持つ補助的な性質を二つ利用しています。一つは、reverse は要素が一つのリストに対しては何の効果も持たないという性質 reverse [x] = [x] です。もう一つは、reverse が連結演算子に対して分配則が成り立つという性質です。ただし、引数の順番は逆になります。これは厳密には、「分配則が**反変である**」と言います。

```
  reverse (xs ++ ys) = reverse ys ++ reverse xs
```

　連結演算子 ++ は、一つめの引数に対するパターンマッチを用いて定義されているので、この性質を証明するには xs に関する構造的帰納法を用いるのが自然です。

基底部：

```
    reverse ([] ++ ys)
=       { ++ を適用 }
    reverse ys
=       { ++ の単位元 }
    reverse ys ++ []
=       { reverse を逆適用 }
    reverse ys ++ reverse []
```

再帰部：

```
    reverse ((x:xs) ++ ys)
=       { ++ を適用 }
    reverse (x : (xs ++ ys))
=       { reverse を適用 }
    reverse (xs ++ ys) ++ [x]
=       { 仮定より }
    (reverse ys ++ reverse xs) ++ [x]
=       { ++ の結合則 }
    reverse ys ++ (reverse xs ++ [x])
=       { 二番めの reverse を逆適用 }
    reverse ys ++ reverse (x:xs)
```

$\square$

この証明には、++ が [] を単位元として結合則を満たすという性質が利用されています。この性質は、関数 add と Zero に関する性質が数学的帰納法で証明できるように、構造的帰納法で確認できます（練習問題を参照してください）。

第 12 章で関手について説明したとき、fmap は以下の二つの等式を満たさなければならないと述べました。

$$\text{fmap id} \quad\ = \text{id}$$
$$\text{fmap (g . h)} = \text{fmap g . fmap h}$$

リストに対する構造的帰納法の別の例として、これらの則がリスト関手に対して成り立つか調べてみましょう。リストに対する fmap の再帰的定義は以下のとおりです。

```
fmap :: (a -> b) -> [a] -> [b]
fmap g []     = []
fmap g (x:xs) = g x : fmap g xs
```

同じ型の関数が二つあるとき、常に同じ引数に対して同じ結果を返すならば、それらの関数は等しいものと定義します。最初の関手則 fmap id = id は、形としては両辺の関数が等しいことを示しているので、この定義にしたがって実際に等しいか確認するには、任意のリスト xs に対して fmap id xs = id xs が成り立つことを示す必要があります。恒等関数の定義、すなわち id x = x を使えば、この等式は「fmap id xs = xs」へと簡略化できます。

基底部：

```
  fmap id []
=    { fmapを適用 }
  []
```

再帰部：

```
  fmap id (x : xs)
=    { fmapを適用 }
  id x : fmap id xs
=    { idを適用 }
  x : fmap id xs
=    { 仮定より }
  x : xs
```

□

関手則の二つめについては、任意のリスト xs に対して fmap (g . h) xs = (fmap g . fmap h) xs が成り立つことを示さなければいけません。関数合成の定義、すなわち (f . g) x = f (g x) を使えば、この等式は「fmap (g . h) xs = fmap g (fmap h xs)」へと簡略化でき、構造的帰納法で証明が可能となります。

基底部：

```
  fmap (g . h) []
=    { fmapを適用 }
  []
=    { fmapを逆適用 }
  fmap g []
=    { fmapを逆適用 }
  fmap g (fmap h [])
```

再帰部：

```
  fmap (g . h) (x : xs)
=    { fmapを適用 }
  (g . h) x : fmap (g . h) xs
=    { . を適用 }
  g (h x) : fmap (g . h) xs
=    { 仮定より }
  g (h x) : fmap g (fmap h xs)
=    { fmapを逆適用 }
  fmap g (h x : fmap h xs)
=    { fmapを逆適用 }
  fmap g (fmap h (x : xs))
```

□

この章の練習問題では、関手則やアプリカティブ則、およびモナド則を証明します。

16.6　連結を除去する

多くの再帰関数は、リストの連結演算子 ++ を使うと自然な形で定義できます。しかし、演算子 ++ は、再帰的に利用すると著しく効率を損ねます。この節では、構造的帰納法を使って連結演算子を取り除き、関数の効率を向上させる方法を示します。最初の例として、再び関数 reverse の素朴な再帰的定義を取り上げましょう。

```
reverse :: [a] -> [a]
reverse []     = []
reverse (x:xs) = reverse xs ++ [x]
```

上記のように定義した関数 reverse の効率は、どれくらいでしょう？ 簡単のため、リスト xs と ys は完全に評価されていると仮定します。式 xs ++ ys を評価するための簡約の回数が、xs の長さよりも一つ大きい数であることは、簡単に示せます。したがって、演算子 ++ の効率は、一つめの引数の長さに比例します。ということは、長さが n のリスト xs に対して式 reverse xs にかかる簡約の回数は、1 から $n+1$ までの整数の和、すなわち $(n+1)(n+2)/2$ です。この章の最初に示した代数の性質を使ってこの式を展開すると $(n^2 + 3n + 2)/2$ なので、関数 reverse の効率は引数の長さの二乗に比例します。

二乗とは、かなり効率が悪いことを意味します。たとえば、10,000 個の要素からなるリストを反転させる場合、簡約の回数はおおよそ 5 千万です。幸運なことに、構造的帰納法に似た手法を用いることで、関数 reverse の定義から連結演算子を除去して効率を向上させることが可能です。

その魔法の手段は、関数 reverse と ++ の振る舞いを組み合わせた、**より汎用的な**関数を定義することです。具体的には、以下の等式を満たす関数 reverse' の定義を模索します。

```
reverse' xs ys = reverse xs ++ ys
```

すなわち、二つのリストに関数 reverse' を適用すると、一つめのリストが反転されて二つめのリストと連結されます。もしこのような関数が定義できれば、空リストが連結演算子の単位元である事実を利用し、関数 reverse を「reverse xs = reverse' xs []」と定義できます。

関数 reverse' を定義して上記の等式を満たすことを示す代わりに、この等式を満たすような関数を考えることで、関数の定義を**導けます**。具体的には、リスト xs に対する構造的帰納法によってこの等式の証明を試みればいいだけです。基底部の結果が reverse' [] ys の定義に、再帰部の結果が reverse' (x:xs) ys の定義になります。

240 第16章 プログラムの論証

基底部：

```
    reverse' [] ys
=      { reverse'の定義 }
    reverse [] ++ ys
=      { reverseを適用 }
    [] ++ ys
=      { ++を適用 }
    ys
```

再帰部：

```
    reverse' (x:xs) ys
=      { reverse'の定義 }
    reverse (x:xs) ++ ys
=      { reverseを適用 }
    (reverse xs ++ [x]) ++ ys
=      { ++の結合則 }
    reverse xs ++ ([x] ++ ys)
=      { 仮定より }
    reverse' xs ([x] ++ ys)
=      { ++を適用 }
    reverse' xs (x : ys)
```

□

この証明から、reverse' xs ys = reverse xs ++ ysを満たす関数reverse'の定義は以下のようになると結論づけられます。

```
    reverse' :: [a] -> [a] -> [a]
    reverse' []     ys = ys
    reverse' (x:xs) ys = reverse' xs (x : ys)
```

関数reverse'のこの定義では、関数reverseや連結演算子が使われていないことに注意しましょう。前述のように、この結果を用いると、関数reverseの定義は以下のようになります。

```
    reverse :: [a] -> [a]
    reverse xs = reverse' xs []
```

簡約の例を以下に示します。

```
    reverse [1,2,3]
=      { reverseを適用 }
    reverse' [1,2,3] []
=      { reverse'を適用 }
    reverse' [2,3] (1:[])
=      { reverse'を適用 }
    reverse' [3] (2:(1:[]))
=      { reverse'を適用 }
    reverse' [] (3:(2:(1:[])))
=      { reverse'を適用 }
    3:(2:(1:[]))
```

すなわち、補助変数に結果を蓄積しながらリストが反転されます。この新しい

reverseの定義は、おそらく元の定義よりもわかりにくいでしょう。しかし、効率が劇的に向上しています。具体的に言うと、新しい定義を使って長さ n のリストを反転させるために必要な簡約の回数は、たったの $n+2$ です。したがって、reverseにかかる時間は、引数の長さに比例します。たとえば、長さが10,000のリストを反転させるために必要な簡約の回数は、おおよそ10,000です。元の関数の5千万と比べれば、いかに向上しているかがわかります。

第7章と第15章では、蓄積変数を使う関数foldlを使うことで効率が向上すると説明しました。たとえば、reverse = foldl (\xs x -> x:xs) [] としても、蓄積変数を使う版のreverseが定義できます。しかし、同様の振る舞いが数学的帰納法に似た手法で導けることを知っておくのも有益です。

連結演算子を除去する別の例として、木のような型に対して構造的帰納法を用いてみましょう。以下の二分木型と、その型の木から要素を抜き出してリストに変換する関数flattenを考えましょう。

```
data Tree = Leaf Int | Node Tree Tree

flatten :: Tree -> [Int]
flatten (Leaf n)   = [n]
flatten (Node l r) = flatten l ++ flatten r
```

連結演算子を利用しているので、関数flattenは効率が良くありません。そこで、関数reverseのときと同じ魔法の手法を使って、効率の良い定義を導きましょう。つまり、関数flattenと++の振る舞いを組み合わせた汎用的な関数flatten'の定義を模索します。

```
flatten' t ns = flatten t ++ ns
```

ある性質が任意の木に対して成り立つことを証明するため、構造的帰納法の原理に従い、まずは木 Leaf n に対して性質が成り立つことを示します。それから、木 l と r に対して性質が成り立つと仮定したうえで、性質が Node l r に対して成り立つことを示します。この原理を利用して、上記の等式を満たす関数flatten'の定義を導きます。

基底部：

```
    flatten' (Leaf n) ns
=      { flatten'の定義 }
    flatten (Leaf n) ++ ns
=      { flattenを適用 }
    [n] ++ ns
=      { ++を適用 }
    n : ns
```

242 第16章 プログラムの論証

再帰部：

```
    flatten' (Node l r) ns
=       { flatten'の定義 }
    flatten (Node l r) ++ ns
=       { flattenの適用 }
    (flatten l ++ flatten r) ++ ns
=       { ++の結合則 }
    flatten l ++ (flatten r ++ ns)
=       { lに対する仮定より }
    flatten' l (flatten r ++ ns)
=       { rに対する仮定より }
    flatten' l (flatten' r ns)
```

            □

この証明により、仕様を満たす関数 flatten' の定義は以下のようになると結論づけられます。

```
flatten' :: Tree -> [Int] -> [Int]
flatten' (Leaf n)   ns = n : ns
flatten' (Node l r) ns = flatten' l (flatten' r ns)
```

したがって、関数 flatten は以下のように再定義できます。

```
flatten :: Tree -> [Int]
flatten t = flatten' t []
```

この場合も、関数 flatten の新しい定義は、おそらく元の定義よりもわかりにくくなっています。しかし、連結演算子の代わりに結果を蓄積する補助変数を使うことで、効率が劇的に向上しています。

16.7 コンパイラーの正しさ

この章の締めくくりとして、長い例題を取り上げます。第8章では、整数と加算からなる単純な数式を表す型と、式を整数に直接評価する関数を定義したことを思い出しましょう（関数の名前は、第8章では value でしたが、ここでは eval とします）。

```
data Expr = Val Int | Add Expr Expr

eval :: Expr -> Int
eval (Val n)   = n
eval (Add x y) = eval x + eval y
```

このような数式の評価は、間接的にすることも可能です。具体的には、数式をまず何らかのコードへと翻訳（コンパイル）し、それをスタック上で実行することで数式を評価します。ここでは、スタックとして、整数からなる単なるリストを使います。

そのスタックに対する PUSH 命令や ADD 命令のリストが、実行するコードです。

```
type Stack = [Int]

type Code = [Op]

data Op = PUSH Int | ADD
          deriving Show
```

数式をコンパイルしたコードの意味は、そのコードを実行して初期状態のスタックから最終的なスタックを算出する関数により決まります。

```
exec :: Code -> Stack -> Stack
exec []           s         = s
exec (PUSH n : c) s         = exec c (n : s)
exec (ADD : c)    (m : n : s) = exec c (n+m : s)
```

すなわち、PUSH 命令はスタック上に新しい整数を置きます。ADD 命令は、スタック上の二つの整数をその和で置き換えます。これらの命令をそのまま使って、数式をコードにコンパイルする関数 comp を定義できます。整数の場合は、単にその値を PUSH する命令にコンパイルします。加算の場合は、二つの引数 x と y をそれぞれコンパイルし、結果として算出された整数二つをスタック上で ADD 命令により足し合わせます。

```
comp :: Expr -> Code
comp (Val n)   = [PUSH n]
comp (Add x y) = comp x ++ comp y ++ [ADD]
```

ADD 命令が実行されるときは、スタックの一番上は y、上から二番めが x であることに注意しましょう。そのため、関数 exec の定義では、これらの値の順番を入れ替えています。

上記で定義した三つの関数は、たとえば式 (2+3)+4 を表す式では次のように振る舞います。

```
> let e = Add (Add (Val 2) (Val 3)) (Val 4)

> eval e
9

> comp e
[PUSH 2, PUSH 3, ADD, PUSH 4, ADD]

> exec (comp e) []
[9]
```

この例を一般化すると、数式をコンパイルする関数の正しさは、以下の等式で表現できます。

```
exec (comp e) [] = [eval e]
```

すなわち、数式をコンパイルし、結果のコードを空のスタックとともに実行すると、スタックの最終状態は「式を評価して結果を要素が一つのリストに変換したもの」に

244 第16章 プログラムの論証

等しくなります。しかし、この性質を証明するためには、初期値を空のスタックではなく任意のスタックに拡張しておく必要があります。

```
exec (comp e) s = eval e : s
```

コンパイラーの正しさを表すこの等式は、型 Expr についての構造的帰納法で証明できます。これは、構成子の名前は異なりますが、前節で示した型 Tree に対する構造的帰納法と同じです。

基底部：

```
      exec (comp (Val n)) s
   =      { comp を適用 }
      exec [PUSH n] s
   =      { exec を適用 }
      n : s
   =      { eval を逆適用 }
      eval (Val n) : s
```

再帰部：

```
      exec (comp (Add x y)) s
   =      { comp を適用 }
      exec (comp x ++ comp y ++ [ADD]) s
   =      { ++ の結合則 }
      exec (comp x ++ (comp y ++ [ADD])) s
   =      { 分配則 - 後述 }
      exec (comp y ++ [ADD]) (exec (comp x) s)
   =      { x に対する仮定より }
      exec (comp y ++ [ADD]) (eval x : s)
   =      { 再び分配則 }
      exec [ADD] (exec (comp y) (eval x : s))
   =      { y に対する仮定より }
      exec [ADD] (eval y : eval x : s)
   =      { exec を適用 }
      (eval x + eval y) : s
   =      { eval を逆適用 }
      eval (Add x y) : s
```

$\square$

この証明で、スタックが空ではないのに y に対する仮定を適用できているのは、初期値を空のスタックではなく任意のスタックに拡張しておいたからです。また、再帰部の証明における分配則は、「二つのコードを連結してから実行しても、一つめのコードを実行した後で二つめを実行しても、同じ結果になる」ことを表します。

```
exec (c ++ d) s = exec d (exec c s)
```

この分配則は、コード c に対する構造的帰納法で証明できます。再帰部は、コードの先頭が PUSH か ADD かによって、二つに場合分けをします。

基底部：

```
    exec ([] ++ d) s
=       { ++ を適用 }
    exec d s
=       { exec を逆適用 }
    exec d (exec [] s)
```

再帰部：

```
    exec ((PUSH n : c) ++ d) s
=       { ++ を適用 }
    exec (PUSH n : (c ++ d)) s
=       { exec を適用 }
    exec (c ++ d) (n : s)
=       { 仮定より }
    exec d (exec c (n : s))
=       { exec を逆適用 }
    exec d (exec (PUSH n : c) s)
```

再帰部：

```
    exec ((ADD : c) ++ d) s
=       { ++ を適用 }
    exec (ADD : (c ++ d)) s
=       { s の形は「m : n : s'」であると仮定する }
    exec (ADD : (c ++ d)) (m : n : s')
=       { exec を適用 }
    exec (c ++ d) (n+m : s')
=       { 仮定より }
    exec d (exec c (n+m : s'))
=       { exec を逆適用 }
    exec d (exec (ADD : c) (m : n : s'))
```

□

再帰部の二段階めで、スタックの形が仮定とは異なる場合は、**スタックアンダーフ
ロー**を意味します。ADD 命令が実行される時点では、スタックに少なくとも二つの整
数があるようにコンパイラーを構成しているので、実際にはこのエラーは発生しま
せん。

実を言うと、分配則の利用も、それによるアンダーフロー問題も、前節で連結演算
子を除去したのと同じ方法で取り除けます。具体的には、以下の性質を持つ一般化さ
れた関数 comp' を模索します。

```
comp' e c = comp e ++ c
```

e についての構造的帰納法により、以下の定義を導けます。

```
comp' :: Expr -> Code -> Code
comp' (Val n)   c = PUSH n : c
comp' (Add x y) c = comp' x (comp' y (ADD : c))
```

この定義を使うと、comp e = comp' e [] と再定義できます。この新しいコンパ

246 第16章 プログラムの論証

イラーの正しさを表す等式は以下のように書けます。

```
exec (comp' e c) s = exec c (eval e : s)
```

すなわち、式を翻訳した結果のコードを任意のコードとともに実行した結果は、式を
評価した値を一番上に置いたスタックに対してその任意のコードを実行した結果と同
じになります。この等式は、式 e についての構造的帰納法で証明できます。

基底部：

```
    exec (comp' (Val n) c) s
=      { comp' を適用 }
    exec (PUSH n : c) s
=      { exec を適用 }
    exec c (n:s)
=      { eval を逆適用 }
    exec c (eval (Val n) : s)
```

再帰部：

```
    exec (comp' (Add x y) c) s
=      { comp' を適用 }
    exec (comp' x (comp' y (ADD : c))) s
=      { x に対する仮定より }
    exec (comp' y (ADD : c)) (eval x : s)
=      { y に対する仮定より }
    exec (ADD : c) (eval y : eval x : s)
=      { exec を適用 }
    exec c ((eval x + eval y) : s)
=      { eval を逆適用 }
    exec c (eval (Add x y) : s)
```

$\square$

s = c = [] と置くと、新しいコンパイラーの正しさを表す等式は、もともとのコン
パイラーの正しさを表す等式 exec (comp e) [] = [eval e] に簡略化できます。
蓄積変数を使う版のコンパイラーには、証明の過程でスタックアンダーフローの問題
を回避できるほかに、利点が二つあります。一つは、連結演算子 ++ を除去できるの
で効率が良いことです。もう一つは、新しい版の証明が最初の証明の半分以下の長さ
で済むことです。形式的な論証では、結果をうまく一般化すると、証明が極めて簡潔
になることがよくあります。数学は、効率の良いプログラムを導くための優れた道具
なのです！

16.8 参考文献

　プログラムの論証は、それだけで一冊の本になるようなテーマです。この章では、
そのうちのごく表面に触れました。高度な話題としては、部分構造および無限構造に
対する論証 [33, 34]、性質の自動検査 [35]、効果の論証 [36]、数学的帰納法を回避す

る方法[10] があります。コンパイラーの例題は、文献[37] から借用しました。また、16.6節の原題である "Making append vanish" は、参考文献[38] にちなんでいます。

16.9 練習問題

1. add n (Succ m) = Succ (add n m)であることをn についての数学的帰納法で示してください。

2. 上記の性質と add n Zero = n を使って、加算が可換則add n m = add m n を満たすことを示してください。その際、n についての数学的帰納法を使ってください。

3. プレリュード関数all は、リストの要素がすべてある述語を満たすかを調べます。その定義は以下のように与えられています。

```
all p []     = True
all p (x:xs) = p x && all p xs
```

関数 replicate が生成するリストの要素がすべて同じであることを示す式 all (== x) (replicate n x)が満たされることを、n ≥ 0 についての数学的帰納法を用いて証明することで、関数replicate の正しさを証明してください。

ヒント：この性質が常にTrue となることを示しましょう。

4. 以下の定義が与えられているとします。

```
[]     ++ ys = ys
(x:xs) ++ ys = x : (xs ++ ys)
```

以下の二つの性質をxs についての構造的帰納法で証明してください。

```
xs ++ [] = xs
xs ++ (ys ++ zs) = (xs ++ ys) ++ zs
```

ヒント：関数add のときと同様の証明になります。

5. 以下の定義が与えられているとします。

```
take 0 _      = []
take _ []     = []
take n (x:xs) = x : take (n-1) xs

drop 0 xs     = xs
drop _ []     = []
drop n (_:xs) = drop (n-1) xs
```

これらの定義と上記の++ の定義を使い、整数n ≥ 0 についての数学的帰納法とリストxs についての構造的帰納法を同時に用いて、take n xs ++ drop n xs = xs を証明してください。

ヒント：関数take とdrop の定義は、それぞれ三つの場合分けがあることに注

248 第16章 プログラムの論証

意しましょう。

6. 以下の型が与えられているとします。

   ```
   data Tree = Leaf Int | Node Tree Tree
   ```

   この木の葉の数は、節の数よりも常に1多いことを、数学的帰納法で示してく
   ださい。

   ヒント：木の葉と節を数える関数をそれぞれ定義することから始めましょう。

7. Maybe型に対して関手則が成り立つことを示してください。

   ヒント：証明は場合分けについて調べればいいので、構造的帰納法は必要あり
   ません。

8. 以下の型定義とインスタンスの宣言が与えられているとします。木に対する構
   造的帰納法を用いて、Tree型が関手則を満たすことを示してください。

   ```
   data Tree a = Leaf a | Node (Tree a) (Tree a)

   instance Functor Tree where
       -- fmap :: (a -> b) -> Tree a -> Tree b
       fmap g (Leaf x)   = Leaf (g x)
       fmap g (Node l r) = Node (fmap g l) (fmap g r)
   ```

9. Maybe型に対してアプリカティブ則が成り立つことを示してください。

10. リスト型に対してモナド則が成り立つことを確かめましょう。

    ヒント：証明には、リスト内包表記の簡単な性質を使います。

11. 等式comp' e c = comp e ++ cが与えられたとき、eについての構造的帰納
    法で関数comp'の再帰的な定義を求めてください。

練習問題1から5の解答は付録Aにあります。

第**17**章

コンパイラーの算出

　この最終章では、前章で学んだプログラムの論証がコンパイラーを算出するために利用できることを説明します。まず、一連の手順を踏むことで対象言語の意味をコンパイラーへ変換できることを示します。そして、その手順を短縮し、正しさの記述からコンパイラーを直接算出できることを説明します。

17.1　導入

　プログラム変換の分野では、その黎明期から、コンパイラーの算出が重要な課題でした。その目的は、ソース言語の高水準な意味を与えて、それを「ソースプログラムを低レベルの目標言語へ翻訳するコンパイラー」と、「目標言語を実行する仮想マシン」に変換することです。

　この方法には利点が二つあります。一つめは、人が手で定義することなく目標言語と仮想マシンが**体系的に導出**されることです。二つめは、算出された目標言語と仮想マシンは**生成により正しい**（correct by construction）ので、その正しさを証明する必要がないことです。

　第16章では、数式のコンパイラーを考え、その正しさを証明しました。この章では、正しさの記述からコンパイラーを直接算出します。算出の手法は、二段階に分けて考えます。一段階めでは、変換手順を複数回踏む基本的な方法を紹介します。二段階めでは、複数回の手順を一つにまとめます。話を簡単にするために、ソース言語は数式に限定します。しかし、より高度なソース言語に対するコンパイラーの算出にも同様の手法が使えます。

17.2　文法と意味

前章では、整数と加算からなる数式の言語に対するコンパイラーの正しさを証明しました。ここでも、そのときと同じ二つの定義から始めましょう。一方の定義は文法（シンタックス）に、もう一方の定義は意味（セマンティクス）に相当します。

```
data Expr = Val Int | Add Expr Expr

eval :: Expr -> Int
eval (Val n)   = n
eval (Add x y) = eval x + eval y
```

たとえば、数式 1 + 2 は以下のように評価されます。

```
  eval (Add (Val 1) (Val 2))
=    { eval を適用 }
  eval (Val 1) + eval (Val 2)
=    { 一つめの eval を適用 }
  1 + eval (Val 2)
=    { eval を適用 }
  1 + 2
=    { + を適用 }
  3
```

以降では、このような意味に基づくコンパイラーの算出方法を、三つの変換手順に分けて説明していきます。最初の二つの手順で評価関数を一般化し、最後の手順で定義を簡略化します。

17.3　スタックの追加

最初の手順では、引数の値に対する操作を明示的にするため、評価関数 eval がスタックを利用するようにします。具体的には、Int 型の値を一つ返すのではなく、整数のスタックを付加的な引数として取り、そのスタック上に数式中の値を積んで返す、より汎用的な評価関数 eval' の定義を模索します。さらに正確に言うと、スタックを次のような整数のリストで表現します。

```
type Stack = [Int]
```

そして、次のような型を持つ関数の定義を模索します。

```
eval' :: Expr -> Stack -> Stack
```

これらの定義は以下の性質を満たさなければいけません。

```
eval' e s = eval e : s
```

これからすることは、「まず eval' を定義してから数式 e についての構造的帰納法により上記の等式を満たすことを証明する」ではありません。前章で導入した手法を使い、帰納法の仮定を適用するにはどうすればいいかを考えながら、この等式を満た

すeval'の定義を導きます。

基底部Val nの計算は簡単です。

```
     eval' (Val n) s
  =     { eval'の仕様 }
     eval (Val n) : s
  =     { eval を適用 }
     n : s
  =     { push n s = n : s と定義 }
     push n s
```

最後の段階で、スタックに整数を積むことを表現する付加的な関数pushを定義していることに注意してください。上記の計算により、Val nという形をした数式に対するeval'の定義を発見できました。

```
  eval' (Val n) s = push n s
```

再帰部Add x yは以下のように進めます。

```
     eval' (Add x y) s
  =     { eval'の仕様 }
     eval (Add x y) : s
  =     { eval を適用 }
     (eval x + eval y) : s
```

もはや適用できる定義がないので、ここで行き詰まったかに思えます。しかし、まだ数式xとyについての帰納法の仮定が残されています。

```
  eval' x s' = eval x : s'
  eval' y s' = eval y : s'
```

これらの仮定を利用するには、eval xとeval yをスタックに積まなければいけません。これは、スタック上の二つの整数を足し合わせる補助関数addを定義することで簡単に実現できます。

```
     (eval x + eval y) : s
  =     { add (m : n : s) = n+m : s と定義 }
     add (eval y : eval x : s)
  =     { x に対する仮定 }
     add (eval y : eval' x s)
  =     { y に対する仮定 }
     add (eval' y (eval' x s))
```

□

eval yよりも先にeval xをスタックに積むのは、加算が引数を左から右へ評価することに対応しています。右から左へ評価することにして、値を逆順にスタックに積

252 第17章 コンパイラーの算出

んでもかまいません。結果的には以下の定義が算出できます。

```
eval' :: Expr -> Stack -> Stack
eval' (Val n)   s = push n s
eval' (Add x y) s = add (eval' y (eval' x s))
```

ここで、補助関数の定義は以下のとおりです。

```
push :: Int -> Stack -> Stack
push n s = n : s
```

```
add :: Stack -> Stack
add (m : n : s) = n+m : s
```

こうして等式eval' e s = eval e : sからeval'が算出できました。この等式の両辺に現れるスタックsを空のスタックで置き換え、両辺にhead関数を適用してスタックの先頭を取り出せば、evalの定義が復活します。

```
eval :: Expr -> Int
eval e = head (eval' e [])
```

たとえば、この定義を使って1 + 2を評価すると、まず二つの整数がスタックに積まれた後に足し合わされます。

```
    eval (Add (Val 1) (Val 2))
=     { evalを適用 }
    head (eval' (Add (Val 1) (Val 2)) [])
=     { eval'を適用 }
    head (add (eval' (Val 2) (eval' (Val 1) [])))
=     { 内側のeval'を適用 }
    head (add (eval' (Val 2) (push 1 [])))
=     { eval'を適用 }
    head (add (push 2 (push 1 [])))
=     { pushを適用 }
    head (add (2 : 1 : []))
=     { addを適用 }
    head (3 : [])
=     { headを適用 }
    3
```

17.4 継続の追加

次の手順は、制御の流れを明示的にするために、スタックを利用する評価関数eval'を**継続渡し**に変換することです。具体的には、スタックからスタックへの関数（**継続**）を付加的な引数として取る、より汎用的な評価関数eval''の定義を模索します。継続は、数式の評価結果が格納されるスタックを処理するために使われます。さらに正確に言うと、継続が以下のような型を持つとします。

```
type Cont = Stack -> Stack
```

17.4 継続の追加 253

そして、次のような型を持つ関数eval''の定義を模索します。

```
eval'' :: Expr -> Cont -> Cont
```

これらの定義は以下の性質を満たさなければいけません。

```
eval'' e c s = c (eval' e s)
```

この等式から、eについての構造的帰納法を使い、eval''の定義を直接算出します。

基底部の計算は、この場合も簡単です。

```
  eval'' (Val n) c s
=     { eval''の仕様 }
  c (eval' (Val n) s)
=     { eval'を適用 }
  c (push n s)
```

再帰部は以下のように計算できます。

```
  eval'' (Add x y) c s
=     { eval''の仕様 }
  c (eval' (Add x y) s)
=     { eval'を適用 }
  c (add (eval' y (eval' x s)))
=     { . を逆適用 }
  (c . add) (eval' y (eval' x s))
=     { yに対する仮定 }
  eval'' y (c . add) (eval' x s)
=     { xに対する仮定 }
  eval'' x (eval'' y (c . add)) s
```

□

結果として、以下の定義が得られました。

```
eval'' :: Expr -> Cont -> Cont
eval'' (Val n)   c s = c (push n s)
eval'' (Add x y) c s = eval'' x (eval'' y (c . add)) s
```

こうして等式eval'' e c s = c (eval' e s)からeval''が算出できました。この等式における継続cを、恒等継続idで置き換えると、eval'の定義が復活します。

```
eval' :: Expr -> Cont
eval' e s = eval'' e id s
```

たとえば1 + 2の評価は、一つめの引数の評価が終わったら二つめの引数の評価へと制御を渡す、という具合に進みます。

```
  eval' (Add (Val 1) (Val 2)) []
=     { eval'を適用 }
  eval'' (Add (Val 1) (Val 2)) id []
=     { eval''を適用 }
```

254　第17章　コンパイラーの算出

```
    eval'' (Val 1) (eval'' (Val 2) (id . add)) []
  =     { 外側の eval'' を適用 }
    eval'' (Val 2) (id . add) (push 1 [])
  =     { eval'' を適用 }
    (id . add) (push 2 (push 1 []))
  =     { . を適用 }
    id (add (push 2 (push 1 [])))
  =     { push を適用 }
    id (add (2 : 1 : []))
  =     { add を適用 }
    id [3]
  =     { id を適用 }
    [3]
```

17.5　脱高階関数

　最後となる三つめの手順は、評価関数を一階の関数に戻す**脱高階関数**です。具体的には、継続として Cont = Stack -> Stack という型の関数を使うのではなく、構成子を利用して新しい型を定義し、それを実際の評価関数で利用する継続を表すのに使います。

　eval' と eval'' の定義で実際に使われている継続は、三種類だけです。一つめは評価の進行を止めるもの、二つめは数値をスタックに積むもの、三つめはスタックの一番上にある二つの数値を足し合わせるものです。これらに名前を与えて関数として分離しましょう。すなわち、必要な種類の継続を生成するための**コンビネーター**を三つ定義します。

```
haltC :: Cont
haltC = id

pushC :: Int -> Cont -> Cont
pushC n c = c . push n

addC :: Cont -> Cont
addC c = c . add
```

これらのコンビネーターを使うと、評価関数は以下のように書き換えられます。

```
eval' :: Expr -> Cont
eval' e = eval'' e haltC

eval'' :: Expr -> Cont -> Cont
eval'' (Val n)   c = pushC n c
eval'' (Add x y) c = eval'' x (eval'' y (addC c))
```

　コンビネーターの定義を展開すれば、前の版と同じであることが簡単にわかります。脱高階関数の次の段階は、これらのコンビネーターを表現する新しい型 Code を

17.5 脱高階関数　　*255*

定義することです。

```
data Code = HALT | PUSH Int Code | ADD Code
            deriving Show
```

　この型のそれぞれの構成子は、**Cont** が **Code** に変わった点を除けば、それぞれ対応するコンビネーターと同じ型を持ちます。

```
HALT :: Code
PUSH :: Int -> Code -> Code
ADD  :: Code -> Code
```

　この型の値は、スタックを用いて数式を評価する仮想マシンのコードに相当します。そのため、型の名前は **Code** にしました。たとえば、PUSH 1 (PUSH 2 (ADD HALT)) というコードは、数式 $1 + 2$ に対応します。**Code** 型の値は、**Cont** 型の継続を表現しています。このことは、**Code** を **Cont** へ対応付ける関数を定義することで形式化できます。

```
exec :: Code -> Cont
exec HALT       = haltC
exec (PUSH n c) = pushC n (exec c)
exec (ADD c)    = addC (exec c)
```

　次は、**Cont** 型と三つのコンビネーターの定義を展開することで、**exec** の定義を簡略化してみましょう。

　HALT の場合：

```
      exec HALT s
  =      { exec を適用 }
      haltC s
  =      { haltC を適用 }
      id s
  =      { id を適用 }
      s
```

　PUSH の場合：

```
      exec (PUSH n c) s
  =      { exec を適用 }
      pushC n (exec c) s
  =      { pushC を適用 }
      (exec c . push n) s
  =      { . を適用 }
      exec c (push n s)
  =      { push を適用 }
      exec c (n : s)
```

　ADD の場合：

```
      exec (ADD c) s
  =      { exec を適用 }
      addC (exec c) s
```

256 第17章 コンパイラーの算出

```
=       { addC を適用 }
    (exec c . add) s
=       { . を適用 }
    exec c (add s)
=       { s を m : n : s' とおく }
    exec c (add (m : n : s'))
=       { add を適用 }
    exec c (n+m : s')
```

□

結果として、以下の定義が算出されました。

```
exec :: Code -> Stack -> Stack
exec HALT        s             = s
exec (PUSH n c) s              = exec c (n : s)
exec (ADD c)    (m : n : s) = exec c (n+m : s)
```

つまり exec は、スタックを使ってコードを実行し、最終的なスタックを返す関数です。言い換えると、exec はコードを実行するための仮想マシンです。

脱高階関数の最終段階として、関数名 eval' と eval'' をそれぞれ comp と comp' で置き換え、さらにコンビネーター haltC、pushC、addC を構成子 HALT、PUSH、ADD で置き換えると、以下のような定義が得られます。

```
comp :: Expr -> Code
comp e = comp' e HALT
```

```
comp' :: Expr -> Code -> Code
comp' (Val n)   c = PUSH n c
comp' (Add x y) c = comp' x (comp' y (ADD c))
```

すなわち、数式をコードへとコンパイルする関数 comp が導出できました。関数 comp は、付加的な引数としてコードを取る関数 comp' を用いて定義されています。これは、コンパイルにかかわる三つの仕組み（コンパイラー、目標言語、および仮想マシン）がソース言語の意味から等式推論を使って体系的に導出されていることを除けば、前章で開発したコンパイラーと本質的に同じです。唯一の違いは、コードがリストに格納されるのではなく、再帰的な構造を持つ専用の型になっている点です。たとえば、[PUSH 1, PUSH 2, ADD] は PUSH 1 (PUSH 2 (ADD HALT)) と表されます。

コンパイル関数 comp と comp' の正しさは、以下の二つの等式で表現できます。これらは脱高階関数の帰結であり、数式である引数 e に対しての構造的帰納法でも証明できます。

```
exec (comp e) s = eval' e s
exec (comp' e c) s = eval'' e (exec c) s
```

これらの等式の右辺を eval' と eval'' が持つべき性質、すなわち、eval' e s = eval e : s と eval'' e c s = c (eval' e s) を使って変換すると、前章で利

用したコンパイラーの正しさを表現する等式が得られます。

```
exec (comp e) s = eval e : s
exec (comp' e c) s = exec c (eval e : s)
```

17.6 算出の短縮

三段階の手順を踏むことで、数式を評価する関数をコンパイラーへ変換できることを学びました。

1. スタックを使う汎用的な評価関数を算出する
2. 継続を使うさらに汎用的な評価関数を算出する
3. コンパイラーと仮想マシンを生成するために高階関数を除去する

しかし、これらの手順には改善の余地があるように思えます。具体的には、手順1と手順2は、ともに評価関数を一般化しています。これらの手順を統合して無駄をなくせないでしょうか？ また、手順2では継続を導入し、手順3ですぐに除去されます。これらを統合して、継続の利用を避けることはできないでしょうか？ 実際には、これらの**すべて**の手順を一つに統合できます。この節では、その方法と利点について述べます。

手順を簡略化する手始めに、これまでに登場した型と関数を詳しく調べてみましょう。まず、ソース言語の文法を表す Expr 型と、その言語の意味を与える評価関数 eval :: Expr -> Int を定義しました。また、整数のスタックを表現する Stack 型も利用しました。それから四つの部品を導きました。

- 仮想マシンのコードを表す Code 型
- 数式をコードへコンパイルする関数 comp :: Expr -> Code
- コードを付加的な引数として取る関数 comp' :: Expr -> Code -> Code
- コードを実行する関数 exec :: Code -> Stack -> Stack

さらに、ソース言語の意味 eval、コンパイラー comp、仮想マシン exec の間には、以下の二つの等式で表される関係がありました。

```
exec (comp e) s = eval e : s
exec (comp' e c) s = exec c (eval e : s)
```

手順を統合する鍵は、この二つの等式を四つの部品の**仕様**とし、その仕様を満たす定義を導出することです。これらの等式には、すでに定義されているものが三つ（Expr、eval、Stack）、未知の定義が四つ（Code、comp、comp'、exec）、関係しています。そのため、このような導出は不可能に思えます。しかし、前節の経験をい

258 第17章 コンパイラーの算出

かせば、実は簡単なのです。

まず、comp'の正しさを表す等式に対して、数式eについての構造的帰納法を用いることから始めます。目標は、等式の左辺 exec (comp' e c) s を exec c' s の形に直すことです (c'は何らかのコードです)。これができれば、定義 comp' e c = c'が仕様を満たすと結論づけられます。後でわかりますが、そのためには Code 型に新しい構成子を導入するとともに、exec 関数による解釈を決める必要があります。基底部 Val n の計算は以下のように進めます。

```
      exec (comp' (Val n) c) s
  =      { comp'の仕様 }
      exec c (eval (Val n) : s)
  =      { evalを適用 }
      exec c (n : s)
```

これ以上適用できる定義はないので、ここで行き詰まったかに思えます。しかし、いまの目標は、あるコード c'に対して exec c' s の形に直すことでした。そのため、以下の等式が言えれば計算を完結できます。

> exec c' s = exec c (n : s)

変数 n と c は未定義なので、この等式を exec の定義としては使えないことに注意しましょう。解決方法は、これら二つの変数を c'の部分に押し込むために、これら二つの変数を引数に取る構成子を Code 型に追加することです。

> PUSH :: Int -> Code -> Code

そして、exec のための等式を新たに定義します。

> exec (PUSH n c) s = exec c (n : s)

すなわち、コード PUSH n c を実行すると、n がスタックに積まれ、コード c の実行に移ります。新しい構成子の名前はこの振る舞いにちなんでいます。この定義を用いれば、計算を完了させるのは簡単です。

```
      exec c (n : s)
  =      { execを逆適用 }
      exec (PUSH n c) s
```

最後の部分は、exec c' s という形になっています。ここで、c' = PUSH n c です。そこで、仕様を満たす基底部は、以下のように定義できると結論づけられます。

> comp' (Val n) c = PUSH n c

再帰部 Add x y についても、基底部でのやり方と同様に、まず comp'の仕様と評価関数を適用します。

```
    exec (comp' (Add x y) c) s
  =      { comp'の仕様 }
    exec c (eval (Add x y) : s)
  =      { evalを適用 }
    exec c (eval x + eval y : s)
```

これ以上適用できる定義はないので、再び行き詰まったかに思えます。しかし、構造的帰納法を使っているので、comp'の仕様から数式xとy対して以下のように仮定できます。

```
  exec (comp' x c') s' = exec c' (eval x : s')
  exec (comp' y c') s' = exec c' (eval y : s')
```

これらの仮定を利用するには、明らかに、値eval xとeval yをスタックに積む必要があります。そこで、何らかのコードc'に対し、等式変換途中の項exec c (eval x + eval y : s)をexec c' (eval y : eval x : s)の形へ変換します。すなわち、以下の等式が必要です。

```
  exec c' (eval y : eval x : s) = exec c (eval x + eval y : s)
```

まず、値eval xとeval yを一般化してみましょう。

```
  exec c' (m : n : s) = exec c (n+m : s)
```

変数cは未定義なので、やはりこの等式をexecの定義として使うことはできません。解決方法は、cをc'の部分に押し込むために、Code型に新しい構成子を追加することです。

```
    ADD :: Code -> Code
```

すると、execに対する新しい等式を定義できます。

```
    exec (ADD c) (m : n : s) = exec c (n+m : s)
```

すなわち、コードAdd cを実行すると、スタック上の二つの値が足し合わされ、コードcの実行に移ります。新しい構成子の名前は、この振る舞いにちなんでいます。この定義を使えば、計算を完了させるのは簡単です。

```
    exec c (eval x + eval y : s)
  =      { execを逆適用 }
    exec (ADD c) (eval y : eval x : s)
  =      { yに対する仮定 }
    exec (comp' y (ADD c)) (eval x : s)
  =      { xに対する仮定 }
    exec (comp' x (comp' y (ADD c))) s
```

最後の部分はexec c' sという形になっています。そこで、仕様を満たす再帰部は

以下のように定義できると結論づけられます。

```
comp' (Add x y) c = comp' x (comp' y (ADD c))
```

□

　ここでは、前述の評価器と同様に、スタックに積む順番を eval y : eval x : s としました。逆順の eval x : eval y : s を選んでもかまいません。その場合、Add では引数が右から左へ評価されることになります。eval により定義される言語の意味では、評価の順番は決められていないので、どちらを選んでもかまいません。

　最後に、等式 exec (comp e) s = eval e : s で表される関数 comp :: Expr -> Code を考えて、コンパイラーの開発を完了させましょう。上記の方法と同様に、等式の左辺 exec (comp e) s を exec c s という形に変換します（c は何らかのコード）。そうすれば、comp e = c と結論づけられます。今回は構造的帰納法は必要なく、簡単な計算で十分です。その過程で、求める形を作り出すために、新しい構成子 HALT :: Code を導入します。

```
      exec (comp e) s
   =     { comp の仕様 }
      eval e : s
   =     { exec HALT s = s と定義 }
      exec HALT (eval e : s)
   =     { comp' の仕様 }
      exec (comp' e HALT) s
```

□

以上の結果として、以下の定義が導出できました。

```
data Code = HALT | PUSH Int Code | ADD Code

comp :: Expr -> Code
comp e = comp' e HALT

comp' :: Expr -> Code -> Code
comp' (Val n)   c = PUSH n c
comp' (Add x y) c = comp' x (comp' y (ADD c))

exec :: Code -> Stack -> Stack
exec HALT       s         = s
exec (PUSH n c) s         = exec c (n : s)
exec (ADD c)    (m : n : s) = exec c (n+m : s)
```

　これらは、前節で算出した定義と完全に同じです。ただし、前節では三つの手順を踏んで間接的に導出したのに対し、今回はコンパイラーの正しさを表現する仕様から直接的に算出しました。今回の方法には等式推論しか使っていないという利点があります。継続や脱高階関数という手法は必要ないのです！

17.7 参考文献

コンパイラーの算出の詳細については、本章が参考にした文献[39]を参照してください。この記事では、数式、例外、状態、そしてラムダ計算など、さまざまな機能を提供するプログラミング言語のコンパイラーを同じ手法で導出しています。同様の手法は、第8章で取り上げたような抽象機械の導出にも利用できます[40]。

17.8 練習問題

1. 数式用の言語を、**例外**を投げたり補足したりできるように拡張したとします。

```
data Expr = Val Int
          | Add Expr Expr
          | Throw
          | Catch Expr Expr
```

大雑把に言うと、Catch x h は、式 x を評価した際に例外が投げられなければ x のように振る舞います。また、投げられたならハンドラー h として振る舞います。この拡張された言語の意味を定義するために、まず Maybe 型を思い出しましょう。

```
data Maybe a = Nothing | Just a
```

Maybe a の値は、Nothing か Just x です。前者は例外とみなせます。後者は通常の値とみなせます。この型を使うと、元の評価器を例外を扱えるように書き換えられます。

```
eval :: Expr -> Maybe Int
eval (Val n)     = Just n
eval (Add x y)   = case eval x of
                       Just n -> case eval y of
                           Just m  -> Just (n + m)
                           Nothing -> Nothing
                       Nothing -> Nothing
eval Throw       = Nothing
eval (Catch x h) = case eval x of
                       Just n  -> Just n
                       Nothing -> eval h
```

この章で説明した方法を使って、この言語のコンパイラーを算出してください。

ヒント：これは歯ごたえのある練習問題です！

練習問題1の解答は付録Aにあります。

付録A

解答の一部

　この付録では、各章の練習問題に対する解答例を一部示します。GHCiで試すときは、プレリュードで適用される関数との名前の衝突を避けるために、名前を変更する必要があるかもしれません。たとえば、productはmyproductと変更するとよいでしょう。

A.1　導入

練習問題1

```
    double (double 2)
=       { 内側のdoubleを適用 }
    double (2 + 2)
=       { doubleを適用 }
    (2 + 2) + (2 + 2)
=       { 一番めの+を適用 }
    4 + (2 + 2)
=       { 二番めの+を適用 }
    4 + 4
=       { +を適用 }
    8
```

または

```
    double (double 2)
=       { 外側のdoubleを適用 }
    (double 2) + (double 2)
=       { 二番めのdoubleを適用 }
    (double 2) + (2 + 2)
=       { 二番めの+を適用 }
    (double 2) + 4
=       { doubleを適用 }
    (2 + 2) + 4
=       { 一番めの+を適用 }
    4 + 4
=       { +を適用 }
    8
```

264 付録A 解答の一部

正解はほかにもあります。

練習問題2

```
    sum [x]
=      { sum を適用 }
    x + sum []
=      { sum を適用 }
    x + 0
=      { + を適用 }
    x
```

練習問題3

```
product []     = 1
product (n:ns) = n * product ns
```

使用例：

```
    product [2,3,4]
=      { product を適用 }
    2 * (product [3,4])
=      { product を適用 }
    2 * (3 * product [4])
=      { product を適用 }
    2 * (3 * (4 * product []))
=      { product を適用 }
    2 * (3 * (4 * 1))
=      { * を適用 }
    24
```

A.2 はじめの一歩

練習問題2

```
(2^3)*4
```

```
(2*3)+(4*5)
```

```
2+(3*(4^5))
```

練習問題3

```
n = a `div` length xs
    where
        a = 10
        xs = [1,2,3,4,5]
```

練習問題4

```
last xs = head (reverse xs)
```

A.3 型と型クラス *265*

または

```
last xs = xs !! (length xs - 1)
```

A.3 型と型クラス

練習問題1

```
['a','b','c'] :: [Char]

('a','b','c') :: (Char,Char,Char)

[(False,'0'),(True,'1')] :: [(Bool,Char)]

([False,True],['0','1']) :: ([Bool],[Char])

[tail, init, reverse] :: [[a] -> [a]]
```

練習問題2

```
bools = [False,True]

nums = [[1,2],[3,4],[5,6]]

add x y z = x+y+z

copy x = (x,x)

apply f x = f x
```

bools、nums および add に対しては、ほかにも正解があります。

A.4 関数定義

練習問題1

```
halve xs = (take n xs, drop n xs)
           where n = length xs `div` 2
```

または

```
halve xs = splitAt (length xs `div` 2) xs
```

練習問題2

```
third xs = head (tail (tail xs))
```

266   付録A　解答の一部

```
third xs = xs !! 2
```

```
third (_:_:x:_) = x
```

練習問題3

```
safetail xs = if null xs then [] else tail xs
```

```
safetail xs | null xs   = []
            | otherwise = tail xs
```

```
safetail []     = []
safetail (_:xs) = xs
```

練習問題4

```
False || False = False
False || True  = True
True  || False = True
True  || True  = True
```

```
False || False = False
_     || _     = True
```

```
False || b = b
True  || _ = True
```

```
b || c | b == c    = b
       | otherwise = True
```

A.5　リスト内包表記

練習問題1

```
sum [x^2 | x <- [1..100]]
```

練習問題2

```
grid m n = [(x,y) | x <- [0..m], y <- [0..n]]
```

練習問題3

```
square n = [(x,y) | (x,y) <- grid n n, x /= y]
```

練習問題4

```
replicate n x = [x | _ <- [1..n]]
```

練習問題 5

```
pyths n = [(x,y,z) | x <- [1..n],
                     y <- [1..n],
                     z <- [1..n],
                     x^2 + y^2 == z^2]
```

A.6　再帰関数

練習問題 1

関数は停止しません。なぜなら、`fac`を適用するときに引数は1小さくなるので、基底部に到達しないからです。

```
fac 0         = 1
fac n | n > 0 = n * fac (n-1)
```

練習問題 2

```
sumdown 0 = 0
sumdown n = n + sumdown (n-1)
```

練習問題 3

```
(^) :: Int -> Int -> Int
m ^ 0 = 1
m ^ n = m * (m ^ (n-1))
```

使用例：

```
    2 ^ 3
=       { ^ を適用 }
    2 * (2 ^ 2)
=       { ^ を適用 }
    2 * (2 * (2 ^ 1))
=       { ^ を適用 }
    2 * (2 * (2 * (2 ^ 0)))
=       { ^ を適用 }
    2 * (2 * (2 * 1))
=       { * を適用 }
    8
```

練習問題 4

```
euclid x y | x == y = x
           | x < y  = euclid x (y-x)
           | y < x  = euclid (x-y) y
```

A.7 高階関数

練習問題1

```
map f (filter p xs)
```

練習問題2

```
all p = and . map p
```

```
any p = or . map p
```

```
takeWhile _ []                   = []
takeWhile p (x:xs) | p x         = x : takeWhile p xs
                   | otherwise   = []
```

```
dropWhile _ []                   = []
dropWhile p (x:xs) | p x         = dropWhile p xs
                   | otherwise   = x:xs
```

練習問題3

```
map f = foldr (\x xs -> f x : xs) []
```

```
filter p = foldr (\x xs -> if p x then x:xs else xs) []
```

練習問題4

```
dec2int = foldl (\x y -> 10*x + y) 0
```

練習問題5

```
curry :: ((a,b) -> c) -> (a -> b -> c)
curry f = \x y -> f (x,y)
```

```
uncurry :: (a -> b -> c) -> ((a,b) -> c)
uncurry f = \(x,y) -> f x y
```

A.8 型と型クラスの定義

練習問題1

```
mult m Zero     = Zero
mult m (Succ n) = add m (mult m n)
```

A.9 カウントダウン問題 　269

練習問題2

```
occurs x (Leaf y)     = x == y
occurs x (Node l y r) = case compare x y of
                             LT -> occurs x l
                             EQ -> True
                             GT -> occurs x r
```

元の実装では x と y を二回比較する場合がありましたが、新しい実装では比較が一回だけなので、効率的です。

練習問題3

```
leaves (Leaf _)  = 1
leaves (Node l r) = leaves l + leaves r


balanced (Leaf _)  = True
balanced (Node l r) = abs (leaves l - leaves r) <= 1
                   && balanced l && balanced r
```

練習問題4

```
halve xs = splitAt (length xs `div` 2) xs


balance [x] = Leaf x
balance xs  = Node (balance ys) (balance zs)
              where (ys,zs) = halve xs
```

A.9　カウントダウン問題

練習問題1

```
choices xs = [zs | ys <- subs xs, zs <- perms ys]
```

練習問題2

```
removeone x []            = []
removeone x (y:ys) | x == y   = ys
                   | otherwise = y : removeone x ys


isChoice []      _  = True
isChoice (x:xs) [] = False
isChoice (x:xs) ys = elem x ys && isChoice xs (removeone x ys)
```

練習問題3

exprs に対する再帰呼び出しの際、リストの長さが短くなることが保障されなくなるので、停止しなくなります。

270 付録A　解答の一部

A.10　対話プログラム

練習問題1

```
putStr xs = sequence_ [putChar x | x <- xs]
```

練習問題2

```
putBoard = putBoard' 1

putBoard' r []     = return ()
putBoard' r (n:ns) = do putRow r n
                        putBoard' (r+1) ns
```

練習問題3

```
putBoard b = sequence_ [putRow r n | (r,n) <- zip [1..] b]
```

A.11　負けない三目並べ

練習問題1
まず、以下のように定義します。

```
nodes :: Tree a -> Int
nodes (Node _ ts) = 1 + sum (map nodes ts)

mydepth :: Tree a -> Int
mydepth (Node _ []) = 0
mydepth (Node _ ts) = 1 + maximum (map mydepth ts)
```

この定義を利用してみると、以下のようになります。

```
> let tree = gametree empty O

> nodes tree
549946

> mydepth tree
9
```

練習問題2

```
import System.Random hiding (next)

bestmoves :: Grid -> Player -> [Grid]
bestmoves g p = [g' | Node (g',p') _ <- ts, p' == best]
                where
                   tree = prune depth (gametree g p)
                   Node (_,best) ts = minimax tree
```

A.12 モナドなど   271

```haskell
play' :: Grid -> Player -> IO ()
play' g p
   | wins O g = putStrLn "Player O wins!\n"
   | wins X g = putStrLn "Player X wins!\n"
   | full g   = putStrLn "It's a draw!\n"
   | p == O   = do i <- getNat (prompt p)
                   case move g i p of
                      [] -> do putStrLn "ERROR: Invalid move"
                               play' g p
                      [g'] -> play g' (next p)
   | p == X   = do putStr "Player X is thinking... "
                   let gs = bestmoves g p
                   n <- randomRIO (0,length gs - 1)
                   play (gs !! n) (next p)
```

本書で定義した **next** との名前の衝突を避けるために、モジュールを読み込む際に
next 関数を隠していることに注意しましょう。

A.12 モナドなど

練習問題1

```haskell
instance Functor Tree where
   -- fmap :: (a -> b) -> Tree a -> Tree b
   fmap g Leaf         = Leaf
   fmap g (Node l x r) = Node (fmap g l) (g x) (fmap g r)
```

練習問題2

```haskell
instance Functor ((->) a) where
   -- fmap :: (b -> c) -> (a -> b) -> (a -> c)
   fmap = (.)
```

練習問題3

```haskell
instance Applicative ((->) a) where
   -- pure :: b -> (a -> b)
   pure = const

   -- (<*>) :: (a -> b -> c) -> (a -> b) -> (a -> c)
   g <*> h = \x -> g x (h x)
```

練習問題4

```haskell
instance Functor ZipList where
   -- fmap :: (a -> b) -> ZipList a -> ZipList b
   fmap g (Z xs) = Z (fmap g xs)

instance Applicative ZipList where
   -- pure :: a -> ZipList a
   pure x = Z (repeat x)
```

```
-- <*> :: ZipList (a -> b) -> ZipList a -> ZipList b
(Z gs) <*> (Z xs) = Z [g x | (g,x) <- zip gs xs]
```

A.13 モナドパーサー

練習問題 1

```
comment = do string "--"
             many (sat (/= '\n'))
             return ()
```

練習問題 2

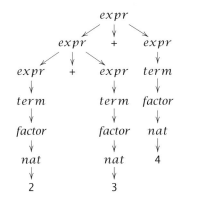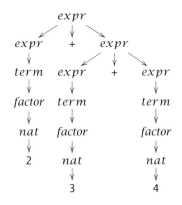

練習問題 3

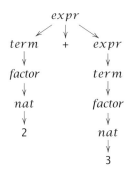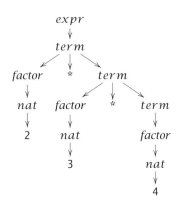

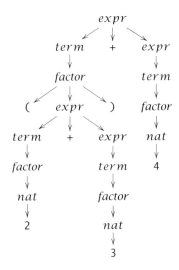

練習問題 4

共通項を左に括り出さなければ、パーサーは過度にバックトラックし、解析には式の大きさに対して指数関数的な時間がかかります。たとえば、数字が式であると認識されるまでに、四回パースされるかもしれません。

A.14　FoldableとTraversable

練習問題 1

```
instance (Monoid a, Monoid b) => Monoid (a,b) where
   -- mempty :: (a,b)
   mempty = (mempty, mempty)

   -- mappend :: (a,b) -> (a,b) -> (a,b)
   (x1,y1) `mappend` (x2,y2) =
      (x1 `mappend` x2, y1 `mappend` y2)
```

練習問題 2

```
instance Monoid b => Monoid (a -> b) where
   -- mempty :: a -> b
   mempty = \_ -> mempty

   -- mappend :: (a -> b) -> (a -> b) -> (a -> b)
   f `mappend` g = \x -> f x `mappend` g x
```

274   付録A   解答の一部

A.15 遅延評価

練習問題 1
1+(2*3) に対する唯一の簡約可能式は 2*3 であり、最も内側、かつ最も外側です。

(1+2)*(2+3) に対する簡約可能式は 1+2 と 2+3 であり、前者は最も内側、かつ最も外側です。

fst (1+2,2+3) に対する簡約可能式は 1+2、2+3、および fst (1+2,2+3) であり、最初の式が最も内側、最後の式が最も外側です。

(\x -> 1 + x) (2*3) に対する簡約可能式は 2*3 と (\x -> 1 + x) (2*3) であり、前者が最も内側、後者が最も外側です。

練習問題 2
最外簡約：

```
    fst (1+2, 2+3)
=       { fst を適用 }
    1+2
=       { + を適用 }
    3
```

最内簡約：

```
    fst (1+2, 2+3)
=       { 一番めの + を適用 }
    fst (3, 2+3)
=       { + を適用 }
    fst (3, 5)
=       { fst を適用 }
    3
```

望ましいのは最外簡約です。そのほうが二番めの引数の評価が避けられ、簡約手順が少なくなるからです。

練習問題 3

```
    mult 3 4
=       { mult を適用 }
    (\x -> (\y -> x * y)) 3 4
=       { 外側のラムダ式を適用 }
    (\y -> 3 * y) 4
=       { ラムダ式を適用 }
    3 * 4
=       { * を適用 }
    12
```

A.16 プログラムの論証

練習問題1
基底部：

```
    add Zero (Succ m)
=      { add を適用 }
    Succ m
=      { add を逆適用 }
    Succ (add Zero m)
```

再帰部：

```
    add (Succ n) (Succ m)
=      { add を適用 }
    Succ (add n (Succ m))
=      { 仮定より }
    Succ (Succ (add n m))
=      { add を逆適用 }
    Succ (add (Succ n) m)
```

練習問題2
基底部：

```
    add Zero m
=      { add を適用 }
    m
=      { add の性質 }
    add m Zero
```

再帰部：

```
    add (Succ n) m
=      { add を適用 }
    Succ (add n m)
=      { 仮定より }
    Succ (add m n)
=      { add の性質 }
    add m (Succ n)
```

練習問題3
基底部：

```
    all (== x) (replicate 0 x)
=      { replicate を適用 }
    all (== x) []
=      { all を適用 }
    True
```

276 付録A 解答の一部

再帰部：

```
  all (== x) (replicate (n+1) x)
=    { replicateを適用 }
  all (== x) (x : replicate n x)
=    { allを適用 }
  x == x && all (== x) (replicate n x)
=    { == を適用 }
  True && all (== x) (replicate n x)
=    { && を適用 }
  all (== x) (replicate n x)
=    { 仮定より }
  True
```

練習問題4

基底部：

```
  [] ++ []
=    { ++ を適用 }
  []
```

再帰部：

```
  (x : xs) ++ []
=    { ++ を適用 }
  x : (xs ++ [])
=    { 仮定より }
  x : xs
```

基底部：

```
  [] ++ (ys ++ zs)
=    { ++ を適用 }
  ys ++ zs
=    { ++ を逆適用 }
  ([] ++ ys) ++ zs
```

再帰部：

```
  (x : xs) ++ (ys ++ zs)
=    { ++ を適用 }
  x : (xs ++ (ys ++ zs))
=    { 仮定より }
  x : ((xs ++ ys) ++ zs)
=    { ++ を逆適用 }
  (x : (xs ++ ys)) ++ zs
=    { ++ を逆適用 }
  ((x : xs) ++ ys) ++ zs
```

練習問題5

基底部：

```
    take 0 xs ++ drop 0 xs
=       { take と drop を適用 }
    [] ++ xs
=       { ++ を適用 }
    xs
```

基底部：

```
    take (n+1) [] ++ drop (n+1) []
=       { take と drop を適用 }
    [] ++ []
=       { ++ を適用 }
    []
```

再帰部：

```
    take (n+1) (x:xs) ++ drop (n+1) (x:xs)
=       { take, drop を適用 }
    (x : take n xs) ++ (drop n xs)
=       { ++ を適用 }
    x : (take n xs ++ drop n xs)
=       { 仮定より }
    x : xs
```

A.17 コンパイラーの算出

練習問題1

解答は、参考にした文献[39]に掲載されています。

付録**B**

標準的なモジュール

この付録には、Haskell で利用頻度の高いモジュールでの定義を掲載します。わかりやすくするために、いくつかの定義は簡略化してあります。ここに掲載されてない定義については、Haskell の総合情報サイト https://www.haskell.org を参照してください。

B.1　基本的な型クラス

- 同等クラス：

```
class Eq a where
    (==), (/=) :: a -> a -> Bool

    x /= y = not (x == y)
```

- 順序クラス：

```
class Eq a => Ord a where
    (<), (<=), (>), (>=) :: a -> a -> Bool
    min, max             :: a -> a -> a

    min x y | x <= y    = x
            | otherwise = y

    max x y | x <= y    = y
            | otherwise = x
```

- 表示可能クラス：

```
class Show a where
    show :: a -> String
```

- 読込可能クラス：

```
class Read a where
    read :: String -> a
```

280 付録B 標準的なモジュール

- 数値クラス：

```
class Num a where
    (+), (-), (*)        :: a -> a -> a
    negate, abs, signum :: a -> a
```

- 整数クラス：

```
class Num a => Integral a where
    div, mod :: a -> a -> a
```

- 分数クラス：

```
class Num a => Fractional a where
    (/)   :: a -> a -> a
    recip :: a -> a

    recip n = 1/n
```

B.2 真理値

- 型宣言：

```
data Bool = False | True
            deriving (Eq, Ord, Show, Read)
```

- 論理積：

```
(&&) :: Bool -> Bool -> Bool
False && _ = False
True  && b = b
```

- 論理和：

```
(||) :: Bool -> Bool -> Bool
False || b = b
True  || _ = True
```

- 否定：

```
not :: Bool -> Bool
not False = True
not True  = False
```

- 常に満たされるガード：

```
otherwise :: Bool
otherwise = True
```

B.3 文字

- 型宣言：

```
data Char = ...
            deriving (Eq, Ord, Show, Read)
```

以下の定義は、Data.Char モジュールにあります。GHCi の場合は以下のように打ち

込み、プログラムの場合は以下をファイルの先頭に書けば、このモジュールを読み込めます。

```
import Data.Char
```

- 文字が小文字か判定する：

```
isLower :: Char -> Bool
isLower c = c >= 'a' && c <= 'z'
```

- 文字が大文字か判定する：

```
isUpper :: Char -> Bool
isUpper c = c >= 'A' && c <= 'Z'
```

- 文字がアルファベット文字か判定する：

```
isAlpha :: Char -> Bool
isAlpha c = isLower c || isUpper c
```

- 文字が数字か判定する：

```
isDigit :: Char -> Bool
isDigit c = c >= '0' && c <= '9'
```

- 文字がアルファベット文字あるいは数字か判定する：

```
isAlphaNum :: Char -> Bool
isAlphaNum c = isAlpha c || isDigit c
```

- 文字が空白文字か判定する：

```
isSpace :: Char -> Bool
isSpace c = elem c " \t\n"
```

- 文字をUnicodeのコードポイントへ変換する：

```
ord :: Char -> Int
ord c = ...
```

- Unicodeのコードポイントを文字へ変換する：

```
chr :: Int -> Char
chr n = ...
```

- 数字を整数へ変換する：

```
digitToInt :: Char -> Int
digitToInt c | isDigit c = ord c - ord '0'
```

- 整数を数字へ変換する：

```
intToDigit :: Int -> Char
intToDigit n | n >= 0 && n <= 9 = chr (ord '0' + n)
```

- 文字を小文字へ変換する：

```
toLower :: Char -> Char
toLower c | isUpper c = chr (ord c - ord 'A' + ord 'a')
          | otherwise = c
```

- 文字を大文字へ変換する：

```
toUpper :: Char -> Char
toUpper c | isLower c = chr (ord c - ord 'a' + ord 'A')
          | otherwise = c
```

B.4 文字列

- 型宣言：

```
type String = [Char]
```

B.5 数値

- 型宣言：

```
data Int = ...
          deriving (Eq, Ord, Show, Read, Num, Integral)

data Integer = ...
              deriving (Eq, Ord, Show, Read, Num, Integral)

data Float = ...
            deriving (Eq, Ord, Show, Read, Num, Fractional)

data Double = ...
             deriving (Eq, Ord, Show, Read, Num, Fractional)
```

- 整数が偶数か判定する：

```
even :: Integral a => a -> Bool
even n = n `mod` 2 == 0
```

- 整数が奇数か判定する：

```
odd :: Integral a => a -> Bool
odd = not . even
```

- 冪乗：

```
(^) :: (Num a, Integral b) => a -> b -> a
_ ^ 0 = 1
x ^ n = x * (x ^ (n-1))
```

B.6 タプル

- 型宣言 :

```
data () = ...
         deriving (Eq, Ord, Show, Read)

data (a,b) = ...
           deriving (Eq, Ord, Show, Read)

data (a,b,c) = ...
             deriving (Eq, Ord, Show, Read)
```

- 組の一番めの要素を選択する :

```
fst :: (a,b) -> a
fst (x,_) = x
```

- 組の二番めの要素を選択する :

```
snd :: (a,b) -> b
snd (_,y) = y
```

- 「組を引数に取る関数」をカリー化する :

```
curry :: ((a,b) -> c) -> (a -> b -> c)
curry f = \x y -> f (x,y)
```

- 「カリー化された関数」を「組を引数に取る関数」へ変換する :

```
uncurry :: (a -> b -> c) -> ((a,b) -> c)
uncurry f = \(x,y) -> f x y
```

B.7 Maybe

- 型宣言 :

```
data Maybe a = Nothing | Just a
             deriving (Eq, Ord, Show, Read)
```

B.8 リスト

- 型宣言 :

```
data [a] = [] | a:[a]
         deriving (Eq, Ord, Show, Read)
```

- 空でないリストの先頭の要素を取り出す :

```
head :: [a] -> a
head (x:_) = x
```

- 空でないリストの最後の要素を取り出す :

```
last :: [a] -> a
last [x]    = x
last (_:xs) = last xs
```

- 空でないリストの（0番めから数えて）n番めの要素を取り出す：

```
(!!) :: [a] -> Int -> a
(x:_)  !! 0 = x
(_:xs) !! n = xs !! (n-1)
```

- リストの先頭からn個の要素を取り出す：

```
take :: Int -> [a] -> [a]
take 0 _      = []
take _ []     = []
take n (x:xs) = x : take (n-1) xs
```

- リストの中から述語を満たす要素を取り出す：

```
filter :: (a -> Bool) -> [a] -> [a]
filter p xs = [x | x <- xs, p x]
```

- リストの先頭から述語を満たす連続した要素を取り出す：

```
takeWhile :: (a -> Bool) -> [a] -> [a]
takeWhile _ []                = []
takeWhile p (x:xs) | p x      = x : takeWhile p xs
                   | otherwise = []
```

- 空でないリストから先頭の要素を取り除いたリストを返す：

```
tail :: [a] -> [a]
tail (_:xs) = xs
```

- 空でないリストから最後の要素を取り除く：

```
init :: [a] -> [a]
init [_]    = []
init (x:xs) = x : init xs
```

- リストから先頭のn個の要素を取り除いたリストを返す：

```
drop :: Int -> [a] -> [a]
drop 0 xs     = xs
drop _ []     = []
drop n (_:xs) = drop (n-1) xs
```

- リストの先頭から述語を満たす連続した要素を取り除く：

```
dropWhile :: (a -> Bool) -> [a] -> [a]
dropWhile _ []                = []
dropWhile p (x:xs) | p x      = dropWhile p xs
                   | otherwise = x:xs
```

- リストをn番めの要素のところで分割する：

```
splitAt :: Int -> [a] -> ([a],[a])
splitAt n xs = (take n xs, drop n xs)
```

- 同一の要素の無限リストを生成する：

```
repeat :: a -> [a]
repeat x = xs where xs = x:xs
```

- n個の同一の要素からなるリストを生成する：

```
replicate :: Int -> a -> [a]
replicate n = take n . repeat
```

- 関数を値に繰り返し適用することで無限リストを生成する：

```
iterate :: (a -> a) -> a -> [a]
iterate f x = x : iterate f (f x)
```

- 二つのリストから対応する要素を組にして一つのリストを作る：

```
zip :: [a] -> [b] -> [(a,b)]
zip []     _      = []
zip _      []     = []
zip (x:xs) (y:ys) = (x,y) : zip xs ys
```

- 二つのリストを連結する：

```
(++) :: [a] -> [a] -> [a]
[]     ++ ys = ys
(x:xs) ++ ys = x : (xs ++ ys)
```

- リストを逆順にする：

```
reverse :: [a] -> [a]
reverse = foldl (\xs x -> x:xs) []
```

- リスト中のすべての要素に関数を適用する：

```
map :: (a -> b) -> [a] -> [b]
map f xs = [f x | x <- xs]
```

B.9 関数

- 型宣言：

```
data a -> b = ...
```

- 恒等関数：

```
id :: a -> a
id = \x -> x
```

- 関数合成：

```
(.) :: (b -> c) -> (a -> b) -> (a -> c)
f . g = \x -> f (g x)
```

- 定数関数：

```
const :: a -> (b -> a)
const x = \_ -> x
```

- 正格関数適用：

```
($!) :: (a -> b) -> a -> b
f $! x = ...
```

286 付録B 標準的なモジュール

- カリー化された関数の引数を入れ替える：

```
flip :: (a -> b -> c) -> (b -> a -> c)
flip f = \y x -> f x y
```

B.10 入出力

- 型宣言：

```
data IO a = ...
```

- キーボードから一文字読み込む：

```
getChar :: IO Char
getChar = ...
```

- キーボードから一行を文字列として読み込む：

```
getLine :: IO String
getLine = do x <- getChar
             if x == '\n' then
                 return ""
             else
                 do xs <- getLine
                    return (x:xs)
```

- キーボードから一行を値として読み込む：

```
readLn :: Read a => IO a
readLn = do xs <- getLine
            return (read xs)
```

- 画面に一文字表示する：

```
putChar :: Char -> IO ()
putChar c = ...
```

- 画面に文字列を表示する：

```
putStr :: String -> IO ()
putStr ""     = return ()
putStr (x:xs) = do putChar x
                   putStr xs
```

- 画面に文字列を書き込み改行する：

```
putStrLn :: String -> IO ()
putStrLn xs = do putStr xs
                 putChar '\n'
```

- 画面に値を表示する：

```
print :: Show a => a -> IO ()
print = putStrLn . show
```

エラーメッセージを表示し、プログラムを終了する：

```
error :: String -> a
error xs = ...
```

B.11　関手

- クラス宣言：

```
class Functor f where
    fmap :: (a -> b) -> f a -> f b
```

- Maybe関手：

```
instance Functor Maybe where
    -- fmap :: (a -> b) -> Maybe a -> Maybe b
    fmap _ Nothing  = Nothing
    fmap g (Just x) = Just (g x)
```

- リスト関手：

```
instance Functor [] where
    -- fmap :: (a -> b) -> [a] -> [b]
    fmap = map
```

- IO関手：

```
instance Functor IO where
    -- fmap :: (a -> b) -> IO a -> IO b
    fmap g mx = do {x <- mx; return (g x)}
```

- fmapの中置演算子版：

```
(<$>) :: Functor f => (a -> b) -> f a -> f b
g <$> x = fmap g x
```

B.12　アプリカティブ

- クラス宣言：

```
class Functor f => Applicative f where
    pure  :: a -> f a
    (<*>) :: f (a -> b) -> f a -> f b
```

- Maybeアプリカティブ：

```
instance Applicative Maybe where
    -- pure :: a -> Maybe a
    pure = Just

    -- (<*>) :: Maybe (a -> b) -> Maybe a -> Maybe b
    Nothing  <*> _  = Nothing
    (Just g) <*> mx = fmap g mx
```

288 付録B 標準的なモジュール

* リストアプリカティブ：

```
instance Applicative [] where
  -- pure :: a -> [a]
  pure x = [x]

  -- (<*>) :: [a -> b] -> [a] -> [b]
  gs <*> xs = [g x | g <- gs, x <- xs]
```

* IOアプリカティブ：

```
instance Applicative IO where
  -- pure :: a -> IO a
  pure = return

  -- (<*>) :: IO (a -> b) -> IO a -> IO b
  mg <*> mx = do {g <- mg; x <- mx; return (g x)}
```

B.13 モナド

* クラス宣言：

```
class Applicative m => Monad m where
  return :: a -> m a
  (>>=)  :: m a -> (a -> m b) -> m b

  return = pure
```

* Maybeモナド：

```
instance Monad Maybe where
  -- (>>=) :: Maybe a -> (a -> Maybe b) -> Maybe b
  Nothing  >>= _ = Nothing
  (Just x) >>= f = f x
```

* リストモナド：

```
instance Monad [] where
  -- (>>=) :: [a] -> (a -> [b]) -> [b]
  xs >>= f = [y | x <- xs, y <- f x]
```

* IOモナド：

```
instance Monad IO where
  -- return :: a -> IO a
  return x = ...

  -- (>>=) :: IO a -> (a -> IO b) -> IO b
  mx >>= f = ...
```

B.14 Alternative

以下の定義は、`Control.Applicative`モジュールにあります。GHCiの場合は以下のように打ち込み、プログラムの場合は以下をファイルの先頭に書けば、このモ

ジュールを読み込めます。

```
import Control.Applicative
```

- クラス宣言：

```
class Applicative f => Alternative f where
    empty :: f a
    (<|>) :: f a -> f a -> f a
    many  :: f a -> f [a]
    some  :: f a -> f [a]

    many x = some x <|> pure []
    some x = pure (:) <*> x <*> many x
```

- Maybe Alternative：

```
instance Alternative Maybe where
    -- empty :: Maybe a
    empty = Nothing

    -- (<|>) :: Maybe a -> Maybe a -> Maybe a
    Nothing <|> my = my
    (Just x) <|> _  = Just x
```

- リスト Alternative：

```
instance Alternative [] where
    -- empty :: [a]
    empty = []

    -- (<|>) :: [a] -> [a] -> [a]
    (<|>) = (++)
```

B.15 MonadPlus

以下の定義は、`Control.Monad`モジュールにあります。GHCiの場合は以下のように打ち込み、プログラムの場合は以下をファイルの先頭に書けば、このモジュールを読み込めます。

```
import Control.Monad
```

- クラス宣言：

```
class (Alternative m, Monad m) => MonadPlus m where
    mzero :: m a
    mplus :: m a -> m a -> m a

    mzero = empty
    mplus = (<|>)
```

- Maybe MonadPlus：

```
instance MonadPlus Maybe
```

290 付録B 標準的なモジュール

- リスト MonadPlus：

```
instance MonadPlus []
```

B.16 モノイド

- クラス宣言：

```
class Monoid a where
    mempty  :: a
    mappend :: a -> a -> a

    mconcat :: [a] -> a
    mconcat = foldr mappend mempty
```

以下の定義は、Data.Monoid モジュールにあります。GHCi の場合は以下のように打ち込み、プログラムの場合は以下をファイルの先頭に書けば、このモジュールを読み込めます。

```
import Data.Monoid
```

- Maybe モノイド：

```
instance Monoid a => Monoid (Maybe a) where
    -- mempty :: Maybe a
    mempty = Nothing

    -- mappend :: Maybe a -> Maybe a -> Maybe a
    Nothing `mappend` my      = my
    mx      `mappend` Nothing  = mx
    Just x  `mappend` Just y   = Just (x `mappend` y)
```

- リストモノイド：

```
instance Monoid [a] where
    -- mempty :: [a]
    mempty = []

    -- mappend :: [a] -> [a] -> [a]
    mappend = (++)
```

- 加算用の数値モノイド：

```
newtype Sum a = Sum a
                deriving (Eq, Ord, Show, Read)

getSum :: Sum a -> a
getSum (Sum x) = x

instance Num a => Monoid (Sum a) where
    -- mempty :: Sum a
    mempty = Sum 0

    -- mappend :: Sum a -> Sum a -> Sum a
    Sum x `mappend` Sum y = Sum (x+y)
```

- 乗算用の数値モノイド：

```
newtype Product a = Product a
                    deriving (Eq, Ord, Show, Read)

getProduct :: Product a -> a
getProduct (Product x) = x

instance Num a => Monoid (Product a) where
  -- mempty :: Product a
  mempty = Product 1

  -- mappend :: Product a -> Product a -> Product a
  Product x `mappend` Product y = Product (x*y)
```

- 論理積用の真理値モノイド：

```
newtype All = All Bool
              deriving (Eq, Ord, Show, Read)

getAll :: All -> Bool
getAll (All b) = b

instance Monoid All where
  -- mempty :: All
  mempty = All True

  -- mappend :: All -> All -> All
  All b `mappend` All c = All (b && c)
```

- 論理和用の真理値モノイド：

```
newtype Any = Any Bool
              deriving (Eq, Ord, Show, Read)

getAny :: Any -> Bool
getAny (Any b) = b

instance Monoid Any where
  -- mempty :: Any
  mempty = Any False

  -- mappend :: Any -> Any -> Any
  Any b `mappend` Any c = Any (b || c)
```

- mappend の中置演算子版：

```
(<>) :: Monoid a => a -> a -> a
x <> y = x `mappend` y
```

B.17　Foldable

以下の定義は、`Data.Foldable`モジュールにあります。GHCiの場合は以下のように打ち込み、プログラムの場合は以下をファイルの先頭に書けば、このモジュールを読み込めます。

```
import Data.Foldable
```

292   付録B　標準的なモジュール

- クラス宣言：

```
class Foldable t where
    foldMap :: Monoid b => (a -> b) -> t a -> b
    foldr   :: (a -> b -> b) -> b -> t a -> b

    fold    :: Monoid a => t a -> a
    foldl   :: (a -> b -> a) -> a -> t b -> a
    foldr1  :: (a -> a -> a) -> t a -> a
    foldl1  :: (a -> a -> a) -> t a -> a

    toList  :: t a -> [a]
    null    :: t a -> Bool
    length  :: t a -> Int
    elem    :: Eq a => a -> t a -> Bool
    maximum :: Ord a => t a -> a
    minimum :: Ord a => t a -> a
    sum     :: Num a => t a -> a
    product :: Num a => t a -> a
```

- デフォルトの定義：

```
foldMap f = foldr (mappend . f) mempty
foldr f v = foldr f v . toList

fold      = foldMap id
foldl f v = foldl f v . toList
foldr1 f  = foldr1 f . toList
foldl1 f  = foldl1 f . toList

toList    = foldMap (\x -> [x])
null      = null . toList
length    = length . toList
elem x    = elem x . toList
maximum   = maximum . toList
minimum   = minimum . toList
sum       = sum . toList
product   = product . toList
```

完全なインスタンスにするために最小限必要なのは、foldMap もしくは foldr を定義することです。他のメソッドは、デフォルトの実装と以下のリストに対する定義を利用して、この二つのメソッドのいずれかから導出されます。

- リスト Foldable：

```
instance Foldable [] where

    -- foldMap :: Monoid b => (a -> b) -> [a] -> b
    foldMap _ []     = mempty
    foldMap f (x:xs) = f x `mappend` foldMap f xs

    -- foldr :: (a -> b -> b) -> b -> [a] -> b
    foldr _ v []     = v
    foldr f v (x:xs) = f x (foldr f v xs)
```

```
-- fold :: Monoid a => [a] -> a
fold = foldMap id

-- foldl :: (a -> b -> a) -> a -> [b] -> a
foldl _ v []     = v
foldl f v (x:xs) = foldl f (f v x) xs

-- foldr1 :: (a -> a -> a) -> [a] -> a
foldr1 _ [x]    = x
foldr1 f (x:xs) = f x (foldr1 f xs)

-- foldl1 :: (a -> a -> a) -> [a] -> a
foldl1 f (x:xs) = foldl f x xs

-- toList :: [a] -> [a]
toList = id

-- null :: [a] -> Bool
null []    = True
null (_:_) = False

-- length :: [a] -> Int
length = foldl (\n _ -> n+1) 0

-- elem :: Eq a => a -> [a] -> Bool
elem x xs = any (==x) xs

-- maximum :: Ord a => [a] -> a
maximum = foldl1 max

-- minimum :: Ord a => [a] -> a
minimum = foldl1 min

-- sum :: Num a => [a] -> a
sum = foldl (+) 0

-- product :: Num a => [a] -> a
product = foldl (*) 1
```

- データ構造中の真理値がすべてTrueであるか判定する：

```
and :: Foldable t => t Bool -> Bool
and = getAll . foldMap All
```

- データ構造中の真理値のどれかがTrueであるか判定する：

```
or :: Foldable t => t Bool -> Bool
or = getAny . foldMap Any
```

- データ構造中の要素すべてが述語を満たすか判定する：

```
all :: Foldable t => (a -> Bool) -> t a -> Bool
all p = getAll . foldMap (All . p)
```

- データ構造中の要素のどれかが述語を満たすか判定する：

```
any :: Foldable t => (a -> Bool) -> t a -> Bool
any p = getAny . foldMap (Any . p)
```

- データ構造中のリストすべてを連結する：

```
concat :: Foldable t => t [a] -> [a]
concat = fold
```

B.18 Traversable

- クラス宣言：

```
class (Functor t, Foldable t) => Traversable t where
    traverse   :: Applicative f => (a -> f b) -> t a -> f (t b)
    sequenceA :: Applicative f => t (f a) -> f (t a)

    mapM       :: Monad m => (a -> m b) -> t a -> m (t b)
    sequence   :: Monad m => t (m a) -> m (t a)
```

- デフォルトの定義：

```
traverse g = sequenceA . fmap g
sequenceA  = traverse id

mapM       = traverse
sequence   = sequenceA
```

完全なインスタンスにするために最小限必要なのは、traverseもしくはsequenceAを定義することです。他のメソッドは、デフォルトの実装を利用して、この二つのメソッドのいずれかから導出されます。

- Maybe Traversable：

```
instance Traversable Maybe where
    -- traverse :: Applicative f =>
    --    (a -> f b) -> Maybe a -> f (Maybe b)
    traverse _ Nothing  = pure Nothing
    traverse g (Just x) = pure Just <*> g x
```

- リスト Traversable：

```
instance Traversable [] where
    -- traverse :: Applicative f => (a -> f b) -> [a] -> f [b]
    traverse _ []     = pure []
    traverse g (x:xs) = pure (:) <*> g x <*> traverse g xs
```

参考文献

[1] P. Hudak, "Conception, Evolution and Application of Functional Programming Languages," *ACM Computing Surveys*, vol. 21, no. 3, 1989, ［翻訳］武市正人 訳, 「関数プログラム言語の概念・発展・応用」, bit別冊コンピュータサイエンス, pp.37-87, 共立出版, 1991年.

[2] P. Hudak, J. Hughes, S. Peyton Jones, and P. Wadler, "A History of Haskell: Being Lazy with Class," in *Proceedings of the Conference on History of Programming Languages*.   ACM Press, 2007.

[3] P. Wadler, "Theorems for Free!" in *Proceedings of the International Conference on Functional Programming and Computer Architecture*.   ACM Press, 1989.

[4] S. Marlow, Ed., *Haskell Language Report*, 2010, Available on the web from: https://www.haskell.org/definition/haskell2010.pdf.

[5] M. P. Jones, "Typing Haskell in Haskell," in *Proceedings of the Haskell Workshop*.   University of Utrecht, Technical Report UU-CS-1999-28, 1999.

[6] H. Barendregt, *The Lambda Calculus, Its Syntax and Semantics*.   North Holland, 1985.

[7] S. Singh, *The Code Book: The Secret History of Codes and Code Breaking*. Fourth Estate, 2002, ［翻訳］青木薫 訳, 『暗号解読―ロゼッタストーンから量子暗号まで』, 新潮社, 2001年.

[8] H. Glaser, P. Hartel, and P. Garratt, "Programming by Numbers: A Programming Method for Novices," *The Computer Journal*, vol. 43, no. 4, 2000.

[9] J. Gibbons and O. de Moor, Eds., *The Fun of Programming*.   Palgrave, 2003, ［翻訳］山下伸夫 訳, 『関数プログラミングの楽しみ』, オーム社, 2010年.

[10] G. Hutton, "A Tutorial on the Universality and Expressiveness of Fold," *Journal of Functional Programming*, vol. 9, no. 4, 1999.

[11] G. Hutton and J. Wright, "Calculating an Exceptional Machine," in *Trends in Functional Programming Volume 5*.   Intellect, 2006.

[12] G. Huet, "The Zipper," *Journal of Functional Programming*, vol. 7, no. 5, 1997.

[13] G. Hutton, "The Countdown Problem," *Journal of Functional Programming*, vol. 12, no. 6, 2002.

[14] R. Bird and S.-C. Mu, "Countdown: A Case Study in Origami Programming," *Journal of Functional Programming*, vol. 15, no. 5, 2005.

[15] S. Peyton Jones, "Tackling the Awkward Squad: Monadic Input/Output, Concurrency, Exceptions, and Foreign-Language Calls in Haskell," in *Engineering Theories of Software Construction.* IOS Press, 2001.

[16] D. E. Knuth and R. W. Moore, "An Analysis of Alpha-Beta Pruning," *Artificial Intelligence*, vol. 6, no. 4, 1975.

[17] S. Awodey, *Category Theory.* Oxford University Press, 2010, ［翻訳］前原和寿 訳, 『圏論原著第2版』, 共立出版, 2015年.

[18] P. Wadler, "Monads for Functional Programming," in *Proceedings of the Marktoberdorf Summer School on Program Design Calculi.* Springer, 1992.

[19] C. McBride and R. Paterson, "Applicative Programming With Effects," *Journal of Functional Programming*, vol. 18, no. 1, 2008.

[20] G. Hutton and D. Fulger, "Reasoning About Effects: Seeing the Wood Through the Trees," in *Proceedings of Trends in Functional Programming*, 2008.

[21] G. Hutton and E. Meijer, "Monadic Parser Combinators," University of Nottingham, Technical Report NOTTCS-TR-96-4, 1996.

[22] G. Hutton and E. Meijer, "Monadic Parsing in Haskell," *Journal of Functional Programming*, vol. 8, no. 4, 1998.

[23] V. Rayward-Smith, *A First Course in Formal Language Theory.* Blackwell Scientific Publications, 1983, ［翻訳］井上謙蔵 監修, 吉田敬一・石丸清登 訳, 『コンピュータ・サイエンスのための言語理論入門』, 共立出版, 1986年.

[24] D. Leijen, "Parsec: A Parsing Library for Haskell," Available on the web from: https://hackage.haskell.org/package/parsec.

[25] A. Gill and S. Marlow, "Happy: A Parser Generator for Haskell," Available on the web from: https://hackage.haskell.org/package/happy.

[26] D. Piponi, "Haskell Monoids and their Uses," 2009, Available on the web from: http://tinyurl.com/piponi-monoids.

[27] E. Meijer, M. Fokkinga, and R. Paterson, "Functional Programming with Bananas, Lenses, Envelopes and Barbed Wire," in *Proceedings of the Conference on Functional Programming and Computer Architecture.* Springer, 1991.

[28] L. Meertens, "Calculate Polytypically!" in *Proceedings of the International Symposium on Programming Languages: Implementations, Logics, and Programs.* Springer, 1996.

[29] J. C. Reynolds, *Theories of Programming Languages.* Cambridge University Press, 1998.

[30] J. Hughes, "Why Functional Programming Matters," *The Computer Journal*, vol. 32, no. 2, 1989, ［翻訳］山下伸夫 訳,『なぜ関数プログラミングは重要か』, https://www.sampou.org/haskell/article/whyfp.html.

[31] J. Launchbury, "A Natural Semantics for Lazy Evaluation," in *Proceedings of the Symposium on Principles of Programming Languages*. ACM Press, 1993.

[32] S. Peyton Jones and D. Lester, *Implementing Functional Languages: A Tutorial*. Prentice Hall, 1992.

[33] N. Danielsson and P. Jansson, "Chasing Bottoms: A Case Study in Program Verification in the Presence of Partial and Infinite Values," in *Proceedings of the Conference on Mathematics of Program Construction*. Springer, 2004.

[34] J. Gibbons and G. Hutton, "Proof Methods for Corecursive Programs," *Fundamenta Informaticae*, vol. 66, no. 4, 2005.

[35] K. Claessen and J. Hughes, "QuickCheck: A Lightweight Tool for Random Testing of Haskell Programs," in *Proceedings of the International Conference on Functional Programming*, 2000.

[36] J. Gibbons and R. Hinze, "Just Do It: Simple Monadic Equational Reasoning," in *Proceedings of the International Conference on Functional Programming*, 2011.

[37] G. Hutton and J. Wright, "Compiling Exceptions Correctly," in *Proceedings of the Conference on Mathematics of Program Construction*. Springer, 2004.

[38] P. Wadler, "The Concatenate Vanishes," 1989, University of Glasgow.

[39] P. Bahr and G. Hutton, "Calculating Correct Compilers," *Journal of Functional Programming*, vol. 25, 2015.

[40] G. Hutton and P. Bahr, "Cutting Out Continuations," in *Proceedings of WadlerFest, A List of Successes That Can Change the World*. Springer, 2016.

索引

記号・ギリシア文字

_ （アンダースコア）	41, 50, 63, 71, 72
-	34, 280
--	21
->	27, 285
:	42, 283
::	10, 23
:?	20
!!	17, 284
.	83, 285
(..) （セクション）	45
(..) （タプル）	27
()	27, 125, 185, 283
[...]	26, 283
*	34, 280
/	36, 56, 280
/=	32, 279
\	44
{-...-}	21
&&	41, 280
`...`	19
^	282
+	34, 280
++	17, 64, 285
<	32, 279
<-	49, 126
<*>	159, 287
<=	32, 279
<|>	182, 289
<>	291
<$>	163, 287
==	32, 279
=>	10, 31
>	32, 279
>=	32, 279
>>=	167, 288
$	171
$!	150, 175, 224, 285
| （ガード）	40
| （型宣言）	94
||	280
λ	44

A

abs	34, 40, 280
all	78, 206, 293
All	200, 291
Alternative	182, 184, 289
Alternative	288
Maybe	182, 289
Parser	182
則	182
リスト	289
and	79, 82, 206, 293
any	78, 206, 293
Any	200, 291
Applicative	159, 287

B

bind演算子	165
BNF	187
Bool	23, 25, 280

C

case	90, 164, 179, 261
Catamorphism	210
Char	25, 280
chr	54, 281
class	100, 154, 159, 167, 197, 201, 208
concat	50, 207, 294
const	44, 285
cons演算子	42
Control.Applicative	179, 288
Control.Monad	172, 183, 289
crush演算子	210
curry	283

D

data	94, 100
Data.Char	131, 140, 179, 280
Data.Foldable	201, 206, 226, 291
Data.List	35, 88, 140
Data.Monoid	198, 290
deriving	101
digitToInt	131, 281
div	19, 35, 86, 280
do表記	126, 166, 181

Double..26, 282
drop.................................17, 66, 70, 284
dropWhile.......................................78, 284
Dr. Seuss...178
DSL..76

E

:edit..20
elem..203, 292
else..40
empty..182, 289
Eq..31, 51, 279
error...............................92, 190, 287
even.............................39, 66, 282

F

False...23, 25
filter...........................77, 211, 284
filterM...173
flip..286
Float.....................................25, 56, 282
Floating..36
fmap...154, 287
fold..201, 292
Foldable.......................................201, 292
Foldable..7, 201
　　Maybe...211
　　Tree...203, 211
　　リスト....................................202, 292
foldl...............69, 81, 82, 91,201, 292
foldl'..226
foldl1...204, 292
foldMap..201, 292
foldr...............69, 79, 90, 201,292
foldr1.......................................143, 204, 292
FP..8
Fractional.......................................35, 280
fromIntegral...56
fst..42, 283
Functor...154, 287

G

getAll...291
getAny..291
getChar..125, 286
getLine..127, 286
getProduct...................................200, 291

getSum...199, 290
GHC................................15, 116, 149
GHCi...15, 19
　　コマンド...19

H

Haskell Platform....................................15
head..........................17, 43, 283
hSetBuffering..................................149
hSetEcho..128

I

id..84, 285
if...24, 39
import...54
init..71, 284
Int..25, 282
Integer.........................25, 227, 282
Integral..........................35, 71, 280
intToDigit..281
IO.............................12, 124, 286
isAlpha..183, 281
isAlphaNum.....................................183, 281
isDigit..................144, 183, 281
isLower..183, 281
isSpace..185, 281
isUpper..183, 281
ISWIM..8
iterate..85, 285

J

join..174

L

last...283
length................17, 50, 63, 80,82, 203, 292
let..170
Lisp...8
:load..20
Luhn アルゴリズム.............................47, 92

M

many...184, 289
map........................76, 153, 207, 285
mapM........................173, 210, 294
mappend..197, 290

索引 *301*

max 32, 279
maximum 203, 292
Maybe 96, 113, 283
mconcat 197, 290
mempty 197, 290
min 32, 279
minimum 203, 292
Miranda 8
ML 8
mod 35, 50, 55, 86,280
Monad 167, 288
MonadPlus 182, 289
MonadPlus
　　Maybe 289
　　リスト 290
Monoid 197, 290
mplus 183, 289
mzero 183, 289

N

negate 34, 280
newtype 96, 169, 179
not 41, 280
null 72, 203, 292
Num 10, 31, 34, 69,280

O

odd 66, 83, 282
or 79, 82, 206, 293
ord 54, 281
Ord 11, 32, 52, 64,279
otherwise 40, 280

P

Prelude 16
print 116, 286
product 17, 63, 68, 79,82, 203, 292
Product 200, 291
pure 159, 287
putChar 125, 286
putStr 127, 286
putStrLn 127, 286

Q

:quit 20

R

read 33, 279
Read 33, 279
readLn 286
recip 36, 39, 280
:reload 20
repeat 86, 284
replicate 235, 285
return 126, 167, 288
reverse 17, 63, 80, 82,236, 239, 285

S

seq 175
sequence 210, 294
sequenceA 162, 209, 294
:set 20
show 33, 279
Show 33, 112, 279
signum 34, 40, 280
snd 42, 283
some 184, 289
splitAt 39, 144, 284
String 25, 282
sum 9, 17, 79, 81,203, 292
Sum 199, 290
System.IO 128, 140
System.IO.Unsafe 137

T

t 202
tail 17, 43, 284
take 17, 221, 284
takeWhile 78, 284
toList 204, 292
toLower 282
toUpper 282
transpose 141
Traversable 208, 294
Traversable 7, 207, 294
　　Maybe 211, 294
　　Tree 209, 211
　　リスト 209, 294
traverse 208, 294
True 23, 25
:type 20
type 93

302　索引

U

uncurry......................................283
unfold..91
Unicode......................................25
　　数値......................................281
unlines.....................................142
unsafePerformIO.......................137

W

where...............................10, 21
World（状態）.........................124

Z

zip...........................52, 65, 285
ZipList....................................176
zipper.....................................108
zipWith...................................143

ア

アクション.....................12, 125
値渡し......................................217
アプリカティブ..........7, 157, 287
　　IO................................161, 288
　　Maybe..........................160, 287
　　Parser.............................180
　　関数...................................175
　　状態...................................170
　　リスト.........................160, 288
アプリカティブスタイル.....159, 163, 180
アプリカティブ則.....................163
余り..35
アルファベータ法...................151

イ

インスタンス...................31, 100
　　自動導出.............................101
インデント ....→ 行頭揃え

エ

エラトステネスのふるい..........223
演算子.............................45, 79
　　型.......................................45
　　論理...................................102

カ

ガード.....................7, 40, 50, 72

カイ二乗検定..............................57
階乗...61
可換則..................118, 229, 247
掛け算..34
数
　　Unicode......................54, 86
　　自然数.............96, 97, 185, 232
　　十進表記..............................84
　　素数...........................51, 222
　　二進表記..............................84
型.................................10, 23
　　Foldable..............................201
　　Traversable.........................207
　　アプリカティブ.....................157
　　安全性...................................96
　　演算子の................................45
　　関手...................................153
　　関数.....................................27
　　木................98, 146, 227, 241
　　構成子...................................94
　　再帰.....................................97
　　状態...................................124
　　推論..............................10, 24
　　宣言.....................................93
　　多重定義型.............................31
　　多相型...................................30
　　多相的...................................94
　　変数..........................30, 94-96
　　モナド.................................164
　　モノイド.............................197
　　リスト.........................98, 283
型安全......................................24
型エラー...................................24
型クラス...............31, 100, 279
　　インスタンス.................31, 100
　　インスタンスの自動導出........101
　　拡張...................................100
　　順序.....................................32
　　数値.....................................34
　　整数.....................................35
　　制約...........................31, 102
　　デフォルトの定義.................100
　　同等.....................................31
　　表示可能................................33
　　分数.....................................35
　　メソッド................................31
　　読込可能................................33

型検査 24
型システム 6
型推論 6
型宣言
    `data` 94
    `newtype` 96
型注釈 23
空リスト 26, 113
カリー化 29
関手 7, 153, 287
    `IO` 155, 287
    `Maybe` 155, 287
    `Parser` 180
    `Tree` 155
    関数 175
    状態 170
    リスト 154, 237, 287
関手則 156, 237
関数 3, 27, 285
    カリー化 29, 45, 75, 216, 224
    組み合わせを扱う 114
    高階 7
    高階関数 76
    合成 83
    構成子 95
    コンビネーター 254
    再帰 9, 61
    再帰的 61
    正格 216, 224
    全域関数 28
    多相性 6
    多重定義 6
    多相的 30, 53, 77
    引数に適用 18
関数型 27
関数適用 3, 171
関数プログラミング 4
完全数 59
簡約 3, 213
    ラムダ式内 217
簡約可能式 214
完了（計算の） 4

キ

キーワード 6, 20
基底部 61
帰納法 232

仮定 233
基本型 25
    固定長整数 25
    真理値 25
    多倍長整数 25
    浮動小数点数 25, 26
    文字 25
    文字列 25
逆数 36, 39, 45
行頭揃え 6, 20
共有 219

ク

クイックソート 11, 66
偶奇判定 39
空白 186
空リスト 26, 113
組 27
グラスゴー Haskell コンパイラー 15

ケ

ゲームの木 145
継続 252
継続渡しスタイル 252
結果（対話プログラムの） 124
結合順位 16, 18, 187
    関数適用と演算子 43
    構文規則 189
結合性
    `->`（型） 29
    `++` 237
    `add` 234
    `Alternative` 182
    `cons` 43
    `fold` 81
    アプリカティブ 163
    演算子 16
    加算 81, 187
    関数適用 29, 83
    乗算 187
    モナド 174
    モノイド 198
結合則 229
圏論 175

コ

高階関数 7, 76

304 索引

後者関数 45, 97, 217
恒真式 102
合成 83
構成子 94
構造的帰納法
　　木 241
　　式 244, 250
　　リスト 236
恒等関数 76
構文木 187
構文規則 187
　　曖昧さ 189
固定長整数 25
コメント 21
コンテナ型 155
コンパイラー 242
コンビネーター論理 175

サ

差 34
最外簡約 217
再帰 8, 61
　　型宣言 93
　　相互 66, 108, 184
　　多重 66
　　秘訣 68
再帰型 97
再帰関数 7
再帰部 61
最大公約数 73
最適化 116
最内簡約 217
作用 124, 162

シ

シーザー暗号 54
式 3
　　簡約可能 214
　　純粋な 126
　　数式 242
識別子 185
辞書式 33
辞書順 88
終了 8
述語 77, 183
順位（結合の）............................... 16, 18
順序 11, 279

順序クラス 32
商 35
条件式 39
状態 124
状態変換器 168, 178
除算 36
シングルトン .... → 要素が一つのリスト
真理値 25, 280
真理値表 102

ス

数学的帰納法 8, 232
　　仮定 233
　　自然数 232
数値 10, 279, 282
　　Unicode 281
数値クラス 34
スクリプト .... → プログラム
スタック 242, 250
　　制御スタック 107
スタックアンダーフロー 245

セ

正格 216, 224
制御文字 25
制御文字列 134
整数 280
　　浮動小数点数に変換 56
　　ランダム 151
整数クラス 35
生成器 49, 126
整列 52
積 34
セクション 45
節 98
絶対値 34
全域関数 28
宣言 93
選択肢 181

ソ

ソート
　　クイックソート 10
　　挿入ソート 65
　　マージソート 74
総当たり法 115
相互再帰 66, 108, 184

索引　*305*

挿入ソート 65
素数 51, 222

タ

代数的な性質（算術演算子の）.......... 118
代入 4, 214
対話プログラム 123
足し算 34
多重定義型 31
多相型 30, 94
多相性 6
脱高階関数 254
多倍長整数 25
タブ文字 21
タプル 283
　　組 49, 52, 283
　　三つ組 283
　　要素数 27, 42
タプル型 27
タプル・パターン 42
単位元
　　++ 239
　　Alternative 182
　　アプリカティブ 163
　　加算 10, 118, 233
　　関手 156
　　関数合成の 83
　　乗算 62, 69, 118
　　除算 118
　　モナド 174
　　モノイド 198
探索 51
探索木 99

チ

遅延評価 8, 26, 219
蓄積変数 82, 225, 241
抽象機械 107, 261
中置記法 19

テ

停止性 217, 220
適用 3, 18, 24, 224
　　部分適用 29, 76, 79

ト

トークン 186

トートロジー .... → 恒真式
等式推論 8, 230, 256
等式変形 229
同等 279
同等クラス 31
ドミノ（帰納法）...................... 233
ドメイン固有言語 76
ドメイン特化言語 7

ナ

内積 59
内包公理（集合論）.................... 58
内包表記
　　集合 49
　　リスト 7, 49, 53
名前渡し 217

ニ

二分木 98, 155, 171, 175,201
ニュートン法 227
入出力 286

ノ

ノード 98

ハ

葉 98
パーサー 177
パターン 41
　　タプル 42
　　リスト 42
パターンマッチ 7, 41, 68
　　順番 231
　　重複なし 231
バッククォート 19
バッチプログラム 123
バッファリング（出力）............... 149
汎用的な関数 172

ヒ

引き算 34
引数
　　型宣言 95
　　関数 3
非決定性 161
ピタゴラス数 59

否定 .... 41, 280, → negate
評価 16, 23
　値渡し 215, 217
　最外簡約 215
　最上位 224
　最内簡約 215
　遅延 .8, 26, 41, 51, 53,86, 147, 150, 219
　名前渡し 216, 217
表示可能 279
表示可能クラス 33

フ

ファイルの読み書き 136
フィボナッチ数 227
副作用 7, 12, 124
符号 34
符号反転 34
節 98
浮動小数点数 25, 26, 36, 56
部品 8
　プログラミング 221
部品（アクションの） 127
部分関数 28
部分適用 29, 76, 79
ぶらさがり else 40
プレリュード 16
プログラミング
　関数型 4
　命令型 5, 214
プログラム 18
分数 280
分数クラス 35
分配則 156, 229, 244
　関手 156
　反変 236

ヘ

ペア 27
平衡（木） 109
冪集合 173
冪乗 16, 282

ホ

ポイントフリースタイル 83

マ

マージソート 74

丸め誤差 26

ミ

三つ組 27
ミニマックス法 148

ム

無限 217, 232
無名関数 43

メ

命題論理 102
命名規則 20
　型 93
　構成子 94
命令型言語 214
メソッド 31, 100

モ

文字 25, 280
文字列 25, 282
モナド 7, 12, 164, 288
　IO 168, 288
　Maybe 167, 288
　Parser 181
　置き換え 176
　関数 176
　状態 168, 171
　リスト 167, 288
モナド則 174
モノイド 197, 290
　Maybe 198, 290
　加算 199, 290
　関数 211
　組 211
　乗算 199, 200, 291
　リスト 198, 290
　論理積 200, 291
　論理和 200, 291
モノイド則 198

ユ

ユークリッドの互除法 73
ユニット 27, 125, 185

ヨ

要素が一つのリスト 26, 113, 160,178

要素数..27
読込可能クラス................................33
予約語..20

ラ

ライフゲーム..................................132
ラムダ計算..................................8, 46
ラムダ式......................43, 83, 216
　　簡約.......................................217
乱数..151

リ

リスト................6, 16, 26, 49, 283
　　cons..42
　　一部を取り出す...................114
　　逆転...63
　　順列組み合わせ...................114
　　整列.........52, 64, 74, 88, 99
　　ソート...........................66, 74
　　長さ..................................26, 50
　　並べ替え.................................11
　　分割...39
　　無限..........26, 53, 85, 86, 220
　　要素を挿入...........................114
リスト型...26
リスト内包表記......................49, 53
リスト・パターン.........................42
リデックス.................→ 簡約可能式

ル

ルックアップテーブル.............→ 探索

レ

例
　　暗号解読.................................57
　　エラトステネスのふるい.........223
　　カウントダウン問題.............111
　　仮想マシン...........................256

木構造..171
基数変換...85
クイックソート.............................10
計算器..191
恒真式..102
恒真式検査器................................102
高速なリストの反転....................239
コンパイラー....................242, 249
三目並べ..139
シーザー暗号.................................54
数式..106
数式パーサー................................187
総当たり法....................................115
素数.....................................51, 222
抽象機械...106
投票アルゴリズム..........................87
ニム..129
ニュートン法................................227
ハングマン....................................128
フィボナッチ数............................227
フィボナッチ数列..........................66
命題..102
文字列の二進数変換器...................84
ライフ..132
レイアウト規則.......20, 21, 126, 166
例外.....................................160, 261
連結...50
連想リスト.......................................94

ロ

論理..102
論理積.....................41, 280,→ and
論理和.............................280, → or

ワ

和..34
ワイルドカード..............................41
割り算.......................................35, 36

■ 著者・訳者紹介

Graham Hutton

Graham Huttonは、Nottingham大学コンピューターサイエンス学部教授である。Haskellを何千人もの学生に教えてきた講師として数々の受賞歴を持つ。"Journal of Functional Programming"の編集委員、Haskell SymposiumおよびICFP（International Conference on Functional Programming）の議長、ACM（Association for Computing Machinery）プログラミング言語分科会の副議長を務め、現在はACM Distinguished Scientist。

■ 訳者紹介

山本和彦（やまもとかずひこ）

山本和彦は、株式会社インターネットイニシアティブに所属するプログラマーである。Haskellコミュニティーでは、主にネットワークプロトコル関連のライブラリを開発保守している。

技術書出版社の立ち上げに際して

　コンピュータとネットワーク技術の普及は情報の流通を変え、出版社の役割にも再定義が求められています。誰もが技術情報を執筆して公開できる時代、自らが技術の当事者として技術書出版を問い直したいとの思いから、株式会社時雨堂をはじめとする数多くの技術者の方々の支援をうけてラムダノート株式会社を立ち上げました。当社の一冊一冊が、技術者の糧となれば幸いです。

鹿野桂一郎

プログラミングHaskell第2版

Printed in Japan ／ ISBN 978-4-908686-07-8

2019年 8 月 2 日	第 1 版第 1 刷 発行
2023年 7 月 10日	第 1 版第 3 刷 発行

著　　者	Graham Hutton
訳　　者	山本和彦
発行者	鹿野桂一郎
編　　集	高尾智絵
制　　作	鹿野桂一郎
装　　丁	凪小路
印　　刷	三美印刷
製　　本	三美印刷

本書の発行にあたって助言を頂いた皆様

木下郁章さん、鶴谷俊之さん、豊福親信さん、四谷兼三さん、和田英一さん

発　行　ラムダノート株式会社
lambdanote.com
所在地 東京都荒川区西日暮里 2-22-1
連絡先 info@lambdanote.com